清华社"视频大讲堂"大系

CG 技 术 视 频 大 讲 堂

U0655795

AutoCAD 2026

+AI 机械设计

从新手到高手

CAD/CAM/CAE技术联盟 /编著

清华大学出版社

北 京

内 容 简 介

本书是一本为智能时代设计的 AutoCAD 学习指南。本书以经典的一级圆柱斜齿轮减速器设计为主线，采用"扎实基础+AI 赋能"的创新教学理念，力求让读者成为既懂传统技术又掌握 AI 工具的新一代机械设计工程师。

本书分为 2 篇，共 10 章。第 1 篇为基础知识篇（第 1～6 章），系统地讲解了 AutoCAD 2026 的核心操作技能，包括绘图环境设置、二维绘图命令、图形编辑、文字表格与尺寸标注、图块应用等基础知识。特别在第 6 章详细介绍了 AI 技术在机械设计中的革新应用：从 AI 开发环境配置到实际案例——AI 自动绘制零件图、智能标注与尺寸校核、装配图冲突检测、零件属性统计等，让机械设计效率实现质的飞跃。第 2 篇为机械零件工程图设计篇（第 7～10 章），以减速器项目贯穿始终，涵盖常用机械零件设计、减速器总体方案设计、装配图绘制，以及由装配图拆画零件图的完整流程，真正做到学以致用。同时，还特别赠送《减速器 3D 设计项目全流程手册》电子书，帮助读者构建从工程图到实体模型的完整设计能力。

本书既适合入门级读者学习使用，也适合有一定 AutoCAD 基础的读者使用，还可以用作职业培训、职业教育的教材。

图书在版编目（CIP）数据

AutoCAD 2026＋AI 机械设计从新手到高手 / CAD/CAM/CAE 技术联盟编著.
北京：清华大学出版社，2025.9.
(清华社"视频大讲堂"大系 CG 技术视频大讲堂).
ISBN 978-7-302-70349-5

Ⅰ. TH122

中国国家版本馆 CIP 数据核字第 20250W9T48 号

责任编辑： 艾子琪
封面设计： 秦　丽
版式设计： 楠竹文化
责任校对： 范文芳
责任印制： 沈　露

出版发行： 清华大学出版社
　　　　　网　　　址：https://www.tup.com.cn，https://www.wqxuetang.com
　　　　　地　　　址：北京清华大学学研大厦 A 座　　　　邮　　编：100084
　　　　　社 总 机：010-83470000　　　　　　　　　　　邮　　购：010-62786544
　　　　　投稿与读者服务：010-62776969，c-service@tup.tsinghua.edu.cn
　　　　　质量反馈：010-62772015，zhiliang@tup.tsinghua.edu.cn
印 装 者： 河北鹏润印刷有限公司
经　　销： 全国新华书店
开　　本： 203mm×260mm　　　**印　　张：** 21.75　　　**字　　数：** 580 千字
版　　次： 2025 年 9 月第 1 版　　　　　　　　　　　　**印　　次：** 2025 年 9 月第 1 次印刷
定　　价： 99.80 元

产品编号：113152-01

前 言

Preface

在当今的计算机工程界，恐怕没有一款软件比 AutoCAD 更具有知名度和普适性了。AutoCAD 是美国 Autodesk 公司推出的集二维绘图、三维设计、参数化设计、协同设计及通用数据库管理和互联网通信功能于一体的计算机辅助绘图软件包。在人工智能浪潮席卷全球的今天，传统的工程设计领域正在经历前所未有的变革。作为计算机辅助设计的标杆软件，AutoCAD 不仅继续保持其在二维绘图、三维设计等传统领域的领先地位，而且在 AI 技术的加持下，AutoCAD 将展现全新的可能性。本书正是为了帮助读者在这个变革时代掌握"传统技能+AI 赋能"而编写的。

一、编写目的

本书采用"扎实基础+AI 赋能"的创新教学理念。在机械设计这个对精度和规范要求极高的专业领域，我们深知扎实的制图基础是一切创新应用的根本。因此，本书第 1～5 章专注于 AutoCAD 核心操作技能的系统训练，以确保读者熟练掌握机械制图的基本功；第 6 章全面介绍 AI 技术在机械设计中的革新应用，展示如何用智能工具大幅提升设计效率；第 7~10 章则以经典的减速器设计项目贯穿始终，让读者在实战中将知识融会贯通。只有先掌握标准的制图规范、理解机械设计原理，才能正确发挥 AI 的辅助价值，避免因盲目依赖智能工具而违背设计规范或产生原理性错误，真正具备"懂原理、会制图、用 AI 提效"的综合能力，成为 AI 时代的优秀机械设计工程师。

二、本书特点

☑ **面向 AI 时代**

本书不仅教授 AutoCAD 的传统功能，更着眼于培养读者的 AI 思维。在第 6 章中，读者将学习如何使用 Python、AutoLISP 等工具进行二次开发，如何集成 DeepSeek、豆包等 AI 工具，以及如何通过 AI 实现设计自动化。

☑ **循序渐进的学习路径**

从基础的绘图命令到复杂的图形编辑，从手动操作到 AI 辅助设计，本书为读者规划了清晰的成长路径。每个知识点都配有实例讲解，让理论与实践紧密结合。

☑ **实例经典**

本书中引用的一级圆柱斜齿轮减速器实例本身就是经典的高校机械设计课程中最常用的工程设计案例。究其原因，一是减速器在工程中有大量而广泛的应用；二是减速器"麻雀虽小，五脏俱全"，它包含了机械设计中几乎所有的典型零件，如齿轮、轴、端盖、轴承、箱体、键、销、螺纹零件等，引用该实例，能够恰到好处地反映机械设计理念的精髓，并实现举一反三的效果。

☑ **忠实工程实际**

与市面上绝大多数 AutoCAD 机械设计书籍不同，本书在实例讲解过程中，遵循先装配图，再零件图的设计准则。这一点很重要，却被绝大多数书籍所忽视。本书从全面提升机械设计与 AutoCAD 应用能力的角度出发，结合具体的案例讲解如何利用 AutoCAD 2026 进行机械工程设计，真正让读者掌握计算机辅助机械设计技术，从而能独立完成各种机械工程设计。

三、本书的配套资源

本书提供了极为丰富的学习配套资源，读者可扫描封底的"文泉云盘"二维码获取下载方式。

1．配套教学视频

我们针对本书实例专门制作了同步教学视频，读者可以扫描前言后的二维码观看视频，像看电影一样轻松愉悦地学习本书内容，然后对照课本加以实践和练习，可以大大提高学习效率。

2．《减速器 3D 设计项目全流程手册》电子书

《减速器 3D 设计项目全流程手册》专为需要深入学习三维设计内容的读者准备，它详细讲解了减速器从零件建模到装配的完整流程，并配有丰富实例，能够帮助读者构建从二维工程图到三维实体设计的立体化技能体系。

3．AutoCAD 应用技巧、疑难解答等资源

（1）AutoCAD 疑难问题汇总：疑难解答的汇总，对入门者非常有用，可以帮助他们扫清学习障碍，让他们少走弯路。

（2）AutoCAD 应用技巧大全：汇集了 AutoCAD 绘图的各类技巧，对提高作图效率很有帮助。

（3）AutoCAD 经典练习题：额外精选了不同类型的练习题，读者只要认真练习，就可以实现从量变到质变的飞跃。

（4）AutoCAD 常用图块集：在实际工作中，这些图块可以拿来使用，或者稍加改动就可以使用，对于提高作图效率极为重要。

（5）AutoCAD 快捷命令速查手册：汇集了 AutoCAD 常用快捷命令，熟记可以提高作图效率。

（6）AutoCAD 快捷键速查手册：汇集了 AutoCAD 常用快捷键，绘图高手通常会直接使用快捷键。

（7）AutoCAD 常用工具按钮速查手册：熟练掌握 AutoCAD 工具按钮的使用方法也是提高作图效率的途径之一。

4．6 套不同领域的大型设计图集及其配套的讲解视频

为了帮助读者拓宽视野，本书配套资源赠送了 6 套设计图纸集、图纸源文件，以及长达 10 个小时的讲解视频。

5．全书实例的源文件和素材

本书配套资源中包含的实例和练习实例的源文件和素材，读者可以安装 AutoCAD 2026 软件，打开并使用它们。

四、关于本书的服务

1．"AutoCAD 2026 简体中文版"软件的获取

按照本书中的实例进行操作练习，以及使用 AutoCAD 2026 进行绘图，需要事先在计算机中安装 AutoCAD 2026 软件。读者可以登录其官方网站购买正版软件，或者使用其试用版。

2．关于本书的技术问题或有关本书信息的发布

读者若遇到有关本书内容的技术问题，可以扫描封底的"文泉云盘"二维码查看是否已发布相关勘

误/解疑文档，如果没有，可在页面下方寻找加入学习群的方式，与我们联系，我们将尽快回复。

　　3．关于手机在线学习

　　扫描书后刮刮卡（需刮开涂层）二维码，即可获取书中二维码的读取权限，点击即可在手机中观看教学视频。充分利用碎片化时间，提升学习效果。需要强调的是，书中给出的是实例的重点步骤，详细操作过程还需读者通过视频来学习并领会。

五、关于作者

　　本书由 CAD/CAM/CAE 技术联盟组织编写。CAD/CAM/CAE 技术联盟是一个集 CAD/CAM/CAE 技术研讨、工程开发、培训咨询和图书创作于一体的工程技术人员协作联盟，包含众多专职和兼职 CAD/CAM/CAE 工程技术专家。

　　CAD/CAM/CAE 技术联盟负责人由 Autodesk 中国认证考试中心首席专家担任，全面负责 Autodesk 中国官方认证考试大纲制订、题库建设、技术咨询和师资培训工作，成员精通 Autodesk 系列软件。其创作的很多教材成为国内具有引导性的旗帜作品，在国内相关专业方向图书创作领域具有举足轻重的地位。

六、致谢

　　在本书的写作过程中，编辑艾子琪女士给予了我们很大的帮助和支持，提出了很多中肯的建议，在此表示感谢。同时，还要感谢清华大学出版社的所有编辑人员为本书的出版所付出的辛勤劳动。本书的成功出版是大家共同努力的结果，谢谢所有给予支持和帮助的人们。

编　者

配套视频　　　　　　　　素材下载　　　　　　　　技术支持

目　录
contents

第 1 篇　基础知识篇

第2篇　机械零件工程图设计篇

减速器 3D 设计项目全流程手册

项目手册

扫码阅读

AutoCAD 疑难问题汇总

AutoCAD 应用技巧大全

基础知识篇

本篇主要介绍 AutoCAD 2026 的基础知识和机械制图的相关方法与技巧。

通过本篇的学习，读者将掌握 AutoCAD 制图技巧，为后面的 AutoCAD 机械设计学习打下基础。

第1章

AutoCAD 2026 入门

本章将循序渐进地介绍使用 AutoCAD 2026 绘图的基础知识，帮助读者了解 AutoCAD 操作界面基本布局，掌握如何设置系统参数，熟悉文件管理方法，学会各种基本输入操作方式，熟练进行图层设置，应用各种绘图辅助工具等，为后面进行系统学习做好必要的准备。

1.1 绘图环境与操作界面

本节主要介绍操作界面、初始绘图环境的设置，以及绘图系统的配置，帮助读者初步认识 AutoCAD 2026。

1.1.1 操作界面简介

操作界面是 AutoCAD 显示、绘制及编辑图形的区域。一个完整的 AutoCAD 操作界面如图 1-1 所示，包括标题栏、快速访问工具栏、菜单栏、功能区、交互信息工具栏、绘图区、十字光标、导航栏、坐标系图标、命令行窗口、布局标签和状态栏等。

1. 标题栏

操作界面的最上方是标题栏，其中显示了系统当前正在运行的应用程序（AutoCAD 2026）和用户正在使用的图形文件。在用户第一次启动 AutoCAD 2026 时，标题栏中将显示系统在启动时创建并打开的图形文件的名称 Drawing1.dwg，如图 1-1 所示。

2. 快速访问工具栏和交互信息工具栏

1）快速访问工具栏

该工具栏主要包括"新建""打开""保存""另存为""从 Web 和 Mobile 中打开""保存到 Web 和 Mobile""打印""放弃""重做"等几个最常用的工具，用户也可以单击其后面的下拉按钮设置需要的常用工具。

2）交互信息工具栏

该工具栏主要包括"搜索""Autodesk Account""Autodesk App Store""保持连接""单击此处访问帮助"等几个常用的数据交互访问工具。

图 1-1　AutoCAD 2026 中文版的操作界面

3. 菜单栏

AutoCAD 2026 的菜单栏处于隐藏状态，单击快速访问工具栏中的"下拉菜单"按钮▼，在打开的下拉菜单中选择"显示菜单栏"选项，在功能区的上方将显示菜单栏，其中包括"文件""编辑""视图""插入""格式""工具""绘图""标注""修改""参数""窗口""帮助""Express" 13 个菜单项。与其他 Windows 程序一样，AutoCAD 2026 的菜单也是下拉式的，选择某一菜单项，即可打开其下拉菜单，从中选择命令以执行相应的操作。菜单栏几乎囊括了 AutoCAD 2026 的所有绘图命令，在后面的章节中将围绕这些菜单命令展开讲解，在此从略。

4. 功能区

在菜单栏的下方是功能区，其中包括"默认""插入""注释""参数化""视图""管理""输出""附加模块""协作""Express Tools""精选应用"选项卡，每个选项卡都集成了大量与该功能相关的操作工具，以方便用户使用。用户可以单击选项卡后面的 ▲ ▼ 按钮控制功能区的展开与收缩。

执行方式

☑　命令行：RIBBON（或 RIBBONCLOSE）。

☑　菜单栏："工具"→"选项板"→"功能区"。

5. 绘图区

在操作界面中，中间大片的空白区域便是绘图区（有时也称为绘图窗口）。其所占的面积最大，用户使用 AutoCAD 2026 绘制、编辑图形的主要工作都是在该区域完成的。

在绘图区中有一个作用类似于光标的十字线，其交点反映了光标在当前坐标系中的位置。在 AutoCAD 2026 中，将该十字线称为十字光标，AutoCAD 通过十字光标显示当前点的位置。十字线的方向与当前用户坐标系的 X 轴、Y 轴方向平行，其长度是系统预设屏幕大小的 5%，如图 1-1 所示。

6. 工具栏

选择菜单栏中的"工具"→"工具栏"→"AutoCAD"命令，调出所需要的工具栏，把光标移动到某个按钮上，稍后即会显示相应的工具提示，同时在状态栏中将显示对应的说明和命令。此时，单击按钮可以执行相应命令。

7. 命令行窗口

命令行窗口默认位于绘图区的下方，是供用户输入命令和显示命令提示的区域。对于该窗口，有以下几点需要说明。

（1）移动拆分条可以扩大与缩小命令行窗口。

（2）拖动命令行窗口可以将其布置在屏幕上的其他位置。

（3）针对当前命令行窗口中输入的内容，可以按 F2 键，在打开的 AutoCAD 文本窗口中用文本编辑的方法进行编辑，如图 1-2 所示。AutoCAD 文本窗口和命令行窗口功能相似，但可以更好地显示当前 AutoCAD 进程中命令的输入和执行过程。在执行某些 AutoCAD 命令时，会自动切换到该窗口，并列出有关信息。

（4）AutoCAD 通过命令行窗口反馈各种信息，包括出错信息，因此用户要时刻关注。

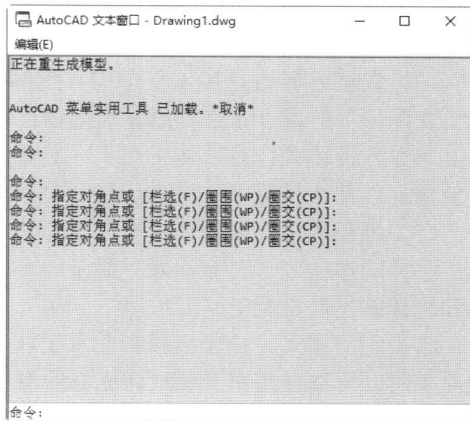

图 1-2　AutoCAD 文本窗口

8. 布局标签

在绘图区左下方，系统默认显示一个名为"模型"的模型空间布局标签和两个名为"布局 1""布局 2"的图纸空间布局标签。在这里有以下两个概念需要解释一下。

（1）布局。

布局是系统为绘图设置的一种环境，包括图纸大小、尺寸单位、角度设定以及数值精确度等。在系统预设的 3 个标签中，这些环境变量都按默认设置。用户可以根据实际需要改变这些变量的值。例如，默认的尺寸单位是公制的毫米，如果绘制图形的单位是英制的英寸，就可以改变尺寸单位环境变量的设置。具体方法将在后面章节中介绍，在此暂且从略。另外，用户还可以根据需要设置符合自己要求的新标签，具体方法也将在后面章节中介绍。

（2）模型。

AutoCAD 的空间分为模型空间和图纸空间。模型空间通常是绘图的环境；而在图纸空间中，用户可以创建名为"浮动视口"的区域，以不同视图显示所绘图形。用户可以在图纸空间中调整浮动视口，并决定所包含视图的缩放比例。如果选择图纸空间，则可打印多个视图（打印任意布局的视图）。在后面的章节中，将专门详细地讲解有关模型空间与图纸空间的知识，注意学习体会。

在 AutoCAD 2026 中，系统默认打开模型空间，用户可以通过单击布局标签选择需要的布局。

9. 状态栏

状态栏位于操作界面的底部，各功能按钮分别为"坐标""模型空间""栅格""捕捉模式""推断约束""动态输入""正交模式""极轴追踪""等轴测草图""对象捕捉追踪""二维对象捕捉""线宽""透明度""选择循环""三维对象捕捉""动态 UCS""选择过滤""小控件""注释可见性""自动缩放""注释比例""切换工作空间""注释监视器""单位""快捷特性""锁定用户界面""隔离对象""硬件加速""全屏显示""自定义"等，如图 1-3 所示。下面对这些按钮做简单介绍。

图 1-3　状态栏

（1）坐标：显示工作区鼠标放置点的坐标。

（2）模型空间：在模型空间与布局空间之间进行转换。

（3）栅格：栅格是覆盖整个用户坐标系（UCS）XY 平面的直线或点组成的矩形图案。使用栅格类似于在图形下放置一张坐标纸。利用栅格可以对齐对象并直观显示对象之间的距离。

（4）捕捉模式：对象捕捉对于在对象上指定精确位置非常重要。不论何时提示输入点，都可以指定对象捕捉。默认情况下，当光标移到对象的对象捕捉位置时，将显示标记和工具提示。

（5）推断约束：自动在正在创建或编辑的对象与对象捕捉的关联对象或点之间应用约束。

（6）动态输入：在光标附近显示一个提示框（称为"工具提示"），在工具提示中显示对应的命令提示和光标的当前坐标值。

（7）正交模式：将光标限制在水平或垂直方向上移动，以便于精确地创建和修改对象。当创建或移动对象时，可以使用正交模式将光标限制在相对于 UCS 的水平或垂直方向上。

（8）极轴追踪：使用极轴追踪时，光标将按指定角度进行移动。创建或修改对象时，可以使用"极轴追踪"来显示由指定的极轴角度所定义的临时对齐路径。

（9）等轴测草图：通过设定"等轴测捕捉/栅格"，可以很容易地沿 3 个等轴测平面之一对齐对象。尽管等轴测图形看似是三维图形，但它实际上是由二维图形表示。因此不能期望提取三维距离和面积、从不同视点显示对象或自动消除隐藏线。

（10）对象捕捉追踪：使用对象捕捉追踪，可以沿着基于对象捕捉点的对齐路径进行追踪。已获取的点将显示一个小加号（+），一次最多可以获取 7 个追踪点。获取点之后，在绘图路径上移动光标，将显示相对于获取点的水平、垂直或极轴对齐路径。例如，可以基于对象端点、中点或者对象的交点，沿着某个路径选择一点。

（11）二维对象捕捉：使用二维对象捕捉设置（也称为对象捕捉），可以在对象上的精确位置指定捕捉点。选择多个选项后，将应用选定的捕捉模式，以返回距离靶框中心最近的点。按 Tab 键以在这些选项之间循环。

（12）线宽：分别显示对象所在图层中设置的不同宽度，而不是统一线宽。

（13）透明度：使用该命令可调整绘图对象显示的明暗程度。

（14）选择循环：当一个对象与其他对象彼此接近或重叠时，准确地选择某一个对象是很困难的。可以使用"选择循环"命令，单击鼠标左键，打开"选择集"列表框，里面列出了鼠标周围的图形，然后在列表中选择所需的对象。

（15）三维对象捕捉：三维中的对象捕捉与在二维中工作的方式类似，不同之处是在三维中可以投影对象捕捉。

（16）动态 UCS：在创建对象时使 UCS 的 XY 平面自动与实体模型上的平面临时对齐。

（17）选择过滤：根据对象特性或对象类型对选择集进行过滤。当单击图标后，只选择满足指定条件的对象，其他对象将被排除在选择集之外。

（18）小控件：帮助用户沿三维轴或平面移动、旋转或缩放一组对象。

（19）注释可见性：当图标亮显时，表示显示所有比例的注释性对象；当图标变暗时，表示仅显示当前比例的注释性对象。

（20）自动缩放：注释比例更改时，自动将比例添加到注释对象。

（21）注释比例：单击注释比例右下角小三角符号，打开注释比例列表，如图 1-4 所示，可以根据需要选择适当的注释比例。

（22）切换工作空间：进行工作空间转换。

（23）注释监视器：打开仅用于所有事件或模型文档事件的注释监视器。

（24）单位：指定线性和角度单位的格式和小数位数。

（25）快捷特性：控制快捷特性面板的使用与禁用。

（26）锁定用户界面：单击该按钮，将锁定工具栏、面板和可固定窗口的位置和大小。

（27）隔离对象：当选择隔离对象时，在当前视图中显示选定对象，所有其他对象都暂时隐藏；当选择隐藏对象时，在当前视图中暂时隐藏选定对象，所有其他对象都可见。

（28）硬件加速：设定图形卡的驱动程序以及设置硬件加速的选项。

（29）全屏显示：该选项可以清除 Windows 窗口中的标题栏、功能区和选项板等界面元素，使 AutoCAD 的绘图窗口全屏显示，如图 1-5 所示。

图 1-4　注释比例列表

（30）自定义：状态栏可以提供重要信息，而无须中断工作流。使用 MODEMACRO 系统变量可将应用程序所能识别的大多数数据显示在状态栏中。使用该系统变量的计算、判断和编辑功能，可以完全按照用户的要求构造状态栏。

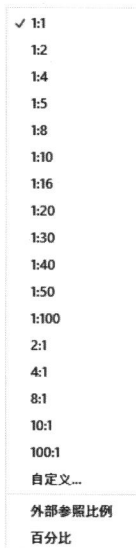

图 1-5　全屏显示

1.1.2　初始绘图环境设置

1. 设置绘图单位

1）执行方式

☑　命令行：DDUNITS（或 UNITS）。

☑　菜单栏："格式"→"单位"。

2）操作步骤

执行上述命令后，在打开的"图形单位"对话框中可以定义单位和角度格式，如图 1-6 所示。

3）选项说明

☑　"长度"与"角度"选项组：指定测量的长度与角度的当前单位及当前单位的精度。

☑　"用于缩放插入内容的单位"下拉列表框：控制使用工具选项板（如设计中心或 i-drop）拖入当前图形的块的测量单位。如果块或图形创建时使用的单位与该选项指定的单位不同，则在插入这些块或图形时，将对其按比例进行缩放。插入比例是源块或图形使用的单位与目标图形使用的单位之比。如果插入块时不按指定单位缩放，则选择"无单位"选项。

☑　"输出样例"选项组：显示用当前单位和角度设置的例子。

☑　"光源"选项组：控制当前图形中光度控制光源的强度测量单位。

☑　"方向"按钮：单击该按钮，在打开的"方向控制"对话框中可进行方向控制，如图 1-7 所示。

图 1-6　"图形单位"对话框　　　　图 1-7　"方向控制"对话框

2. 设置绘图边界

1）执行方式

☑　命令行：LIMITS。

☑　菜单栏："格式"→"图形界限"。

2）操作步骤

命令：LIMITS↙（在命令行窗口中输入命令，与通过菜单命令的执行效果相同，命令提示如下）
重新设置模型空间界限：
指定左下角点或 [开(ON)/关(OFF)] <0.0000,0.0000>：（输入图形边界左下角的坐标后按 Enter 键）
指定右上角点 <12.0000,9.0000>：（输入图形边界右上角的坐标后按 Enter 键）

3）选项说明

☑　开（ON）：使绘图边界有效，此时系统将在绘图边界以外拾取的点视为无效点。

☑　关（OFF）：使绘图边界无效，此时用户可以在绘图边界以外拾取点或实体。

☑ 动态输入角点坐标：可以直接在屏幕上输入角点坐标，在输入横坐标值后，中间使用 ","（英文逗号）隔开，接着输入纵坐标值，如图 1-8 所示。另外，也可以按光标位置直接单击确定角点位置。

指定第一个点 3026.7181 10776.702

图 1-8　动态输入

1.1.3　配置绘图系统

由于每台计算机所使用的显示器、输入/输出设备的类型不同，用户喜好的风格及计算机的目录设置也不同，因此每台计算机都是独特的。一般来说，使用 AutoCAD 2026 的默认配置就可以绘图，但为了提高用户的绘图效率，在利用 AutoCAD 作图前建议先进行必要的配置。

1.　执行方式

☑ 命令行：preferences。
☑ 菜单栏："工具" → "选项"。
☑ 快捷菜单：在绘图区右击，在打开的快捷菜单中选择 "选项" 命令，如图 1-9 所示。

2.　操作步骤

执行上述命令后，在打开的 "选项" 对话框中选择相应的选项卡，即可对绘图系统进行配置。

3.　选项说明

下面仅就其中几个主要的选项卡进行说明，其他配置选项将在后面用到时再做具体说明。

（1）"系统" 选项卡。

"系统" 选项卡如图 1-10 所示，该选项卡主要用来设置 AutoCAD 的有关特性。

图 1-9　在快捷菜单中选择 "选项" 命令　　　　图 1-10　"系统" 选项卡

（2）"显示" 选项卡。

"显示" 选项卡如图 1-11 所示，该选项卡主要用于控制 AutoCAD 窗口的外观。在该选项卡中，用户可以根据需要对 "窗口元素""布局元素""显示精度""显示性能""十字光标大小""淡入度控制"

等性能参数进行详细的设置。有关各选项的具体设置，读者可参照"帮助"文件进行学习。

图 1-11　"显示"选项卡

在默认情况下，AutoCAD 2026 的绘图窗口是白色背景、黑色线条。如果需要修改绘图窗口颜色，可按以下步骤操作。

（1）选择菜单栏中的"工具"→"选项"命令，在打开的❶"选项"对话框中选择❷"显示"选项卡，单击❸"窗口元素"选项组中的❹"颜色"按钮，如图 1-11 所示。打开如图 1-12 所示的❺"图形窗口颜色"对话框。

（2）❻在"颜色"下拉列表框中选择需要的图形窗口颜色，❼然后单击"应用并关闭"按钮，即可将 AutoCAD 2026 的绘图窗口更改为所选的背景色。

图 1-12　"图形窗口颜色"对话框

1.2　文件管理

本节将介绍有关文件管理的一些基本操作方法，包括新建文件、打开已有文件、保存文件、图形修复等，这些都是进行 AutoCAD 2026 操作最基础的知识。

1.2.1　新建文件

方法一

1. 执行方式

☑ 命令行：NEW。

☑ 菜单栏："文件"→"新建"或"主菜单"→"新建"。

☑ 工具栏：快速访问→"新建"┌┐或"标准"→"新建"┌┐。

☑ 快捷键：Ctrl+N。

2. 操作步骤

执行上述命令后，❶系统将打开如图 1-13 所示的"选择样板"对话框，❷在"文件类型"下拉列表框中有 3 种格式的图形样板，其后缀名分别是.dwt、.dwg、.dws。一般情况下，.dwt 文件是标准的样板文件，通常将一些规定的标准性的样板文件设成.dwt 文件；.dwg 文件是普通的样板文件；而.dws 文件是包含标准图层、标注样式、线型和文字样式的样板文件。

图 1-13　"选择样板"对话框

方法二

除上述方法之外，AutoCAD 2026 还提供了一种快速创建图形文件的功能，这也是新建图形文件较为快捷的方法。

1. 执行方式

☑ 命令行：QNEW。

☑ 工具栏：快速访问→"新建" 或"标准"→"新建" 。

2. 操作步骤

执行上述命令后，系统将立即根据所选的图形样板创建新图形，而不显示任何对话框或提示。

在运行快速创建图形功能之前，必须先对系统变量进行如下设置。

（1）将 FILEDIA 系统变量设置为 1，将 STARTUP 系统变量设置为 0。方法如下：

```
命令：FILEDIA✓
输入 FILEDIA 的新值 <1>:✓
命令：STARTUP✓
输入 STARTUP 的新值 <0>:✓
```

其余系统变量的设置过程类似，在此不再赘述。

（2）选择菜单栏中的"工具"→"选项"命令，❶在打开的"选项"对话框中选择❷"文件"选项卡，❸选择"样板设置"，❹然后选择需要的样板文件路径，如图 1-14 所示。

图 1-14 "选项"对话框中的"文件"选项卡

1.2.2 打开文件

1. 执行方式

☑ 命令行：OPEN。
☑ 菜单栏："文件"→"打开"或"主菜单"→"打开"。
☑ 工具栏："标准"→"打开" 或快速访问→"打开" 。
☑ 快捷键：Ctrl+O。

2. 操作步骤

执行上述命令后，❶打开"选择文件"对话框，如图 1-15 所示，❷在"文件类型"下拉列表框中可选择.dwg 文件、.dwt 文件、.dxf 文件或.dws 文件等。其中，.dxf 文件是用文本形式存储的图形文件，能够被其他程序读取，许多第三方应用软件都支持.dxf 格式。

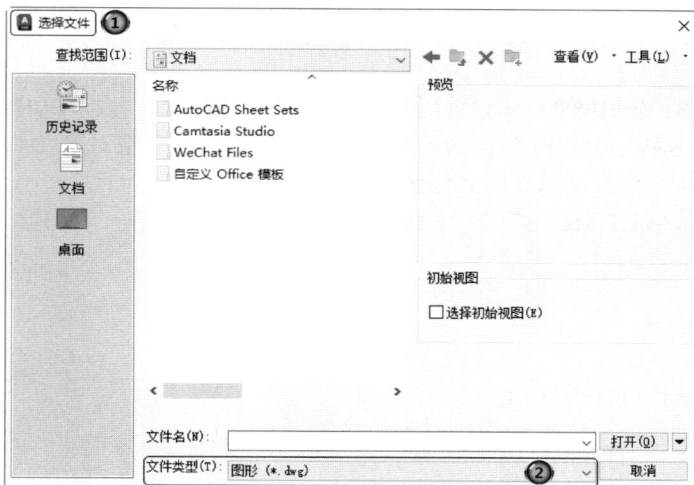

图 1-15　"选择文件"对话框

1.2.3　保存（另存为）文件

1. 执行方式

☑　命令行：SAVE（SAVEAS）。

☑　菜单栏："文件"→"保存（另存为）"或"主菜单"→"保存（另存为）"。

☑　工具栏："标准"→"保存" 🖫 或快速访问→"保存" 🖫。

2. 操作步骤

执行上述命令后，若文件已命名，则 AutoCAD 自动保存；若文件未命名（即为默认名 Drawing1.dwg），则系统打开"图形另存为"对话框，如图 1-16 所示，用户可以在"保存于"下拉列表框中指定保存文件的路径，在"文件类型"下拉列表框中指定保存文件的类型，在"文件名"文本框中输入文件名，然后单击"保存"按钮，即可将其保存。

图 1-16　"图形另存为"对话框

为了防止因误操作或计算机系统故障导致正在绘制的图形文件丢失，可以对当前图形文件设置自动保存，操作步骤如下。

（1）利用系统变量 SAVEFILEPATH 设置所有自动保存文件的位置，如"D:\HU\"。

（2）利用系统变量 SAVEFILE 存储自动保存的文件名。该系统变量对应文件名存储的文件格式是只读文件，用户可以从中查询自动保存的文件名。

（3）利用系统变量 SAVETIME 指定在使用自动保存时多长时间保存一次图形。

1.2.4 图形修复

1. 执行方式

☑ 命令行：DRAWINGRECOVERY。

☑ 菜单栏："文件"→"图形实用工具"→"图形修复管理器"。

2. 操作步骤

命令: DRAWINGRECOVERY✓

执行上述命令后，打开"图形修复管理器"选项板，如图 1-17 所示，打开"备份文件"列表中的文件，可以重新保存，从而进行修复。

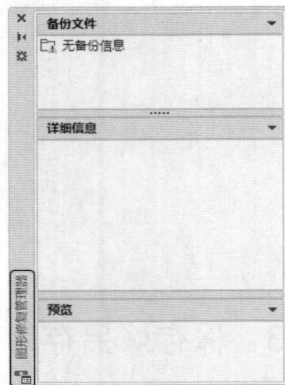

图 1-17 "图形修复管理器"选项板

1.3 基本输入操作

在 AutoCAD 中有一些基本的输入操作方法，这些方法是进行 AutoCAD 绘图的必备基础知识，也是深入学习 AutoCAD 功能的前提。

1.3.1 命令输入方式

利用 AutoCAD 进行交互式绘图时，必须输入必要的指令和参数。AutoCAD 命令的输入方式有多种，下面以画直线为例分别进行介绍。

1. 在命令行窗口中输入命令

命令字符不区分大小写。例如：

命令: LINE✓

执行上述命令后，在命令行窗口中会出现提示选项。例如，输入绘制直线命令"LINE"后，命令行中的提示如下：

命令: LINE✓
指定第一个点：（在屏幕上指定一点或输入一个点的坐标）
指定下一点或 [放弃(U)]:

提示中不带括号的选项为默认选项，因此可以直接输入直线的起点坐标或在屏幕上指定一点；如果要选择其他选项，则应该首先输入该选项的标识字符，如"放弃"选项的标识字符"U"，然后按系统提示输入数据即可。在命令选项的后面有时还带有尖括号，尖括号内的数值为默认数值。

2．在命令行窗口中输入命令缩写

为了提高输入效率，也可直接在命令行窗口中输入命令缩写，如 L（Line）、C（Circle）、A（Arc）、Z（Zoom）、R（Redraw）、M（More）、CO（Copy）、PL（Pline）、E（Erase）等。

3．选择"绘图"菜单中的"直线"命令

选择该命令后，在状态栏中可以看到对应的命令说明及命令名。

4．单击工具栏中的对应图标

单击该图标后，在状态栏中可以看到对应的命令说明及命令名。

5．在绘图区打开右键快捷菜单

如果此前刚使用过要输入的命令，则可以在绘图区中右击，在打开的快捷菜单中选择"最近的输入"命令，然后在其子菜单中选择需要的命令，如图 1-18 所示。"最近的输入"子菜单中存储了最近使用的多个命令，如果经常重复使用某几个操作命令，这种方法就比较快速、简捷。

图 1-18　快捷菜单

6．在绘图区右击鼠标

如果用户要重复使用上次使用的命令，可以直接在绘图区中右击，系统将立即重复执行上次使用的命令。这种方法适用于重复执行某个命令。

1.3.2　命令的重复、撤销与重做

1．命令的重复

在命令行窗口中按 Enter 键，可重复调用上一个命令，不管上一个命令是完成了还是被撤销了。

2．命令的撤销

在命令执行的任何时刻都可以取消或终止命令的执行。

执行方式
- ☑　命令行：UNDO。
- ☑　菜单栏："编辑"→"放弃"。
- ☑　工具栏：快速访问→"放弃"　或"标准"→"放弃"。
- ☑　快捷键：Esc。

3．命令的重做

已被撤销的命令还可以恢复重做（注意是恢复撤销的最后一个命令）。

执行方式
- ☑　命令行：REDO。
- ☑　菜单栏："编辑"→"重做"。
- ☑　工具栏：快速访问→"重做"　或"标准"→"重做"。

图 1-19　多重放弃或重做

该命令可以一次执行多重放弃和重做操作。单击"放弃"或"重做"按钮右侧的下拉按钮，在打开的下拉列表中可以选择要放弃或重做的操作，如图 1-19 所示。

1.4 图层设置

AutoCAD 中的图层就如同在手工绘图中使用的重叠透明图纸，可以用来组织不同类型的信息，如图 1-20 所示。在 AutoCAD 中，图形的每个对象都位于一个图层上，所有图形对象都具有图层、颜色、线型和线宽这 4 个基本属性。在绘制时，图形对象将创建在当前的图层上。每个 AutoCAD 文档中图层的数量是不受限制的，每个图层都有自己的名称。

墙壁

电器

家具

全部图层

图 1-20 图层示意图

1.4.1 建立新图层

新建的 AutoCAD 文档中会自动创建一个名为 "0" 的特殊图层。默认情况下，图层 "0" 将被指定使用 7 号颜色、CONTINUOUS 线型、默认线宽以及 NORMAL 打印样式。不能删除或重命名图层 "0"。通过创建新的图层，可以将类型相似的对象指定给同一个图层使其相关联。例如，可以将构造线、文字、标注和标题栏置于不同的图层上，并为这些图层指定通用特性。通过将对象分类放到各自的图层中，可以快速、有效地控制对象的显示并对其进行更改。

1）执行方式
☑ 命令行：LAYER。
☑ 菜单栏："格式" → "图层"。
☑ 工具栏："图层" → "图层特性管理器" 🔲（见图 1-21）。

图 1-21 "图层" 工具栏

☑ 功能区："默认" → "图层" → "图层特性" 🔲或者 "视图" → "选项板" → "图层特性" 🔲。
2）操作步骤
执行上述命令后，系统打开 "图层特性管理器" 选项板，如图 1-22 所示。

图 1-22 "图层特性管理器" 选项板

在 "图层特性管理器" 选项板中单击 "新建图层" 按钮🔲，可建立新图层。默认的图层名为 "图层 1"，可以根据绘图需要为其重命名，例如，改为实体层、中心线层或标准层等。

在一个图形中可以创建的图层数以及在每个图层中可以创建的对象数实际上是无限的。图层最长可使用 255 个字符（字母或数字）命名，图层特性管理器按其名称的字母顺序排列图层。

注意：如果要建立不止一个图层，无须重复单击"新建图层"按钮，更有效的方法是在建立一个新
的图层"图层 1"后，更改图层名，在其后输入一个逗号","，这样就又会自动建立一个新
图层"图层 1"；更改图层名，再输入一个逗号，又一个新的图层建立了，以此类推，即可
建立多个图层。另外，按两次 Enter 键，也可建立另一个新的图层。图层的名称也可以更
改，直接双击图层名称，输入新的名称即可。

在图层属性设置中，主要涉及"状态""名称""开/关闭""冻结/解冻""锁定/解锁""颜色""线
型""线宽""透明度""打印/不打印""新视口冻结""说明"12 个参数。下面将介绍如何设置图层
参数。

1. 设置图层线条颜色

在工程制图中，整个图形包含多种不同功能的图形对象，如实体、剖面线与尺寸标注等。为了便于
直观地区分它们，有必要针对不同的图形对象使用不同的颜色，例如，实体层使用白色，剖面线层使用
青色等。

改变图层的颜色时，单击图层所对应的颜色图标，①打开"选择颜色"对话框，如图 1-23 所示。
这是一个标准的颜色设置对话框，其中包括②"索引颜色"③"真彩色"④"配色系统"3 个选项
卡。选择不同的选项卡，即可对颜色进行相应的设置。

图 1-23　"选择颜色"对话框

2. 设置图层线型

线型是指作为图形基本元素的线条的组成和显示方式，如实线、点画线等。在绘图工作中，常常以
线型划分图层。为某一个图层设置适合的线型后，在绘图时只需将该图层设为当前工作层，即可绘制出
符合线型要求的图形对象，极大地提高了绘图的效率。

单击图层所对应的线型图标，①打开"选择线型"对话框，如图 1-24 所示。默认情况下，②在
"已加载的线型"列表框中，系统只列出了 Continuous（实线）线型。③单击"加载"按钮，④打开如
图 1-25 所示的"加载或重载线型"对话框，⑤可以看到 AutoCAD 还提供许多其他线型，选择所需线型，
⑥然后单击"确定"按钮，即可把该线型加载到"选择线型"对话框的"已加载的线型"列表框中。

提示：按住 Ctrl 键可以选择几种线型同时加载。

3. 设置图层线宽

顾名思义，线宽设置就是改变线条的宽度。用不同宽度的线条表现图形对象的类型，可以提高图形

的表达能力和可读性。例如，绘制外螺纹时，大径使用粗实线，小径使用细实线。

单击图层所对应的线宽图标，打开"线宽"对话框，如图 1-26 所示。选择一种线宽，单击"确定"按钮，即可完成对图层线宽的设置。

线宽的默认值为 0.25 mm。当布局标签显示为"模型"状态时，显示的线宽同计算机的像素有关。当线宽为 0 mm 时，显示为 1 像素的线宽。单击状态栏中的"线宽"按钮，屏幕上显示的图形线宽与实际线宽成一定比例，但线宽不随图形的放大和缩小而变化，如图 1-27 所示。当"线宽"功能关闭时，将不显示图形的线宽，而以默认的宽度值显示。用户可以在"线宽"对话框中选择需要的线宽。

图 1-24　"选择线型"对话框

图 1-25　"加载或重载线型"对话框

图 1-26　"线宽"对话框

图 1-27　线宽显示效果图

1.4.2　设置图层

除了通过"图层特性管理器"选项板设置图层的方法，还有几种更为简便的方法可以设置图层的颜色、线宽、线型等参数。

1. 直接设置图层

可以直接通过命令行或菜单设置图层的颜色、线型、线宽。

1）设置图层颜色

（1）执行方式。

☑　命令行：COLOR 或 COLOUR。

☑　菜单栏："格式"→"颜色"。

☑　功能区："默认"→"特性"→"更多颜色"。

（2）操作步骤。

执行上述命令后，系统打开"选择颜色"对话框，如图 1-28 所示。

图 1-28　"选择颜色"对话框

2）设置图层线型

（1）执行方式。

☑　命令行：LINETYPE。

☑　菜单栏：“格式”→“线型”。

☑　功能区：“默认”→“特性”→“其他”。

（2）操作步骤。

执行上述命令后，系统打开“线型管理器”对话框，如图 1-29 所示。

3）设置图层线宽

（1）执行方式。

☑　命令行：LINEWEIGHT 或 LWEIGHT。

☑　菜单栏：“格式”→“线宽”。

☑　功能区：“默认”→“特性”→“线宽设置”。

（2）操作步骤。

执行上述命令后，系统打开“线宽设置”对话框，如图 1-30 所示。

图 1-29　“线型管理器”对话框

图 1-30　“线宽设置”对话框

2. 利用“特性”面板设置图层

通过 AutoCAD 2026 提供的“特性”面板（见图 1-31），用户能够快速地查看和修改所选对象的图层、颜色、线型和线宽等特性。

在绘图窗口中选择任何对象，都会在此面板中自动显示其所在图层、颜色、线型及打印样式等属性。如需修改，可打开相应的下拉列表，从中选择需要的选项即可。如果其中没有列出所需选项，还可通过选择相应选项打开相应对话框进行设置。例如，❶在“颜色”下拉列表中选择❷“更多颜色”选项，如图 1-32 所示，在打开的“选择颜色”对话框中即可选择需要的颜色；❶在“线型”下拉列表中❷选择“其他”选项，如图 1-33 所示，在打开的“线型管理器”对话框中即可选择需要的线型。

3. 利用“特性”选项板设置图层

1）执行方式

☑　命令行：DDMODIFY 或 PROPERTIES。

☑　菜单栏：“修改”→“特性”。

☑　工具栏：“标准”→“特性”。

☑　功能区：“视图”→“选项板”→“特性”。

2）操作步骤

执行上述命令后，系统打开"特性"选项板。在其中可以方便地设置或修改图层、颜色、线型、线宽等属性，如图 1-34 所示。

| 图 1-31 "特性"面板 | 图 1-32 "更多颜色"选项 | 图 1-33 "其他"选项 | 图 1-34 "特性"选项板 |

1.4.3 控制图层

1. 切换当前图层

不同的图形对象需要绘制在不同的图层中，这就要求在绘制前先将工作图层切换到所需的图层。打开"图层特性管理器"选项板，从中选择需要的图层，然后单击"置为当前"按钮即可。

2. 删除图层

在"图层特性管理器"选项板的图层列表框中选择要删除的图层，单击"删除图层"按钮，即可删除该图层。从图形文件定义中删除选定的图层，只能删除未参照的图层。参照图层包括图层"0"及 DEFPOINTS 图层、包含对象（包括块定义中的对象）的图层、当前图层和依赖外部参照的图层，不包含对象（包括块定义中的对象）的图层、非当前图层和不依赖外部参照的图层都可以删除。

3. 关闭/打开图层

在"图层特性管理器"选项板中单击图标，可以控制图层的可见性。打开图层时，图标呈黄色，该图层中的图形可以显示在屏幕上或绘制在绘图仪上。单击该图标，使其呈蓝色，该图层上的图形将不显示在屏幕上，而且不能被打印输出，但仍然作为图形的一部分保留在文件中。

4. 冻结/解冻图层

在"图层特性管理器"选项板中单击图标，可以冻结图层或将图层解冻。图标呈雪花灰暗色时，表示该图层处于冻结状态；图标呈太阳鲜艳色时，表示该图层处于解冻状态。冻结图层上的对象既不能显示，也不能打印，同时也不能编辑、修改该图层上的图形对象（注意：当前图层不能被冻结）。在冻结图层后，该图层上的对象不影响其他图层上对象的显示和打印。

5. 锁定/解锁图层

在"图层特性管理器"选项板中单击图标，可以锁定图层或将图层解锁。锁定图层后，该图层上的图形依然显示在屏幕上并可打印输出，同时可以在该图层上绘制新的图形对象，但用户不能对该图层上的图形进行编辑、修改操作。由此可以看出，其目的就是防止对图形的意外修改。既可以对当前图层进行锁定，也可以对锁定图层上的图形进行查询和对象捕捉。

6．打印/不打印

在"图层特性管理器"选项板中单击🖨图标，可以设定打印时该图层是否打印，以在保证图形显示可见不变的条件下控制图形的打印特征。打印功能只对可见的图层起作用，对于已经被冻结或被关闭的图层不起作用。

7．新视口冻结

在新布局视口中可冻结选定图层。例如，在所有新视口中冻结 DIMENSIONS 图层，将在所有新创建的布局视口中限制该图层上的标注显示，但不会影响现有视口中的 DIMENSIONS 图层。如果以后创建了需要标注的视口，则可以通过更改当前视口设置来替代默认设置。

1.5　绘图辅助工具

要快速、顺利地完成图形绘制工作，有时需要借助一些辅助工具，例如，用于确定绘制位置的精确定位工具和调整图形显示范围与方式的显示工具等。下面简略介绍这两种非常重要的辅助绘图工具。

1.5.1　精确定位工具

在绘制图形时，可以使用直角坐标和极坐标精确定位点，但是有些点（如端点、中心点等）的坐标是用户不知道的，要想精确地指定这些点，可想而知是很难的，有时甚至是不可能的。幸好 AutoCAD 2026很好地解决了这个问题，利用其提供的辅助定位工具，可以很容易地在屏幕中捕捉这些点，从而进行精确的绘图。

1．栅格

AutoCAD 的栅格是由有规则的点的矩阵组成，延伸到指定为图形界限的整个区域。使用栅格与在坐标纸上绘图十分相似，可以对齐对象并直观显示对象之间的距离。如果放大或缩小图形，则可能需要调整栅格间距，使其更适合新的比例。虽然栅格在屏幕上是可见的，但它并不是图形对象，因此并不会被打印成图形中的一部分，也不会影响在何处绘图。

单击状态栏上的"栅格"按钮或按 F7 键，即可打开或关闭栅格。启用栅格并设置栅格在 X 轴方向和 Y 轴方向上的间距的方法如下。

1）执行方式

☑ 命 令 行 ： DSETTINGS （ 或 DS 、 SE 或 DDRMODES）。

☑ 菜单栏："工具"→"绘图设置"。

☑ 快捷菜单：右击"栅格"按钮→"网格设置"。

2）操作步骤

执行上述命令后，将打开"草图设置"对话框，如图 1-35 所示。

图 1-35　"草图设置"对话框

如果需要显示栅格，则选中"启用栅格"复选框。在"栅格 X 轴间距"文本框中输入栅格点之间的水平距离，单位为毫米。如果要使用相同的间距设置垂直和水平分布的栅格点，则按 Tab 键；否则，在"栅格 Y 轴间距"文本框中输入栅格点之间的垂直距离。

用户可以改变栅格与图形界限的相对位置。默认情况下，栅格以图形界限的左下角为起点，沿着与坐标轴平行的方向填充整个由图形界限所确定的区域。

另外，还可以通过 GRID 命令以命令行方式设置栅格，其功能与"草图设置"对话框类似，此处不再赘述。

> 🔊 **注意**：如果栅格的间距设置得太小，当进行"打开栅格"操作时，AutoCAD 将在 AutoCAD 文本窗口中显示"栅格太密，无法显示"的提示信息，而不在屏幕上显示栅格点。使用"缩放"命令时，如果将图形缩放得很小，也会出现同样的提示，不显示栅格。

2. 捕捉

捕捉是指 AutoCAD 2026 可以生成一个隐含分布于屏幕上的栅格，这种栅格能够捕捉光标，使得光标只能落到其中的一个栅格点上。捕捉可分为"栅格捕捉"和 PolarSnap 这两种类型，"栅格捕捉"又分为"矩形捕捉"和"等轴测捕捉"。默认设置为"矩形捕捉"，即捕捉点的阵列类似于栅格，如图 1-36 所示。在"矩形捕捉"模式下，用户可以指定捕捉模式在 X 轴方向和 Y 轴方向上的间距，也可改变捕捉模式与图形界限的相对位置。其与栅格的不同之处在于：捕捉间距的值必须为正实数；捕捉模式不受图形界限的约束。"等轴测捕捉"表示捕捉模式为等轴测，此模式是绘制正等轴测图时的工作环境，如图 1-37 所示。在"等轴测捕捉"模式下，栅格和光标十字线呈绘制等轴测图时的特定角度。在"栅格捕捉"模式下，如果指定点，光标将沿垂直或水平栅格点进行捕捉。将捕捉类型设定为 PolarSnap 时，如果启用了捕捉模式并在极轴追踪打开的情况下指定点，光标将沿在"极轴追踪"选项卡上相对于极轴追踪起点设置的极轴对齐角度进行捕捉。

在绘制如图 1-36 和图 1-37 所示的图形时，输入参数点时光标只能落在栅格点上。两种模式的切换方法：打开"草图设置"对话框，选择"捕捉和栅格"选项卡，在"捕捉类型"选项组中可以通过选中相应的单选按钮来切换"矩形捕捉"模式与"等轴测捕捉"模式。

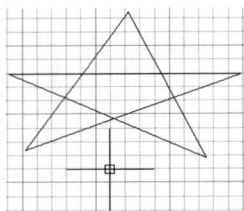

图 1-36　"矩形捕捉"实例　　图 1-37　"等轴测捕捉"实例

3. 极轴追踪

极轴追踪是指在创建或修改对象时，按事先给定的角度增量和距离增量来追踪特征点，即捕捉相对于初始点且满足指定极轴距离和极轴角的目标点。

极轴追踪设置主要是设置追踪的距离增量和角度增量，以及与之相关联的捕捉模式。这些设置可以 ① 通过"草图设置"对话框的 ② "捕捉和栅格"选项卡与 ③ "极轴追踪"选项卡来实现，如图 1-38 和图 1-39 所示。

1）设置极轴距离

在"草图设置"对话框的"捕捉和栅格"选项卡中，可以设置极轴距离，单位为毫米。绘图时，光标将按指定的极轴距离增量进行移动。

2）设置极轴角度

在"草图设置"对话框的"极轴追踪"选项卡中，可以设置极轴角增量。在"极轴角设置"选项组中，既可以在"增量角"下拉列表框中选择 90、45、30、22.5、18、15、10 和 5（度）的极轴角增量，也可以直接输入指定的其他任意角度。光标移动时，如果接近极轴角，将显示对齐路径和工具栏提示。例如，当设置极轴角增量为 30°，光标移动 90°时，显示的对齐路径如图 1-40 所示。

图 1-38　"捕捉和栅格"选项卡　　　　　图 1-39　"极轴追踪"选项卡

图 1-40　设置极轴角度实例

"附加角"用于设置极轴追踪时是否采用附加角度追踪。选中"附加角"复选框，通过"新建"按钮或"删除"按钮来增加、删除附加角度值。

3）对象捕捉追踪设置

该选项组主要用于设置对象捕捉追踪的模式。如果选中"仅正交追踪"单选按钮，则当采用追踪功能时，系统仅在水平和垂直方向上显示追踪数据；如果选中"用所有极轴角设置追踪"单选按钮，则当采用追踪功能时，系统不仅可以在水平和垂直方向上显示追踪数据，还可以在设置的极轴追踪角度与附加角度所确定的一系列方向上显示追踪数据。

4）极轴角测量

该选项组主要用于设置极轴角的角度时采用的参考基准，其中，选中"绝对"单选按钮是指相对水平方向逆时针测量，选中"相对上一段"单选按钮则是以上一段对象为基准进行测量。

4．对象捕捉

AutoCAD 2026 为所有的图形对象都定义了特征点，对象捕捉则是指在绘图过程中，通过捕捉这些特征点，迅速、准确地将新的图形对象定位在现有对象的确切位置上，如圆的圆心、线段中点或两个对象的交点等。在 AutoCAD 2026 中，可以通过单击状态栏中的"对象捕捉"按钮，或在"草图设置"对话框的"对象捕捉"选项卡中选中"启用对象捕捉"复选框，来启用对象捕捉功能。在绘图过程中，对象捕捉功能的调用可以通过以下方式来完成。

☑ 通过"对象捕捉"工具栏：在绘图过程中，当系统提示需要指定点位置时，可以单击"对象捕捉"工具栏（见图 1-41）中相应的特征点按钮，再把光标移动到要捕捉的对象的特征点附近，AutoCAD 2026 会自动提示并捕捉这些特征点。例如，如果需要用直线连接一系列圆的圆心，可以将"圆心"设置为执行对象捕捉。如果有两个可能的捕捉点落在选择区域，则 AutoCAD 2026 将捕捉离光标中心最近的符合条件的点。如果在指定点时需要检查哪一个对象捕捉有效（例如，在指定位置有多个对象捕捉符合条件），在指定点之前，按 Tab 键即可遍历所有可能的点。

图 1-41 "对象捕捉"工具栏

图 1-42 "对象捕捉"快捷菜单

☑ 通过"对象捕捉"快捷菜单：在需要指定点位置时，按住 Ctrl 键或 Shift 键的同时右击，在打开的快捷菜单（见图 1-42）中选择某一种特征点执行对象捕捉，把光标移动到要捕捉的对象的特征点附近，即可捕捉这些特征点。

☑ 使用命令行：当需要指定点位置时，在命令行中输入相应特征点的关键字（见表 1-1），然后把光标移动到要捕捉的对象的特征点附近，即可捕捉这些特征点。

表 1-1 对象捕捉模式及关键字

模 式	关 键 字	模 式	关 键 字	模 式	关 键 字
临时追踪点	TT	捕捉自	FROM	端点	END
中点	MID	交点	INT	外观交点	APP
延长线	EXT	圆心	CEN	象限点	QUA
切点	TAN	垂足	PER	平行线	PAR
节点	NOD	最近点	NEA	无捕捉	NON

📢 注意：对象捕捉不可单独使用，必须配合其他绘图命令一起使用。仅当 AutoCAD 提示输入点时，对象捕捉才生效。如果试图在命令行提示下使用对象捕捉，AutoCAD 将显示错误信息。对象捕捉只影响屏幕上可见的对象，包括锁定图层、布局视口边界和多段线上的对象，但不能捕捉不可见的对象，如未显示的对象、关闭或冻结图层上的对象或虚线的空白部分。

5. 自动对象捕捉

在绘制图形的过程中，使用对象捕捉的频率非常高，如果每次在捕捉时都要先选择捕捉模式，将使工作效率大大降低。出于此种考虑，AutoCAD 提供了自动对象捕捉模式。如果启用自动捕捉功能，当光标距指定的捕捉点较近时，系统会自动精确地捕捉这些特征点，并显示相应的标记以及该捕捉的提示。在❶"草图设置"对话框的❷"对象捕捉"选项卡中选中❸"启用对象捕捉"复选框，即可启用自动捕捉功能，如图 1-43 所示。

📢 注意：用户可以根据需要设置自己经常要用的对象捕捉模式。一旦完成了设置，以后每次运行时，所设定的对象捕捉模式就会被激活，而不是仅对一次选择有效。当同时采用多种模式时，系统将捕捉距光标最近且满足多种对象捕捉模式之一的点。当光标距要获取的点非常近时，按下 Shift 键将暂时不获取对象点。

图 1-43　"对象捕捉"选项卡

6. 正交绘图

所谓正交绘图，就是在命令的执行过程中，光标只能沿 X 轴或 Y 轴移动，所有绘制的线段和构造线都将平行于 X 轴或 Y 轴，因此它们相互垂直相交，即正交。在正交模式下绘图，对于绘制水平线和垂直线非常有用，特别是当绘制构造线时经常会用到。此外，当捕捉模式为"等轴测捕捉"时，还迫使直线平行于 3 个等轴测中的一个。

要设置正交绘图，可以直接单击状态栏中的"正交"按钮 或按 F8 键，此时的 AutoCAD 文本窗口中将显示相应的开/关提示信息。此外，也可以在命令行中输入"ORTHO"，执行开启或关闭正交绘图操作。

> ◀)) **注意:** 正交模式将光标限制在水平或垂直（正交）轴上。因为不能同时打开正交模式和极轴追踪，所以正交模式打开时，AutoCAD 会关闭极轴追踪。如果再次打开极轴追踪，则 AutoCAD 将关闭正交模式。

1.5.2　图形显示工具

对于一个较为复杂的图形来说，在观察整幅图形时往往无法对其局部细节进行查看和操作，而在屏幕上显示一个细部时又看不到其他部分。为了解决这类问题，AutoCAD 2026 提供了缩放、平移、视图、鸟瞰视图和视口等一系列图形显示控制命令，可以用来任意地放大、缩小或移动屏幕上的图形显示，或者同时从不同的角度、不同的部位来显示图形。另外，AutoCAD 2026 还提供了重画和重新生成命令来刷新屏幕、重新生成图形。

1. 图形缩放

图形缩放命令类似于照相机的镜头，可以放大或缩小屏幕所显示的范围，但它只改变视图的比例，对象的实际尺寸并不发生变化。当放大图形一部分的显示尺寸时，可以更清楚地查看该区域的细节；相反，如果缩小图形的显示尺寸，则可以查看更大的区域，如整体浏览。

图形缩放功能在绘制大幅面机械图纸，尤其是装配图时非常有用，是使用频率最高的命令之一。该命令可以透明地使用，也就是说，该命令可以在其他命令执行时运行。完成该透明命令的执行后，AutoCAD 会自动地返回之前正在运行的命令。

1）执行方式

☑　命令行：ZOOM。

- ☑ 菜单栏："视图" → "缩放"。
- ☑ 工具栏："缩放"工具栏（见图1-44）。
- ☑ 功能区："视图" → "导航" → "缩放"。

图1-44 "缩放"工具栏

2）操作步骤

命令：ZOOM↙

指定窗口的角点，输入比例因子（nX 或 nXP），或者[全部(A)/中心(C)/动态(D)/范围(E)/上一个(P)/比例(S)/窗口(W)/对象(O)] <实时>：

3）选项说明

- ☑ 实时：这是"缩放"命令的默认操作，即在输入"ZOOM"后直接按 Enter 键，将自动调用实时缩放操作。实时缩放就是可以通过上下移动鼠标交替进行放大和缩小。在进行实时缩放时，系统会显示一个"+"号或"−"号。当缩放比例接近极限时，AutoCAD 将不再与光标一起显示"+"号或"−"号。需要从实时缩放操作中退出时，可按 Enter 键、Esc 键或者从菜单中选择"退出"命令。

- ☑ 全部（A）：执行 ZOOM 命令后，在提示文字后输入"A"，即可执行"全部"缩放操作。不论图形有多大，该操作都将显示图形的边界或范围，即使对象不包括在边界以内，它们也将被显示。因此，使用"全部"缩放选项，可查看当前视口中的整个图形。

- ☑ 中心（C）：通过确定一个中心点，可以定义一个新的显示窗口。操作过程中需要指定中心点，以及输入比例或高度。默认新的中心点就是视图的中心点，默认的输入高度就是当前视图的高度，直接按 Enter 键后，图形将不会被放大。输入比例因子，数值越大，图形放大倍数也将越大。另外，也可以在数值后面紧跟一个 X，如 3X，表示在放大时不是按照绝对值变化，而是按相对于当前视图的相对值缩放。

- ☑ 动态（D）：通过操作一个表示视口的视图框，可以确定所需显示的区域。选择该选项，绘图窗口中将出现一个小的视图框，按住鼠标左键左右移动可以改变该视图框的大小，定形后放开鼠标；再按下鼠标左键移动视图框，确定图形中的放大位置，系统将清除当前视口并显示一个特定的视图选择屏幕，该特定屏幕包含当前视图及有效视图的相关信息。

- ☑ 范围（E）：可以使图形缩放至整个显示范围。图形的显示范围由图形所在的区域构成，剩余的空白区域将被忽略。应用该选项时，图形中所有的对象都会尽可能地被放大。

- ☑ 上一个（P）：在绘制一幅复杂的图形时，有时需要放大图形的一部分以进行细节的编辑；当编辑完成后，又希望回到前一个视图，此时就可以使用"上一个"选项来实现。当前视口由"缩放"命令的各种选项或"移动"视图、视图恢复、平行投影或透视命令引起的任何变化，系统都将进行保存。每一个视口最多可以保存 10 个视图。连续使用"上一个"选项可以恢复前 10 个视图。

- ☑ 比例（S）：提供了 3 种使用方法，第一种方法为在提示信息下直接输入比例系数，AutoCAD将按照此比例因子放大或缩小图形的尺寸；第二种方法为在比例系数后面加一个 X，表示相对于当前视图计算的比例因子；第三种方法则是相对于图纸空间，例如，可以在图纸空间阵列布排或打印模型的不同视图。为了使每一张视图都与图纸空间单位成比例，可选择"比例"选项。每一个视图可以有单独的比例。

- ☑ 窗口（W）：这是最常用的选项，通过确定一个矩形窗口的两个对角点来指定所需缩放的区域。对角点既可以由鼠标指定，也可以通过输入坐标来确定。指定窗口的中心点将成为新的显示屏幕的中心点，窗口中的区域将被放大或缩小。调用 ZOOM 命令时，可以在没有选择任何选项的情况下，利用鼠标在绘图窗口中直接指定缩放窗口的两个对角点。

☑ 对象（O）：缩放以便尽可能大地显示一个或多个选定的对象并使其位于视图的中心。可以在启动 ZOOM 命令前后选择对象。

📢 **注意**：这里提到的诸如放大、缩小或移动的操作，仅是对图形在屏幕上的显示进行控制，图形本身并没有任何改变。

2. 图形平移

当图形幅面大于当前视口时，例如，使用"缩放"命令将图形放大后，如果需要在当前视口之外观察或绘制一个特定区域，可以使用"平移"命令来实现。"平移"命令能将在当前视口以外的图形部分移动进来查看或编辑，但不会改变图形的缩放比例。

1）执行方式

☑ 命令行：PAN。

☑ 菜单栏："视图"→"平移"。

☑ 工具栏："标准"→"实时平移" ✋。

☑ 功能区："视图"→"导航"→"平移"。

☑ 快捷菜单：在绘图窗口中右击，在打开的快捷菜单中选择"平移"命令。

2）操作步骤

激活"平移"命令之后，光标将变成一只"小手"的形状，可以在绘图窗口中任意移动，以示当前正处于平移模式。单击并按住鼠标左键将光标锁定在当前位置，即"小手"已经抓住图形，然后拖动图形使其移动到所需位置上。松开鼠标左键后，将停止平移图形。可以反复按下鼠标左键、拖动、松开，将图形平移到其他位置上。

"平移"命令预先定义了一些不同的菜单选项与按钮，可用于在特定方向上平移图形。在激活"平移"命令后，这些选项可以从菜单栏中的"视图"→"平移"→"*"中调用。

3）选项说明

☑ 实时：该选项是"平移"命令中最常用的选项，也是默认选项，前面提到的平移操作都是指实时平移，通过鼠标的拖动来实现任意方向上的平移。

☑ 点：该选项要求确定位移量，这就需要确定图形移动的方向和距离。可以通过输入点的坐标或用鼠标指定点的坐标来确定位移量。

☑ 左：移动图形使屏幕左部的图形进入显示窗口。

☑ 右：移动图形使屏幕右部的图形进入显示窗口。

☑ 上：向底部平移图形，使屏幕顶部的图形进入显示窗口。

☑ 下：向顶部平移图形，使屏幕底部的图形进入显示窗口。

1.6　实践与操作

通过前面的学习，读者对本章知识已经有了大体的了解，本节将通过两个实践操作练习帮助读者进一步掌握本章的知识要点。

1.6.1　设置绘图环境

1. 目的要求

任何一个图形文件都有一个特定的绘图环境，包括图形边界、绘图单位、角度等。设置绘图环境通常有两种方法，即设置向导与单独的命令设置方法。通过练习设置绘图环境，可以促进读者对图形总体环境的认识。

2. 操作提示

（1）选择"文件"→"新建"命令，打开"选择样板"对话框。

（2）选择右下角"打开"中的"无样板打开–公制（毫米）"选项，建立一个新文件。

（3）选择"格式"→"单位"命令，打开"图形单位"对话框。

（4）分别逐项设置：长度类型为"小数"，精度为0.00；角度类型为"十进制度数"，精度为0，角度方向为"顺时针"；用于缩放插入内容的单位为"毫米"；用于指定光源强度的单位为"国际"；最后单击"确定"按钮。

1.6.2　熟悉操作界面

1. 目的要求

操作界面是用户绘制图形的平台，各个组成部分都有其独特的功能，熟悉操作界面有助于用户方便、快捷地进行绘图。本练习要求了解操作界面各部分功能，掌握改变绘图窗口颜色和光标大小的方法，能够熟练地打开、移动、关闭工具栏。

2. 操作提示

（1）启动 AutoCAD 2026，进入操作界面。

（2）调整操作界面的大小。

（3）设置绘图窗口颜色与光标大小。

（4）打开、移动、关闭工具栏。

（5）分别利用命令行、菜单、工具栏和功能区绘制一条直线。

第2章

二维绘图命令

二维图形是指在二维平面空间绘制的图形，主要由一些基本图形元素组成，如点、直线、圆弧、圆、椭圆、矩形、多边形等。AutoCAD 提供了大量的绘图工具，可以帮助用户完成二维图形的绘制。

2.1 直线类命令

直线类命令包括"直线""射线""构造线"，这 3 个命令是 AutoCAD 中最简单的绘图命令。

2.1.1 直线段

不论多么复杂的图形，它们都是由点、直线、圆弧等按不同的粗细、间隔、颜色组合而成的。其中，直线是 AutoCAD 绘图中最简单、最基本的一种图形单元，连续的直线可以组成折线，直线与圆弧的组合又可以组成多段线。直线在机械制图中常用于表达物体棱边或平面的投影，而在建筑制图中则常用于建筑平面投影。这里暂时不关注直线段的颜色、粗细、间隔等属性，先简单讲解如何绘制一条基本的直线段。

1. 执行方式

☑ 命令行：LINE。
☑ 菜单栏："绘图"→"直线"。
☑ 工具栏："绘图"→"直线" ╱。
☑ 功能区："默认"→"绘图"→"直线" ╱。

2. 操作步骤

```
命令:LINE↙
指定第一个点：(输入直线段的起点，用鼠标指定点或者给定点的坐标)
指定下一点或 [放弃(U)]：(输入直线段的端点，也可以用鼠标指定一定角度后，直接输入直线段的长度)
指定下一点或 [放弃(U)]：(输入下一直线段的端点。输入"U"表示放弃前面的输入；右击或按 Enter
键，结束命令)
指定下一点或 [闭合(C)/放弃(U)]：(输入下一直线段的端点，或输入"C"使图形闭合，结束命令)
```

3. 选项说明

（1）若按 Enter 键响应"指定第一个点"提示，系统会把上次绘线（或弧）的终点作为本次操作的起点。特别地，若上次操作为绘制圆弧，按 Enter 键响应后会绘出通过圆弧终点的与该圆弧相切的直线段，该线段的长度由鼠标在屏幕上指定的一点与切点之间线段的长度确定。

（2）在"指定下一点"提示下，用户可以指定多个端点，从而绘出多条直线段，但每一段直线段又都是一个独立的对象，可以进行单独的编辑操作。

（3）绘制两条以上直线段后，若输入"C"响应"指定下一点"提示，则系统会自动连接起始点和最后一个端点，从而绘出封闭的图形。

（4）若输入"U"响应提示，则擦除最近一次绘制的直线段。

（5）若设置正交方式（单击状态栏上的"正交"按钮），只能绘制水平直线或垂直线段。

（6）若设置动态数据输入方式（单击状态栏上的 DYN 按钮），则可以动态输入坐标或长度值。下面的命令同样可以设置动态数据输入方式，效果与非动态数据输入方式类似。除了特别需要，以后不再强调，而只按非动态数据输入方式输入相关数据。

2.1.2 实例——绘制五角星

本实例主要练习执行"直线"命令后，在动态输入功能下绘制五角星，绘制流程如图 2-1 所示。

操作步骤

（1）系统默认打开动态输入，如果动态输入没有打开，则单击状态栏中的"动态输入"按钮，打开动态输入。单击"默认"选项卡"绘图"面板中的"直线"按钮，在动态输入框中输入第一点的坐标为（120,120），如图 2-2 所示。按 Enter 键确认 P1 点。

图 2-1 绘制五角星 | 图 2-2 确定 P1 点

（2）拖动鼠标，然后在动态输入框中输入长度为 80，按 Tab 键切换到角度输入框，输入角度为 108°，如图 2-3 所示。按 Enter 键确认 P2 点。

（3）拖动鼠标，然后在动态输入框中输入长度为 80，按 Tab 键切换到角度输入框，输入角度为 36°，如图 2-4 所示，按 Enter 键确认 P3 点；也可以输入绝对坐标（#159.091,90.870），如图 2-5 所示，按 Enter 键确认 P3 点。

图 2-3 确定 P2 点 | 图 2-4 确定 P3 点 | 图 2-5 确定 P3 点（绝对坐标方式）

（4）拖动鼠标，然后在动态输入框中输入长度为 80，按 Tab 键切换到角度输入框，输入角度为

180°，如图 2-6 所示，按 Enter 键确认 P4 点。

（5）拖动鼠标，然后在动态输入框中输入长度为 80，按 Tab 键切换到角度输入框，输入角度为36°，如图 2-7 所示，按 Enter 键确认 P5 点；也可以输入绝对坐标（#144.721,43.916），如图 2-8 所示，按 Enter 键确认 P5 点。

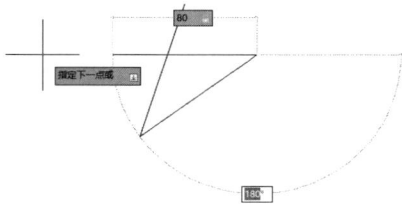

图 2-6 确定 P4 点　　　　　　　　　　图 2-7 确定 P5 点

（6）拖动鼠标，直接捕捉 P1 点，如图 2-9 所示，也可以输入长度为 80，按 Tab 键切换到角度输入框，输入角度为 108°，完成绘制。

图 2-8 确定 P5 点（绝对坐标方式）　　　　图 2-9 完成绘制

2.1.3 数据的输入方法

在 AutoCAD 中，点的坐标可以用直角坐标、极坐标、球面坐标和柱面坐标表示，每一种坐标又分别具有两种坐标输入方式：绝对坐标和相对坐标。其中，直角坐标和极坐标最为常用，下面主要介绍它们的输入方法。

（1）直角坐标法：用点的 X、Y 坐标值表示的坐标。

例如，在命令行输入点的坐标提示下，输入"15,18"，表示输入一个 X、Y 的坐标值分别为 15、18 的点，此为绝对坐标输入方式，表示该点的坐标是相对于当前坐标原点的坐标值，如图 2-10（a）所示。如果输入"@10,20"，则为相对坐标输入方式，表示该点的坐标是相对于前一个点的坐标值，如图2-10（b）所示。

（2）极坐标法：用长度和角度表示的坐标，只能用来表示二维点的坐标。

在绝对坐标输入方式下，表示为"长度<角度"，如"25<50"，其中长度为该点到坐标原点的距离，角度为该点至原点的连线与 X 轴正向的夹角，如图 2-10（c）所示。

在相对坐标输入方式下，表示为"@长度<角度"，如"@25<45"，其中长度为该点到前一点的距离，角度为该点至前一点的连线与 X 轴正向的夹角，如图 2-10（d）所示。

图 2-10 数据输入方法

（3）动态数据输入。

单击状态栏上的"动态输入"按钮 ，系统打开动态输入功能，默认情况下是打开的（如果不需要动态输入功能，可单击"动态输入"按钮 ，关闭动态输入功能）。可以在屏幕上动态地输入某些参数数据。例如，绘制直线时，在光标附近会动态地显示"指定第一个点"及后面的坐标框，当前坐标框中显示的是光标所在位置，可以输入数据，两个数据之间以逗号隔开，如图 2-11 所示。指定第一点后，系统动态地显示直线的角度，同时要求输入线段长度值，如图 2-12 所示，其输入效果与"@长度<角度"方式相同。

图 2-11　动态输入坐标值　　　　　　　　　图 2-12　动态输入长度值

下面分别介绍点与距离值的输入方法。

（1）点的输入。

在绘图过程中常需要输入点的位置，AutoCAD 提供如下几种输入点的方式。

❶　直接在命令行窗口中输入点的坐标。笛卡儿坐标有两种输入方式："X,Y"（点的绝对坐标值，如"100,50"）和"@X,Y"（相对于上一个点的相对坐标值，如"@50,-30"）。坐标值是相对于当前的用户坐标系的。

极坐标的输入方式为"长度<角度"（其中，长度为点到坐标原点的距离，角度为原点至该点连线与 X 轴的正向夹角，如"20<45"）或"@长度<角度"（相对于上一个点的相对极坐标，如"@50<-30"）。

> 提示：第二个点和后续点的默认设置为相对极坐标。不需要输入"@"符号。如果需要使用绝对坐标，请使用"#"前缀符号。例如，要将对象移到原点，可在提示输入第二个点时，输入"#0,0"。

❷　用鼠标等定点设备移动光标并单击，在屏幕上直接取点。

❸　用目标捕捉方式捕捉屏幕上已有图形的特殊点（如端点、中点、中心点、插入点、交点、切点、垂足等）。

❹　直接输入距离：先用光标拖拉出橡筋线确定方向，然后用键盘输入距离，这样有利于准确控制对象的长度等参数。

（2）距离值的输入。

在 AutoCAD 命令中，有时需要提供高度、宽度、半径、长度等距离值。AutoCAD 提供两种输入距离值的方式：一种是用键盘在命令行窗口中直接输入数值；另一种是在屏幕上拾取两点，以两点的距离值确定所需数值。

2.1.4　实例——绘制螺栓

本实例主要练习"直线"命令，由于图形中出现了两种不同的线型，所以需要设置图层来管理线型。因为整个图形都是由线段构成的，所以只需要利用 LINE 命令就能绘制图形，流程图如图 2-13 所示。

图 2-13　绘制螺栓

操作步骤

（1）设置图层。

❶ 在命令行中输入"LAYER"命令或者单击"默认"选项卡"图层"面板中的"图层特性"按钮 ，系统打开"图层特性管理器"选项板，如图 2-14 所示。

图 2-14　"图层特性管理器"选项板

❷ ①单击"新建图层"按钮 ，创建一个新图层，把该图层的名字由默认的"图层 1"改为② "中心线"，如图 2-15 所示。

图 2-15　更改图层名

❸ 单击"中心线"图层对应的"颜色"选项，①打开"选择颜色"对话框，②选择红色为该图层颜色，如图 2-16 所示。③单击"确定"按钮后返回"图层特性管理器"选项板。

❹ 单击"中心线"图层对应的"线型"选项，①打开"选择线型"对话框，如图 2-17 所示。

❺ 在"选择线型"对话框中②单击"加载"按钮，③系统打开"加载或重载线型"对话框，④选择 CENTER 线型，如图 2-18 所示。⑤单击"确定"按钮后返回"选择线型"对话框。

图 2-16　"选择颜色"对话框

图 2-17　"选择线型"对话框

在"选择线型"对话框中选择 CENTER（点画线）为该图层线型，单击"确定"按钮后返回"图层特性管理器"选项板。

❻ 单击"中心线"图层对应的"线宽"选项，❶打开"线宽"对话框，❷选择 0.09 mm 线宽，如图 2-19 所示，❸单击"确定"按钮后返回"图层特性管理器"选项板。

图 2-18　加载新线型

图 2-19　选择线宽

❼ 采用相同的方法再建立两个新图层，并分别命名为"轮廓线"和"细实线"。设置"轮廓线"图层的颜色为黑色，线型为 Continuous，线宽为 0.30 mm；设置"细实线"图层的颜色为蓝色，线型为 Continuous，线宽为 0.09 mm。同时让两个图层均处于打开、解冻和解锁状态，各项设置如图 2-20 所示。

❽ 选择"中心线"图层，单击"置为当前"按钮，将其设置为当前图层，然后关闭"图层特性管理器"选项板。

（2）绘制中心线。

单击状态栏中的"动态输入"按钮，关闭"动态输入"功能。单击"默认"选项卡"绘图"面板中的"直线"按钮，命令行提示与操作如下（按 Ctrl+9 快捷键可调出或关闭命令行）：

```
命令：_line
指定第一个点：40,25✓
指定下一点或 [放弃(U)]：40,-145✓
指定下一点或 [放弃(U)]：✓
```

注意：

（1）一般每个命令有 4 种执行方式，这里只给出了命令行执行方式，其他 3 种执行方式的操作方法与命令行执行方式相同。

（2）命令前加一个下画线表示采用非命令行输入方式执行命令，其效果与命令行输入方式一样。

（3）坐标中的逗号必须在英文状态下输入，否则会出错。

（3）绘制螺帽外框。

将"轮廓线"图层设置为当前图层。单击"默认"选项卡"绘图"面板中的"直线"按钮 ／，绘制螺帽的一条轮廓线。命令行提示与操作如下：

```
命令：_line
指定第一个点：0,0↙
指定下一点或 [放弃(U)]：@80,0↙
指定下一点或 [放弃(U)]：@0,-30↙
指定下一点或 [闭合(C)/放弃(U)]：@80<180↙
指定下一点或 [闭合(C)/放弃(U)]：C↙
```

结果如图 2-21 所示。

图 2-20　设置图层

图 2-21　绘制螺帽外框

（4）完成螺帽绘制。

单击"默认"选项卡"绘图"面板中的"直线"按钮 ／，绘制另外两条线段，端点分别为 {（25,0），（@0,-30）}和{（55,0），（@0,-30）}。命令行提示与操作如下：

```
命令：_line
指定第一个点：25,0↙
指定下一点或 [放弃(U)]：@0,-30↙
指定下一点或 [放弃(U)]：↙
命令：_line↙
指定第一个点：55,0↙
指定下一点或 [放弃(U)]：@0,-30↙
指定下一点或 [放弃(U)]：↙
```

结果如图 2-22 所示。

（5）绘制螺杆。

单击"默认"选项卡"绘图"面板中的"直线"按钮 ／，命令行提示与操作如下：

```
命令：_line
指定第一个点：20,-30↙
```

```
指定下一点或 [放弃(U)]: @0,-100↙
指定下一点或 [放弃(U)]: @40,0↙
指定下一点或 [闭合(C)/放弃(U)]: @0,100↙
指定下一点或 [闭合(C)/放弃(U)]: ↙
```

结果如图 2-23 所示。

（6）绘制螺纹。

将"细实线"图层设置为当前图层。单击"默认"选项卡"绘图"面板中的"直线"按钮 ╱ ，绘制螺纹，端点分别为{（22.56,-30），（@0,-100）}和{（57.44,-30），（@0,-100）}。命令行提示与操作如下：

```
命令: _line
指定第一个点: 22.56,-30↙
指定下一点或 [放弃(U)]: @0,-100↙
指定下一点或 [放弃(U)]: ↙
命令: _line
指定第一个点: 57.44,-30↙
指定下一点或 [放弃(U)]: @0,-100↙
指定下一点或 [放弃(U)]: ↙
```

（7）显示线宽。

单击状态栏上的"显示/隐藏线宽"按钮 ，显示图线线宽，最终结果如图 2-24 所示。

| 图 2-22　绘制螺帽 | 图 2-23　绘制螺杆 | 图 2-24　绘制螺纹 |

注意： 在 AutoCAD 中通常有两种输入数据的方法，即输入坐标值或用鼠标在屏幕上指定。输入坐标值很精确，但比较麻烦；鼠标指定比较快捷，但不太精确。用户可以根据需要进行选择。例如，由于本例所绘制的螺栓是对称的，所以最好用输入坐标值的方法输入数据。

2.1.5　构造线

构造线就是无穷长度的直线，用于模拟手工作图中的辅助作图线。构造线用特殊的线型显示，在图形输出时可不作输出。应用构造线作为辅助线绘制机械图中的三视图是构造线的最主要用途，构造线的应用保证了三视图之间"主、俯视图长对正，主、左视图高平齐，俯、左视图宽相等"的对应关系。如图 2-25 所示为应用构造线作为辅助线绘制机械图中三视图的绘图示例，图中细实线为构造线，粗实线为三视图轮廓线。

图 2-25　构造线辅助绘制三视图

1. 执行方式

☑　命令行：XLINE。

☑　菜单栏："绘图"→"构造线"。

☑　工具栏："绘图"→"构造线" ✗。

☑　功能区："默认"→"绘图"→"构造线" ✗。

2．操作步骤

命令：XLINE✓
指定点或 [水平(H)/垂直(V)/角度(A)/二等分(B)/偏移(O)]：（给出点1）
指定通过点：（给定通过点2，画一条双向无限长直线）
指定通过点：[继续给点，继续画线，如图2-26（a）所示，按Enter键结束命令]

3．选项说明

执行选项中有"指定点""水平""垂直""角度""二等分""偏移"6种方式绘制构造线，分别如图2-26（a）～图2-26（f）所示。

图 2-26　绘制构造线

2.2　圆类图形命令

圆类命令主要包括"圆""圆弧""圆环""椭圆""椭圆弧"等，这些命令是AutoCAD中最简单的曲线命令。

2.2.1　圆

圆是最简单的封闭曲线，也是在绘制工程图形时经常用到的图形单元。

1．执行方式

☑　命令行：CIRCLE。

☑　菜单栏："绘图"→"圆"→"圆心，半径"。

☑　工具栏："绘图"→"圆" ⊙。

☑　功能区："默认"→"绘图"→"圆心，半径" ⊙。

2．操作步骤

命令：CIRCLE✓
指定圆的圆心或 [三点(3P)/两点(2P)/切点、切点、半径(T)]：（指定圆心）
指定圆的半径或 [直径(D)]：（直接输入半径数值或用鼠标指定半径长度）

3．选项说明

（1）三点（3P）：用指定圆周上3点的方法画圆。

（2）两点（2P）：用指定直径的两个端点的方法画圆。

（3）切点、切点、半径（T）：按先指定两个相切对象，后给出半径的方法画圆。图2-27给出了以"切点、切点、半径"方式绘制圆的各种情形（其中加黑的圆为最后绘制的圆）。

（a）　　　　（b）　　　　（c）　　　　（d）

图 2-27　圆与另外两个对象相切的各种情形

（4）选择菜单栏中的①"绘图"→②"圆"命令，其下拉菜单中多了一种③"相切，相切，相切"的方法，当选择此方式时（见图 2-28），系统提示如下：

指定圆上的第一个点：_tan 到：（指定相切的第一个圆弧）
指定圆上的第二个点：_tan 到：（指定相切的第二个圆弧）
指定圆上的第三个点：_tan 到：（指定相切的第三个圆弧）

图 2-28　绘制圆的功能区方法

2.2.2　实例——绘制挡圈

由于图形中出现了两种不同的线型，因此需要设置图层来管理线型。因为图形中包括 5 个圆，所以需要利用"圆"命令的各种操作方式来绘制图形，其绘制流程如图 2-29 所示。

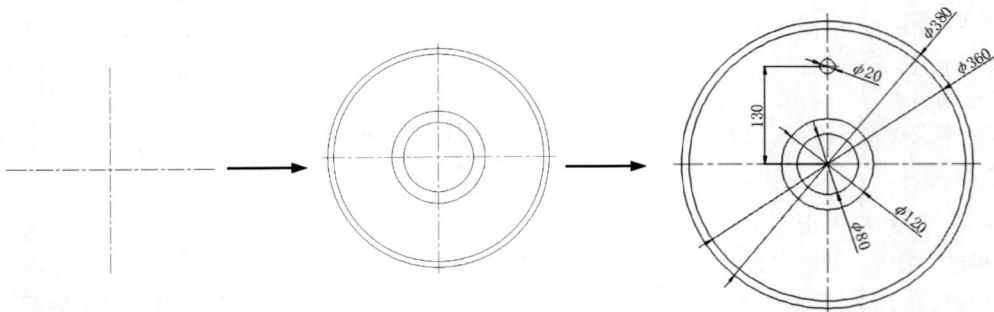

图 2-29　挡圈

操作步骤

（1）设置图层。

单击"默认"选项卡"图层"面板中的"图层特性"按钮，❶系统打开"图层特性管理器"选项板。❷新建"中心线"和"轮廓线"两个图层，如图 2-30 所示。

图 2-30　图层设置

（2）绘制中心线。

将"中心线"图层设置为当前图层。单击"默认"选项卡"绘图"面板中的"直线"按钮，命令行提示与操作如下：

```
命令：_line
指定第一个点：（适当指定一点）
指定下一点或 [放弃(U)]：@400,0✓
指定下一点或 [放弃(U)]：✓
命令：_line
指定第一个点：FROM✓（表示"捕捉自"功能）
基点：（单击状态栏上的"对象捕捉"按钮□，把光标移动到刚绘制线段的中点附近，系统显示一个黄色的小三角形表示中点捕捉位置，如图 2-31 所示，单击确定基点位置）
<偏移>：@0,200✓
指定下一点或 [放弃(U)]：@0,-400✓
指定下一点或 [放弃(U)]：✓
```

注意："捕捉自"功能的快捷键为 Shift 键，同时单击鼠标右键，可以打开快捷对话框。

结果如图 2-32 所示。

图 2-31　捕捉中点

图 2-32　绘制中心线

（3）绘制同心圆。

❶ 将"轮廓线"图层设置为当前图层。单击"默认"选项卡"绘图"面板中的"圆"按钮，命令行提示与操作如下：

```
命令：_circle
指定圆的圆心或 [三点(3P)/两点(2P)/切点、切点、半径(T)]：（捕捉中心线交点为圆心）
指定圆的半径或 [直径(D)]：40✓
命令：_circle
指定圆的圆心或 [三点(3P)/两点(2P)/切点、切点、半径(T)]：（捕捉中心线交点为圆心）
指定圆的半径或 [直径(D)] <20.0000>：D✓
指定圆的直径 <40.0000>：120✓
```

❷ 用同样的方法绘制半径分别为 180 和 190 的同心圆，如图 2-33 所示。

（4）绘制定位孔。

单击"默认"选项卡"绘图"面板中的"圆"按钮⊙，命令行提示与操作如下：

```
命令：✓（直接按 Enter 键，表示执行上次执行的命令）
指定圆的圆心或 [三点(3P)/两点(2P)/切点、切点、半径(T)]：2P✓
指定圆直径的第一个端点：FROM✓
基点：（捕捉同心圆圆心）
<偏移>：@0,120✓
指定圆直径的第二个端点：@0,20✓
```

结果如图 2-34 所示。

（5）补画定位圆中心线。

将"中心线"图层设置为当前图层。单击"默认"选项卡"绘图"面板中的"直线"按钮╱，命令行提示与操作如下：

```
命令：_line
指定第一个点：FROM✓
基点：（捕捉定位圆圆心）
<偏移>：@-15,0✓
指定下一点或 [放弃(U)]：@30,0✓
指定下一点或 [放弃(U)]：✓
```

结果如图 2-35 所示。

图 2-33　绘制同心圆　　　图 2-34　绘制定位孔　　　图 2-35　补画定位圆中心线

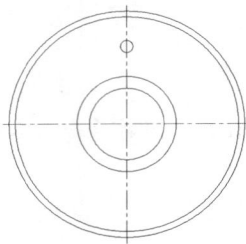

（6）显示线宽。

单击状态栏上的"显示/隐藏线宽"按钮，显示图线线宽，最终结果如图 2-29 所示。

2.2.3　圆弧

圆弧是圆的一部分，在工程造型中，它的使用比圆更普遍。通常强调的"流线型"造型或圆润的造型实际上就是圆弧造型。

1. 执行方式

☑　命令行：ARC（缩写名：A）。

☑　菜单栏："绘图"→"弧"。

☑　工具栏："绘图"→"圆弧" ⌒ 。

☑　功能区："默认"→"绘图"→"圆弧" ⌒ 。

2. 操作步骤

命令：ARC✓

指定圆弧的起点或 ［圆心(C)］：（指定起点）

指定圆弧的第二点或 ［圆心(C)/端点(E)］：（指定第二点）

指定圆弧的端点：（指定端点）

3. 选项说明

（1）用命令行方式画圆弧时，可以根据系统提示选择不同的选项，具体功能和用"绘图"菜单中的"圆弧"子菜单提供的 11 种方式相似，这 11 种方式如图 2-36 所示。

（a）三点　　　　（b）起点、圆心、端点　　（c）起点、圆心、角度　　（d）起点、圆心、长度

（e）起点、端点、角度　　（f）起点、端点、方向　　（g）起点、端点、半径　　（h）圆心、起点、端点

（i）圆心、起点、角度　　（j）圆心、起点、长度　　　（k）连续

图 2-36　11 种画圆弧的方法

（2）需要强调的是，用"连续"方式绘制的圆弧与上一线段或圆弧相切，因此只需提供端点即可。

2.2.4　实例——绘制定位销

由于图形中出现了两种不同的线型，因此需要设置图层来管理线型。利用"直线"和"圆弧"命令绘制图形，其绘制流程如图 2-37 所示。

图 2-37　定位销

操作步骤

（1）设置图层。

单击"默认"选项卡"图层"面板中的"图层特性"按钮🗐，❶系统打开"图层特性管理器"选项板。❷新建"中心线"和"轮廓线"两个图层，如图 2-38 所示。

（2）绘制中心线。

将"中心线"图层设置为当前图层，单击"默认"选项卡"绘图"面板中的"直线"按钮╱，绘制中心线，端点坐标值为{（100,100），（138,100）}，如图 2-39 所示。

（3）绘制销侧面斜线。

❶ 将"轮廓线"图层设置为当前图层，单击"默认"选项卡"绘图"面板中的"直线"按钮╱，命令行提示与操作如下：

```
命令: _line
指定第一个点: 104,104↙
指定下一点或 [放弃(U)]: @30<1.146↙
指定下一点或 [放弃(U)]: ↙
命令: _line
指定第一个点: 104,96↙
指定下一点或 [放弃(U)]: @30<-1.146↙
指定下一点或 [放弃(U)]: ↙
```

绘制的结果如图 2-39 所示。

❷ 单击"默认"选项卡"绘图"面板中的"直线"按钮╱，分别连接两条斜线的两个端点，结果如图 2-40 所示。

图 2-38　图层设置

图 2-39　绘制中心线和斜线

图 2-40　连接端点

✍ **技巧**：对于直线的绘制，一般情况下都是采用笛卡儿坐标系下输入直线两端点的直角坐标来完成的，例如：

命令：_line
指定第一个点：[指定所绘直线段的起始端点的坐标（x1,y1）]
指定下一点或 [放弃(U)]：[指定所绘直线段的另一端点坐标（x2,y2）]
……
指定下一点或 [闭合(C)/放弃(U)]：（按空格键或 Enter 键结束本次操作）

但是对于绘制与水平线成某一特定角度的直线时，直线端点的笛卡儿坐标往往不能精确算出，此时需要使用极坐标模式，即输入相对于第一个端点的直线长度和水平倾角"@直线长度<倾角"，如图 2-41 所示。

（4）绘制圆弧顶。

单击"默认"选项卡"绘图"面板中的"圆弧"按钮，命令行提示与操作如下：

命令：_arc
指定圆弧的起点或 [圆心(C)]：（捕捉左上斜线端点）
指定圆弧的第二个点或 [圆心(C)/端点(E)]：（在中心线上适当位置捕捉一点，如图 2-42 所示）
指定圆弧的端点：（捕捉下斜线左端点，结果如图 2-43 所示）
命令：_arc
指定圆弧的起点或 [圆心(C)]：（捕捉右下斜线端点）
指定圆弧的第二个点或 [圆心(C)/端点(E)]：E✓
指定圆弧的端点：（捕捉上斜线右端点）
指定圆弧的中心点(按住 Ctrl 键以切换方向)或 [角度(A)/方向(D)/半径(R)]：A✓
指定夹角(按住 Ctrl 键切换方向)：（适当拖动鼠标，利用拖动线的角度指定夹角，如图 2-44 所示）

图 2-41 极坐标系下的"直线"命令

图 2-42 指定第二点

图 2-43 绘制圆弧顶

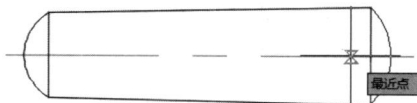

图 2-44 指定夹角

最终结果如图 2-37 所示。

🔊 **注意**：系统默认圆弧的绘制方向为逆时针，即指定两点后，圆弧从第一个点沿逆时针方向伸展到第二个点，所以在指定端点时一定要注意点的位置顺序，否则将无法绘制出预想中的圆弧。定位销有圆锥形和圆柱形两种结构，为保证重复拆装时定位销与销孔的紧密性和便于定位销拆卸，应采用圆锥销。一般取定位销直径 $d=(0.7\sim0.8)d_2$，d_2 为箱盖箱座连接凸缘螺栓直径。其长度应大于上下箱连接凸缘的总厚度，并且装配成上、下两头均有一定长度的外伸量，以便装拆，如图 2-45 所示。

图 2-45 定位销

2.2.5 圆环

圆环可以看作两个同心圆。利用"圆环"命令可以快速完成同心圆的绘制。

1. 执行方式

☑ 命令行：DONUT。
☑ 菜单栏："绘图"→"圆环"。
☑ 功能区："默认"→"绘图"→"圆环"◎。

2. 操作步骤

命令：DONUT↙
指定圆环的内径 <默认值>：（指定圆环内径）
指定圆环的外径 <默认值>：（指定圆环外径）
指定圆环的中心点或 <退出>：（指定圆环的中心点）
指定圆环的中心点或 <退出>：[继续指定圆环的中心点，则继续绘制相同内外径的圆环。按 Enter 键、空格键或鼠标右键结束命令，如图 2-46（a）所示]

3. 选项说明

（1）若指定内径为 0，则画出实心填充圆，如图 2-46（b）所示。

（2）用 FILL 命令可以控制圆环是否填充，具体方法如下：

命令：FILL↙
输入模式 [开(ON)/关(OFF)] <开>：[选择"开"选项表示填充，选择"关"选项表示不填充，如图 2-46（c）所示]

（a）   （b）   （c）

图 2-46 绘制圆环

2.2.6 椭圆与椭圆弧

1. 执行方式

☑ 命令行：ELLIPSE。
☑ 菜单栏："绘图"→"椭圆"→"圆弧"。
☑ 工具栏："绘图"→"椭圆"⬭或"绘图"→"椭圆弧"⬭。
☑ 功能区："默认"→"绘图"→"圆心"⬭或"默认"→"绘图"→"轴，端点"⬭或"默认"→"绘图"→"椭圆弧"⬭。

2. 操作步骤

命令：ELLIPSE↙
指定椭圆的轴端点或 [圆弧(A)/中心点(C)]：[指定轴端点 1，如图 2-47（a）所示]
指定轴的另一个端点：[指定轴端点 2，如图 2-47（a）所示]
指定另一条半轴长度或 [旋转(R)]：

3．选项说明

（1）指定椭圆的轴端点：根据两个端点定义椭圆的第一条轴。第一条轴的角度确定了整个椭圆的角度。第一条轴既可定义椭圆的长轴，也可定义椭圆的短轴。

（2）旋转（R）：通过绕第一条轴旋转圆来创建椭圆。相当于将一个圆绕椭圆轴翻转一个角度后的投影视图。

（3）中心点（C）：通过指定的中心点创建椭圆。

（4）圆弧（A）：用于创建一段椭圆弧，与工具栏中的"绘图"→"椭圆弧"功能相同。其中，第一条轴的角度确定了椭圆弧的角度。第一条轴既可以定义椭圆弧长轴，也可以定义椭圆弧短轴。选择该选项，系统继续提示如下：

指定椭圆弧的轴端点或 [中心点(C)]：（指定端点或输入"C"）
指定轴的另一个端点：（指定另一端点）
指定另一条半轴长度或 [旋转(R)]：（指定另一条半轴长度或输入"R"）
指定起点角度或 [参数(P)]：（指定起始角度或输入"P"）
指定端点角度或 [参数(P)/夹角(I)]：

其中各选项含义如下。

☑　角度：指定椭圆弧端点的两种方式之一，光标与椭圆中心点连线的夹角为椭圆端点位置的角度，如图 2-47（b）所示。

（a）椭圆　　　　　　（b）椭圆弧

图 2-47　椭圆和椭圆弧

☑　参数（P）：指定椭圆弧端点的另一种方式，该方式同样是指定椭圆弧端点的角度，但通过以下矢量参数方程式创建椭圆弧：

$$p(u) = c + a\cos(u) + b\sin(u)$$

其中，c 为椭圆的中心点，a 和 b 分别为椭圆的长轴和短轴，u 为光标与椭圆中心点连线的夹角。

☑　夹角（I）：从起始角度开始的夹角。

2.3　平面图形命令

平面图形包括矩形和正多边形两种基本图形单元，本节将学习这两种平面图形的命令和绘制方法。

2.3.1　矩形

矩形是最简单的封闭直线图形，在机械制图中常用来表示平行投影平面的面，而在建筑制图中常用来表示墙体平面。

1．执行方式

☑　命令行：RECTANG（快捷命令：REC）。
☑　菜单栏："绘图"→"矩形"。

☑ 工具栏："绘图"→"矩形"▭。

☑ 功能区："默认"→"绘图"→"矩形"▭。

2. 操作步骤

命令：RECTANG↙
指定第一个角点或 [倒角(C)/标高(E)/圆角(F)/厚度(T)/宽度(W)]:
指定另一个角点或 [面积(A)/尺寸(D)/旋转(R)]:

3. 选项说明

☑ 第一个角点：通过指定两个角点确定矩形，如图 2-48（a）所示。

☑ 倒角（C）：指定倒角距离，绘制带倒角的矩形，如图 2-48（b）所示，每一个角点的逆时针和顺时针方向的倒角可以相同，也可以不同，其中第一个倒角距离是指角点逆时针方向倒角距离，第二个倒角距离是指角点顺时针方向倒角距离。

☑ 标高（E）：指定矩形标高（Z 坐标），即把矩形画在标高为 Z，且和 XOY 坐标面平行的平面上，并作为后续矩形的标高值。

☑ 圆角（F）：指定圆角半径，绘制带圆角的矩形，如图 2-48（c）所示。

☑ 厚度（T）：指定矩形的厚度，如图 2-48（d）所示。

☑ 宽度（W）：指定线宽，如图 2-48（e）所示。

(a)　　(b)　　(c)　　(d)　　(e)

图 2-48　绘制矩形

☑ 面积（A）：通过指定面积和长或宽创建矩形。选择该选项，系统提示如下：

输入以当前单位计算的矩形面积 <20.0000>:（输入面积值）
计算矩形标注时依据 [长度(L)/宽度(W)] <长度>:（按 Enter 键或输入"W"）
输入矩形长度 <4.0000>:（指定长度或宽度）

指定长度或宽度后，系统将自动计算另一个维度的值，然后绘制出矩形。如果矩形被倒角或圆角，则在长度或宽度计算中会考虑此设置，如图 2-49 所示。

☑ 尺寸（D）：使用长和宽创建矩形。第二个指定点将矩形定位在与第一角点相关的 4 个位置之一内。

☑ 旋转（R）：旋转所绘制的矩形的角度。选择该选项，系统提示如下：

指定旋转角度或 [拾取点(P)] <135>:（指定角度）
指定另一个角点或 [面积(A)/尺寸(D)/旋转(R)]:（指定另一个角点或选择其他选项）

指定旋转角度后，系统按指定角度创建矩形，如图 2-50 所示。

倒角距离：(1,1)　　圆角半径：1.0
面积：20，长度：6　　面积：20，宽度：6

图 2-49　按面积绘制矩形

图 2-50　按指定旋转角度创建矩形

2.3.2　实例——绘制方头平键

利用"矩形"命令绘制方头平键，绘制流程如图 2-51 所示。

图 2-51　方头平键

操作步骤

（1）绘制主视图外形。

❶ 单击"默认"选项卡"绘图"面板中的"矩形"按钮▭，命令行提示与操作如下：

```
命令：_rectang
指定第一个角点或 [倒角(C)/标高(E)/圆角(F)/厚度(T)/宽度(W)]：0,30✓
指定另一个角点或 [面积(A)/尺寸(D)/旋转(R)]：@100,11 ✓
```

结果如图 2-52 所示。

❷ 单击"默认"选项卡"绘图"面板中的"直线"按钮╱，绘制主视图的两条棱线。一条棱线端点的坐标值为（0,32）和（@100,0），另一条棱线端点的坐标值为（0,39）和（@100,0），结果如图 2-53 所示。

（2）绘制构造线。

单击"默认"选项卡"绘图"面板中的"构造线"按钮✗，命令行提示与操作如下：

```
命令：_xline
指定点或 [水平(H)/垂直(V)/角度(A)/二等分(B)/偏移(O)]：（指定主视图左边竖线上一点）
指定通过点：（指定竖直位置上一点）
指定通过点：✓
```

使用同样的方法绘制右边竖直构造线，如图 2-54 所示。

图 2-52　绘制主视图外形　　　　图 2-53　绘制主视图棱线　　　　图 2-54　绘制竖直构造线

（3）绘制俯视图。

❶ 单击"默认"选项卡"绘图"面板中的"矩形"按钮▭，命令行提示与操作如下：

```
命令：_rectang
指定第一个角点或 [倒角(C)/标高(E)/圆角(F)/厚度(T)/宽度(W)]：0,0✓
指定另一个角点或 [面积(A)/尺寸(D)/旋转(R)]：@100,18✓
```

❷ 单击"默认"选项卡"绘图"面板中的"直线"按钮╱，绘制两条直线，端点分别为{（0,2），（@100,0）}和{（0,16），（@100,0）}，结果如图 2-55 所示。

（4）绘制左视图构造线。

单击"默认"选项卡"绘图"面板中的"构造线"按钮✗，命令行提示与操作如下：

```
命令: _xline
指定点或 [水平(H)/垂直(V)/角度(A)/二等分(B)/偏移(O)]: H↙
指定通过点: (指定主视图上右上端点)
指定通过点: (指定主视图上右下端点)
指定通过点: (捕捉俯视图上右上端点)
指定通过点: (捕捉俯视图上右下端点)
指定通过点: ↙
命令: ↙ (按 Enter 键表示重复 "构造线" 命令)
指定点或 [水平(H)/垂直(V)/角度(A)/二等分(B)/偏移(O)]: A↙
输入构造线的角度(0) 或 [参照(R)]: -45↙
指定通过点: (任意指定一点)
指定通过点: ↙
命令: _xline
指定点或 [水平(H)/垂直(V)/角度(A)/二等分(B)/偏移(O)]: V↙
指定通过点: (指定斜线与第三条水平线的交点)
指定通过点: (指定斜线与第四条水平线的交点)
```

结果如图 2-56 所示。

（5）绘制左视图。

单击"默认"选项卡"绘图"面板中的"矩形"按钮 ▢，设置矩形两个倒角距离为 2，命令行提示与操作如下：

```
命令: _rectang
指定第一个角点或 [倒角(C)/标高(E)/圆角(F)/厚度(T)/宽度(W)]: C↙
指定矩形的第一个倒角距离 <0.0000>: 2↙
指定矩形的第二个倒角距离 <2.0000>: ↙
指定第一个角点或 [倒角(C)/标高(E)/圆角(F)/厚度(T)/宽度(W)]: (选择点 1)
指定另一个角点或 [面积(A)/尺寸(D)/旋转(R)]: (选择点 2)
```

结果如图 2-57 所示。

图 2-55　绘制俯视图　　　　图 2-56　绘制左视图构造线　　　　图 2-57　绘制左视图

（6）删除构造线。

删除构造线，最终结果如图 2-51 所示。

2.3.3　正多边形

正多边形是相对复杂的一种平面图形，人类曾经为找到手工绘制准确正多边形的方法而长期探索。伟大的数学家高斯因发现正十七边形的绘制方法而闻名，他的墓碑也被设计成正十七边形。现在利用 AutoCAD 可以轻松地绘制任意正多边形。

1．执行方式

☑　命令行：POLYGON。

☑ 菜单栏："绘图"→"多边形"。

☑ 工具栏："绘图"→"多边形" ⬠。

☑ 功能区："默认"→"绘图"→"多边形" ⬠。

2．操作步骤

命令：POLYGON↙
输入侧面数 <4>：（指定多边形的边数，默认值为 4）
指定正多边形的中心点或 [边(E)]：（指定中心点）
输入选项 [内接于圆(I)/外切于圆(C)] <I>：[指定是内接于圆还是外切于圆，I 表示内接，如图 2-58（a）所示；C 表示外切，如图 2-58（b）所示]
指定圆的半径：（指定外切圆或内接圆的半径）

3．选项说明

如果选择"边"选项，则只要指定多边形的一条边，系统就会按逆时针方向创建该正多边形，如图 2-58（c）所示。

（a）　　　　　　　　（b）　　　　　　　　（c）

图 2-58　画正多边形

2.3.4　实例——绘制螺母

利用"多边形"命令可以绘制螺母，其绘制流程如图 2-59 所示。

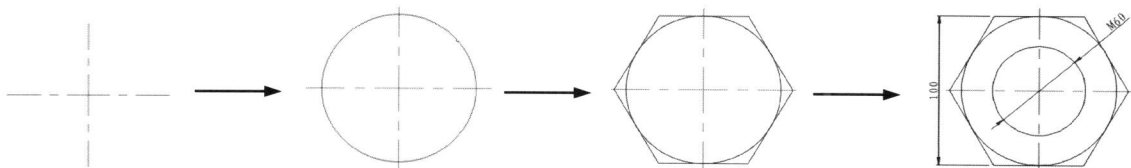

图 2-59　螺母

操作步骤

（1）设置图层。

单击"默认"选项卡"图层"面板中的"图层特性"按钮，❶打开"图层特性管理器"选项板，❷新建如下两个图层。

❶ 第一个图层命名为"轮廓线"，线宽为 0.30 mm，其余属性保持默认。

❷ 第二个图层命名为"中心线"，颜色为红色，线型为 CENTER，其余属性保持默认，如图 2-60 所示。

（2）绘制中心线。

将"中心线"图层设置为当前图层。单击"默认"选项卡"绘图"面板中的"直线"按钮，绘制两个坐标分别为（90,150）和（210,150）的直线。重复"直线"命令，绘制另外一条直线，坐标分别为（150,95）和（150,205），如图 2-61 所示。

图 2-60　图层设置

图 2-61　绘制中心线

（3）绘制一个圆。

将"轮廓线"图层设置为当前图层。单击"默认"选项卡"绘图"面板中的"圆"按钮⊙，命令行提示与操作如下：

```
命令：_circle
指定圆的圆心或 [三点(3P)/两点(2P)/切点、切点、半径(T)]：150,150↙
指定圆的半径或 [直径(D)]：50↙
```

得到的结果如图 2-62 所示。

（4）绘制正六边形。

单击"默认"选项卡"绘图"面板中的"多边形"按钮⬠，命令行提示与操作如下：

```
命令：_polygon
输入侧面数 <4>：6↙
指定正多边形的中心点或 [边(E)]：150,150↙
输入选项 [内接于圆(I)/外切于圆(C)] <I>：C↙
指定圆的半径：50↙
```

得到的结果如图 2-63 所示。

（5）绘制另一个圆。

单击"默认"选项卡"绘图"面板中的"圆"按钮⊙，以（150,150）为中心，以 30 为半径绘制圆，方法同上，结果如图 2-59 所示。

图 2-62　绘制一个圆

图 2-63　绘制正六边形

2.4　圆心标记和中心线

从 CAD2026 开始可以设定图层，不管当前图层是什么，都可以把中心线放到指定图层。

下面，我们分别用圆心标记和中心线创建中心线。

2.4.1　圆心标记

1. 执行方式

☑　　命令行：CENTERMARK（快捷命令：CM）。

☑　　功能区：注释→中心线→圆心标记⊕。

2.　操作步骤

命令:CENTERMARK
选择要添加圆心标记的圆或圆弧或 [图层(L)]:(单击圆形区域)

3.　选项说明

（1）选择要添加圆心标记的圆或圆弧：指定圆或圆弧以绘制中心标记，可以在命令执行期间将中心标记添加到一个或多个圆或圆弧，如图 2-64 所示。

图 2-64　添加中心标记

（2）图层（L）：默认情况下，所有新对象都在当前图层上创建。对于新的中心线和中心标记对象，可以使用 CENTERLAYER 系统变量指定图层来指定与当前图层不同的默认图层。

2.4.2　实例——绘制挡圈的中心线

本实例利用"圆心标记"绘制挡圈的中心线，其绘制流程如图 2-65 所示。

（1）打开 2.2.2 节绘制的"挡圈"，如图 2-66 所示。

图 2-65　绘制挡圈的中心线

图 2-66　挡圈

（2）单击"注释"选项卡"中心线"面板中的"圆心标记"按钮 ⊕，选取挡圈中最大的圆，如图 2-67 所示，生成中心线，如图 2-68 所示。

命令行提示与操作如下。

命令:_centermark
选择要添加圆心标记的圆或圆弧或 [图层(L)]:选取挡圈中最大的圆

（3）单击"注释"选项卡"中心线"面板中的"圆心标记"按钮 ⊕，选取挡圈中最小的圆，如图 2-69 所示，生成中心线，如图 2-70 所示。

图 2-67　挡圈的外圆线上　　　图 2-68　圆心标记 1　　　图 2-69　挡圈圈内的小圆　　　图 2-70　圆心标记 2

2.4.3 中心线

1. 执行方式

☑ 命令行：CENTERLINE（快捷命令：CL）。

☑ 功能区：注释→中心线→中心线 ═。

2. 操作步骤

命令：CENTERLINE
选择第一条直线或 [图层(L)]：（矩形的上边）
选择第二条直线：（矩形的底边）

3. 选项说明

（1）选择第一条直线和第二条直线：将在所选两条线的起始点和结束点的外观中点之间创建一条中心线，如图 2-71 所示。

图 2-71 绘制中心线

（2）图层（L）：默认情况下，所有新对象都在当前图层上创建。对于新的中心线和中心标记对象，可使用 CENTERLAYER 系统变量指定图层来指定与当前图层不同的默认图层。

2.4.4 实例——绘制定位销的中心线

本实例利用"中心线"命令绘制定位销的中心线，其绘制流程如图 2-72 所示。

（1）打开 2.2.4 节绘制的"定位销"，如图 2-73 所示。

（2）单击"注释"选项卡中"中心线"面板的"中心线"按钮 ═，选取定位销的上边为第一条直线；选取定位销的底边为第二条直线，生成水平中心线，效果如图 2-74 所示。

命令行提示与操作如下。

命令：_centerline
选择第一条直线或 [图层(L)]：选取定位销的上边
选择第二条直线：选取定位销的底边

图 2-72 绘制定位销的中心线   图 2-73 定位销   图 2-74 绘制水平中心线

2.5 点

点在 AutoCAD 中有多种不同的表示方式，用户可以根据需要进行设置，同时也可以设置等分点和测量点。

2.5.1　绘制点

通常认为，点是最简单的图形单元。在工程图形中，点通常用来标定某个特殊的坐标位置，或者作为某个绘制步骤的起点和基础。为了使点更明显，AutoCAD 为点设置了各种样式，用户可以根据需要来选择。

1. 执行方式

- ☑　命令行：POINT。
- ☑　菜单栏："绘图"→"点"→"单点"或"多点"。
- ☑　工具栏："绘图"→"点" ∴。
- ☑　功能区："默认"→"绘图"→"多点" ∴。

2. 操作步骤

命令：POINT↙
指定点：（指定点所在的位置）

3. 选项说明

（1）通过菜单栏方法操作时（见图 2-75），"单点"命令表示只输入一个点，"多点"命令表示可输入多个点。

（2）可以单击状态栏中的"对象捕捉"按钮设置点捕捉模式，帮助用户拾取点。

（3）点在图形中的表示样式共有 20 种。可通过 DDPTYPE 命令或单击"默认"选项卡"实用工具"面板中的"点样式"按钮 ∴，打开"点样式"对话框来设置，如图 2-76 所示。

图 2-75　"点"子菜单　　　　　　　图 2-76　"点样式"对话框

2.5.2　等分点

有时需要把某个线段或曲线按一定的等分数进行等分，这在手工绘图中很难实现，但在 AutoCAD 中可以通过相关命令轻松完成。

1. 执行方式

☑ 命令行：DIVIDE（快捷命令：DIV）。

☑ 菜单栏："绘图" → "点" → "定数等分"。

☑ 功能区："默认" → "绘图" → "定数等分" 。

2. 操作步骤

命令：DIVIDE✓

选择要定数等分的对象：（选择要等分的实体）

输入线段数目或 [块(B)]：[指定实体的等分数，绘制结果如图 2-77（a）所示]

3. 选项说明

（1）等分数范围为 2～32767。

（2）在等分点处，按当前点样式设置画出等分点。

（3）在第二提示行选择"块"选项，表示在等分点处插入指定的块（BLOCK）（见 5.1 节）。

2.5.3　测量点

与等分点类似，有时需要把某条线段或曲线按给定的长度为单元进行等分。在 AutoCAD 中可以通过相关命令来完成。

1. 执行方式

☑ 命令行：MEASURE（快捷命令：ME）。

☑ 菜单栏："绘图" → "点" → "定距等分"。

☑ 功能区："默认" → "绘图" → "定距等分" 。

2. 操作步骤

命令：MEASURE✓

选择要定距等分的对象：（选择要设置测量点的实体）

指定线段长度或 [块(B)]：[指定分段长度，绘制结果如图 2-77（b）所示]

（a）　　　　　　　（b）

图 2-77　画出等分点和测量点

3. 选项说明

（1）设置的起点一般是指指定线的绘制起点。

（2）在第二提示行选择"块"选项，表示在测量点处插入指定的块，后续操作与 2.4.2 节等分点类似。

（3）在等分点处按当前点样式设置画出等分点。

（4）最后一个测量段的长度不一定等于指定分段的长度。

2.5.4　实例——绘制棘轮

本实例主要介绍等分点命令的使用方法，绘制棘轮的流程如图 2-78 所示。

操作步骤

（1）设置图层。

单击"默认"选项卡"图层"面板中的"图层特性"按钮，打开"图层特性管理器"选项板，新

图 2-78　棘轮

建如下两个图层。

❶ 第一图层命名为"中心线"图层，线型为 CENTER，其余属性保持默认。

❷ 第二图层命名为"粗实线"图层，线宽为 0.30 mm，其余属性保持默认。

（2）绘制棘轮中心线。

❶ 将"中心线"图层设置为当前图层。单击"默认"选项卡"绘图"面板中的"直线"按钮／，绘制水平中心线，命令行提示与操作如下：

```
命令：_line
指定第一个点：-120,0✓
指定下一点或 [放弃(U)]：@240,0✓
指定下一点或 [放弃(U)]：✓
```

❷ 用同样的方法，单击"默认"选项卡"绘图"面板中的"直线"按钮／，绘制竖直中心线，端点坐标分别为（0,120）和（@0,-240）。

（3）绘制棘轮内孔及轮齿内外圆。

❶ 将"粗实线"图层设置为当前图层。单击"默认"选项卡"绘图"面板中的"圆"按钮◯，绘制棘轮内孔，命令行提示与操作如下：

```
命令：_circle
指定圆的圆心或 [三点(3P)/两点(2P)/切点、切点、半径(T)]：0,0✓
指定圆的半径或 [直径(D)]：35✓
```

❷ 用同样的方法，单击"默认"选项卡"绘图"面板中的"圆"按钮◯，绘制圆，圆心坐标为（0,0），半径分别为 45、90 和 110。绘制结果如图 2-79 所示。

（4）等分圆形。

❶ 单击"默认"选项卡"实用工具"面板中的"点样式"按钮，❶打开如图 2-80 所示的"点样式"对话框。❷选择其中的⊠样式，❸将点大小设置为相对于屏幕大小的 5%，❹单击"确定"按钮。

图 2-79　绘制圆

❷ 单击"默认"选项卡"绘图"面板中的"定数等分"按钮，或在命令行中输入"DIVIDE"，将半径分别为 90 与 110 的圆进行 18 等分。命令行提示与操作如下：

```
命令：_divide
选择要定数等分的对象：（指定圆）
输入线段数目或 [块(B)]：18✓
```

绘制结果如图 2-81 所示。

（5）绘制齿廓。

单击"默认"选项卡"绘图"面板中的"直线"按钮／，绘制齿廓，命令行提示与操作如下：

```
命令：_line
指定第一个点：（捕捉 A 点）
指定下一点或 [放弃(U)]：（捕捉 B 点）
指定下一点或 [放弃(U)]：（捕捉 C 点）
指定下一点或 [闭合(C)/放弃(U)]：✓
```

结果如图 2-82 所示。用同样的方法绘制其他直线，结果如图 2-83 所示。

（6）删除多余的点和线。

选中半径分别为 90 与 110 的圆和所有的点，按 Delete 键删除，结果如图 2-79 所示。

图 2-80 "点样式"对话框　　图 2-81 定数等分圆　　图 2-82 绘制直线　　图 2-83 绘制齿廓

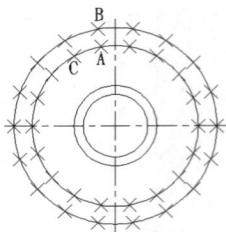

知识详解——棘轮机构的工作原理

如图 2-84 所示，在曲柄摇杆机构中，曲柄匀速连续转动带动摇杆左右摆动，当摇杆左摆时，棘爪 1 插入棘轮的齿内推动棘轮转过某一角度；当摇杆右摆时，棘爪 1 滑过棘轮，而棘轮静止不动，往复循环。棘爪 2 用于防止棘轮反向转动。

这种有齿的棘轮，其进程的变化最少是 1 个齿距，且工作时有响声。

图 2-84 棘轮机构的工作原理

2.6　高级绘图命令

除了前面介绍的一些绘图命令，还有一些比较复杂的绘图命令，包括"图案填充""多段线""样条曲线"等。

2.6.1　图案填充

在有些图形，尤其是机械工程图中，有时会遇到绘制重复的、有规律的图线的问题，如剖面线，这些图线如果用前面讲述的绘图命令进行绘制，既烦琐又不准确。为此，AutoCAD 设置了"图案填充"命令来快速完成这种工作。

1. 图案填充

1）执行方式

☑　命令行：BHATCH。

☑　菜单栏："绘图"→"图案填充"。

☑　工具栏："绘图"→"图案填充"▨。

☑　功能区："默认"→"绘图"→"图案填充"▨。

2）操作步骤

执行上述命令后，打开如图 2-85 所示的"图案填充创建"选项卡。

图 2-85　"图案填充创建"选项卡

3）选项说明

（1）"边界"面板。

☑　拾取点：通过选择由一个或多个对象形成的封闭区域内的点，确定图案填充边界（见图 2-86）。指定内部点时，可以随时在绘图区域中单击鼠标右键以显示包含多个选项的快捷菜单。

原始图形　　　拾取任一点　　　填充结果

图 2-86　确定图案填充边界

☑　选择边界对象：指定基于选定对象的图案填充边界。使用该选项时，不会自动检测内部对象，必须选择选定边界内的对象，以按照当前孤岛检测样式填充这些对象，如图 2-87 所示。

原始图形　　　选取边界对象　　　填充结果

图 2-87　选择边界对象

☑　删除边界对象：从边界定义中删除之前添加的任何对象，如图 2-88 所示。

选取边界对象　　　选择删除边界　　　填充结果

图 2-88　删除"岛"后的边界

☑　重新创建边界：围绕选定的图案填充或填充对象创建多段线或面域，并使其与图案填充对象相关联（可选）。

☑　显示边界对象：选择构成选定关联图案填充对象的边界的对象，使用显示的夹点可修改图案填充边界。

☑　保留边界对象：指定如何处理图案填充边界对象，包括以下几个选项。

➢　　不保留边界：（仅在图案填充创建期间可用）不创建独立的图案填充边界对象。

> ➢ 保留边界-多段线：（仅在图案填充创建期间可用）创建封闭图案填充对象的多段线。
> ➢ 保留边界-面域：（仅在图案填充创建期间可用）创建封闭图案填充对象的面域对象。
> ➢ 选择新边界集：指定对象的有限集（称为边界集），以便通过创建图案填充时的拾取点进行计算。

（2）"图案"面板。

显示所有预定义和自定义图案的预览图像。

（3）"特性"面板。

☑ 图案填充类型：指定是使用纯色、渐变色、图案，还是使用用户定义的填充。

☑ 图案填充颜色：替代实体填充和填充图案的当前颜色。

☑ 背景色：指定填充图案背景的颜色。

☑ 图案填充透明度：设定新图案填充或填充的透明度，替代当前对象的透明度。

☑ 图案填充角度：指定图案填充或填充的角度。

☑ 填充图案比例：放大或缩小预定义或自定义填充图案。

☑ 相对于图纸空间：（仅在布局中可用）相对于图纸空间单位缩放填充图案。使用此选项，可以很容易地做到以适合布局的比例显示填充图案。

☑ 交叉线：（仅当设定"图案填充类型"为"用户定义"时可用）将绘制第二组直线，与原始直线成 90°，从而构成交叉线。

☑ ISO 笔宽：（仅对于预定义的 ISO 图案可用）基于选定的笔宽缩放 ISO 图案。

（4）"原点"面板。

☑ 设定原点：直接指定新的图案填充原点。

☑ 左下：将图案填充原点设定在图案填充边界矩形范围的左下角。

☑ 右下：将图案填充原点设定在图案填充边界矩形范围的右下角。

☑ 左上：将图案填充原点设定在图案填充边界矩形范围的左上角。

☑ 右上：将图案填充原点设定在图案填充边界矩形范围的右上角。

☑ 中心：将图案填充原点设定在图案填充边界矩形范围的中心。

☑ 使用当前原点：将图案填充原点设定在 HPORIGIN 系统变量中存储的默认位置。

☑ 存储为默认原点：将新图案填充原点的值存储在 HPORIGIN 系统变量中。

（5）"选项"面板。

☑ 关联：指定图案填充或填充为关联图案填充。关联的图案填充或填充在用户修改其边界对象时将会更新。

☑ 注释性：指定图案填充为注释性。此特性会自动完成缩放注释过程，从而使注释能够以正确的大小在图纸上打印或显示。

☑ 特性匹配。

> ➢ 使用当前原点：使用选定图案填充对象（除图案填充原点之外）设定图案填充的特性。
> ➢ 用源图案填充的原点：使用选定图案填充对象（包括图案填充原点）设定图案填充的特性。

☑ 允许的间隙：设定将对象用作图案填充边界时可以忽略的最大间隙。默认值为 0，此值指定对象必须是封闭区域且没有间隙。

☑ 创建独立的图案填充：控制当指定了几个单独的闭合边界时，是创建单个图案填充对象，还是创建多个图案填充对象。

☑ 孤岛检测。

> 普通孤岛检测：从外部边界向内填充。如果遇到内部孤岛，填充将关闭，直到遇到孤岛中的另一个孤岛。
> 外部孤岛检测：从外部边界向内填充。此选项仅填充指定的区域，不会影响内部孤岛。
> 忽略孤岛检测：忽略所有内部的对象，填充图案时将通过这些对象。

☑ 绘图次序：为图案填充或填充指定绘图次序。该选项包括不指定、后置、前置、置于边界之后和置于边界之前。

（6）"关闭"面板。

关闭图案填充创建：退出 BHATCH 并关闭上下文选项卡。也可以按 Enter 键或 Esc 键退出 BHATCH。

2. 渐变色

渐变色是指从一种颜色到另一种颜色平滑过渡的颜色，可为图形添加视觉效果。

1）执行方式

☑ 命令行：BHATCH。
☑ 菜单栏："绘图"→"渐变色"。
☑ 工具栏："绘图"→"渐变色"■。
☑ 功能区："默认"→"绘图"→"渐变色"■。

2）操作步骤

执行上述命令后，系统打开如图 2-89 所示的"图案填充创建"选项卡，各面板中的按钮含义与图案填充的类似，这里不再赘述。

图 2-89 "图案填充创建"选项卡

2.6.2 实例——绘制滚花零件

本实例主要介绍"图案填充"命令的使用方法，绘制滚花零件的流程如图 2-90 所示。

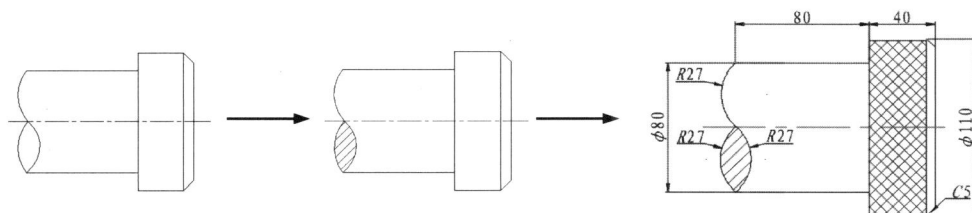

图 2-90 滚花零件

操作步骤

（1）设置图层。

单击"默认"选项卡"图层"面板中的"图层特性"按钮，系统打开"图层特性管理器"选项板，新建图层，如图 2-91 所示。

（2）绘制图形。

利用前面学过的绘图命令和编辑命令绘制图形，如图 2-92 所示。

（3）填充断面。

❶ 将"图案填充"图层设置为当前图层。单击"默认"选项卡"绘图"面板中的"图案填充"按钮，①系统打开"图案填充创建"选项卡，②在"图案填充类型"下拉列表框中选择"用户定义"选项，③将"图案填充角度"设置为45°，④将"填充图案比例"设置为5，如图2-93所示。

图 2-91　新建图层

图 2-92　绘制图形

图 2-93　"图案填充创建"选项卡

❷ 单击"拾取点"按钮，系统切换到绘图平面，在断面处拾取一点，如图2-94所示。单击"关闭图案填充创建"按钮退出，完成图案的填充。

❸ 填充结果如图2-95所示。

图 2-94　拾取点

图 2-95　填充结果

（4）绘制滚花表面。

❶ 重新单击"默认"选项卡"绘图"面板中的"图案填充"按钮，①打开"图案填充创建"选项卡，如图2-96所示，②在"图案填充类型"下拉列表框中选择"用户定义"选项，③将"图案填充角度"设置为45°，④将"填充图案比例"设置为5。⑤单击"选项"面板中的"图案填充设置"按钮，⑥打开"图案填充和渐变色"对话框，⑦选中"双向"复选框，如图2-97所示。⑧单击"确定"按钮，关闭对话框，返回绘图界面。

图 2-96　"图案填充创建"选项卡

❷ 单击"选择边界对象"按钮，在绘图区选择边界对象，选中的对象高亮显示，如图2-98所示。单击"图案填充创建"选项卡中的"关闭图案填充创建"按钮，确认退出。最终绘制的图形如

图 2-90 所示。

图 2-97　"图案填充和渐变色"对话框

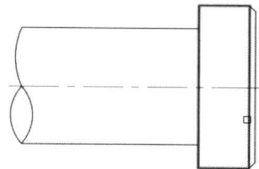

图 2-98　选择边界对象

2.6.3　多段线

多段线是一种由线段和圆弧组合而成的不同线宽的多线，这种线由于其组合形式多样，线宽变化弥补了直线或圆弧功能的不足，适合绘制各种复杂的图形轮廓，因而得到广泛的应用。

1．执行方式

- ☑ 命令行：PLINE。
- ☑ 菜单栏："绘图"→"多段线"。
- ☑ 工具栏："绘图"→"多段线" ⊃。
- ☑ 功能区："默认"→"绘图"→"多段线" ⊃。

2．操作步骤

命令：PLINE✓
指定起点：（指定多段线的起始点）
当前线宽为 0.0000（提示当前多段线的宽度）
指定下一个点或 [圆弧(A)/半宽(H)/长度(L)/放弃(U)/宽度(W)]：
指定下一个点或 [圆弧(A)/闭合(C)/半宽(H)/长度(L)/放弃(U)/宽度(W)]：

3．选项说明

（1）指定下一个点：确定另一个端点绘制一条线段，是系统的默认项。

（2）圆弧（A）：使系统变为绘制圆弧方式。当选择了该选项后，系统提示如下：

指定圆弧的端点（按住 Ctrl 键以切换方向）或 [角度(A)/圆心(CE)/闭合(CL)/方向(D)/半宽(H)/直线(L)/半径(R)/第二个点(S)/放弃(U)/宽度(W)]:

- ☑ **圆弧的端点**：绘制弧线段，此为系统的默认项。弧线段从多段线上一段的最后一点开始并与多段线相切。
- ☑ **角度（A）**：指定弧线段从起点开始包含的角度。若输入的角度值为正值，则按逆时针方向绘制弧线段；反之，则按顺时针方向绘制弧线段。
- ☑ **圆心（CE）**：指定所绘制弧线段的圆心。
- ☑ **闭合（CL）**：用一段弧线段封闭所绘制的多段线。
- ☑ **方向（D）**：指定弧线段的起始方向。
- ☑ **半宽（H）**：指定从宽多段线线段的中心到其一边的宽度。
- ☑ **直线（L）**：退出绘制圆弧功能项并返回到 PLINE 命令的初始提示信息状态。
- ☑ **半径（R）**：指定所绘制弧线段的半径。
- ☑ **第二个点（S）**：利用三点绘制圆弧。
- ☑ **放弃（U）**：撤销上一步操作。
- ☑ **宽度（W）**：指定下一条直线段的宽度。与"半宽"相似。
- （3）**闭合（C）**：绘制一条直线段来封闭多段线。
- （4）**半宽（H）**：指定从宽多段线线段的中心到其一边的宽度。
- （5）**长度（L）**：在与前一线段相同的角度方向上绘制指定长度的直线段。
- （6）**放弃（U）**：撤销上一步操作。
- （7）**宽度（W）**：指定下一段多段线的宽度。

如图 2-99 所示为利用"多段线"命令绘制的图形。

图 2-99　绘制多段线

2.6.4　实例——绘制带轮截面

本实例主要讲解利用"多段线"命令绘制带轮截面轮廓线的方法，效果如图 2-100 所示。

图 2-100　带轮截面轮廓线

操作步骤

单击"默认"选项卡"绘图"面板中的"多段线"按钮，或者在命令行中输入"pline"后按 Enter 键，命令行提示与操作如下：

```
命令: _pline
指定起点: 0,0↙
当前线宽为 0.0000
指定下一个点或 [圆弧(A)/半宽(H)/长度(L)/放弃(U)/宽度(W)]: 0,240↙
指定下一点或 [圆弧(A)/闭合(C)/半宽(H)/长度(L)/放弃(U)/宽度(W)]: 250,240↙
指定下一点或 [圆弧(A)/闭合(C)/半宽(H)/长度(L)/放弃(U)/宽度(W)]: 250,220↙
指定下一点或 [圆弧(A)/闭合(C)/半宽(H)/长度(L)/放弃(U)/宽度(W)]: 210,207.5↙
指定下一点或 [圆弧(A)/闭合(C)/半宽(H)/长度(L)/放弃(U)/宽度(W)]: 210,182.5↙
指定下一点或 [圆弧(A)/闭合(C)/半宽(H)/长度(L)/放弃(U)/宽度(W)]: 250,170↙
指定下一点或 [圆弧(A)/闭合(C)/半宽(H)/长度(L)/放弃(U)/宽度(W)]: 250,145↙
指定下一点或 [圆弧(A)/闭合(C)/半宽(H)/长度(L)/放弃(U)/宽度(W)]: 210,132.5↙
指定下一点或 [圆弧(A)/闭合(C)/半宽(H)/长度(L)/放弃(U)/宽度(W)]: 210,107.5↙
指定下一点或 [圆弧(A)/闭合(C)/半宽(H)/长度(L)/放弃(U)/宽度(W)]: 250,95↙
```

指定下一点或 [圆弧(A)/闭合(C)/半宽(H)/长度(L)/放弃(U)/宽度(W)]：250,70✓
指定下一点或 [圆弧(A)/闭合(C)/半宽(H)/长度(L)/放弃(U)/宽度(W)]：210,57.5✓
指定下一点或 [圆弧(A)/闭合(C)/半宽(H)/长度(L)/放弃(U)/宽度(W)]：210,32.5✓
指定下一点或 [圆弧(A)/闭合(C)/半宽(H)/长度(L)/放弃(U)/宽度(W)]：250,20✓
指定下一点或 [圆弧(A)/闭合(C)/半宽(H)/长度(L)/放弃(U)/宽度(W)]：250,0✓
指定下一点或 [圆弧(A)/闭合(C)/半宽(H)/长度(L)/放弃(U)/宽度(W)]：C✓

结果如图 2-100 所示。

2.6.5　样条曲线

AutoCAD 使用一种称为非一致有理 B 样条（NURBS）曲线的特殊样条曲线类型。NURBS 曲线在控制点之间产生一条光滑的曲线，如图 2-101 所示。样条曲线可用于创建形状不规则的曲线。例如，为地理信息系统（GIS）应用或汽车设计绘制轮廓线。

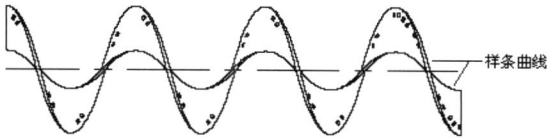

图 2-101　样条曲线

1. 执行方式

☑ 命令行：SPLINE。
☑ 菜单栏："绘图"→"样条曲线"→"样条曲线拟合"。
☑ 工具栏："绘图"→"样条曲线"ℕ。
☑ 功能区："默认"→"绘图"→"样条曲线拟合"ℕ。

2. 操作步骤

命令：SPLINE✓
当前设置：方式=拟合　节点=弦
指定第一个点或 [方式(M)/节点(K)/对象(O)]：（指定一点或选择"对象"选项）
输入下一个点或 [起点切向(T)/公差(L)]：（指定一点）
输入下一个点或 [端点相切(T)/公差(L)/放弃(U)]：
输入下一个点或 [端点相切(T)/公差(L)/放弃(U)/闭合(C)]：

3. 选项说明

☑ 方式（M）：通过指定拟合点来绘制样条曲线。更改"方式"将更新 SPLMETHOD 系统变量。
☑ 节点（K）：指定节点参数化，会影响曲线在通过拟合点时的形状。
☑ 对象（O）：将二维或三维的两次或三次样条曲线拟合多段线转换为等价的样条曲线，然后根据 DELOBJ 系统变量的设置，保留或放弃原多段线。
☑ 起点切向（T）：基于切向创建样条曲线。
☑ 公差（L）：指定距样条曲线必须经过的指定拟合点的距离。公差应用于除起点和端点之外的所有拟合点。
☑ 端点相切（T）：停止基于切向创建曲线。可通过指定拟合点继续创建样条曲线。选择"端点相切"选项后，将提示用户指定最后一个输入拟合点的最后一个切点。
☑ 闭合（C）：通过将最后一个点定义为与第一个点重合并使其在连接处相切，闭合样条曲线。

2.6.6　实例——绘制螺丝刀

本实例主要介绍"样条曲线"命令的使用方法，绘制螺丝刀的流程如图 2-102 所示。

图 2-102　螺丝刀

操作步骤

（1）绘制螺丝刀左部把手。

单击"默认"选项卡"绘图"面板中的"矩形"按钮▢，绘制矩形，两个角点的坐标分别为（45,180）和（170,120）；单击"默认"选项卡"绘图"面板中的"直线"按钮╱，绘制两条线段，坐标分别为{（45,166），（@125<0）}和{（45,134），（@125<0）}；单击"默认"选项卡"绘图"面板中的"圆弧"按钮╭，绘制圆弧，三个点的坐标分别为（45,180）、（35,150）、（45,120）。绘制的图形如图 2-103 所示。

（2）绘制螺丝刀的中间部分。

❶ 单击"默认"选项卡"绘图"面板中的"样条曲线拟合"按钮～，命令行提示与操作如下：

```
命令：_SPLINE
当前设置：方式=拟合　　节点=弦
指定第一个点或 [方式(M)/节点(K)/对象(O)]：_M
输入样条曲线创建方式 [拟合(F)/控制点(CV)] <拟合>：_FIT
当前设置：方式=拟合　节点=弦
指定第一个点或 [方式(M)/节点(K)/对象(O)]：170,180↙
输入下一个点或 [起点切向(T)/公差(L)]：192,165↙
输入下一个点或 [端点相切(T)/公差(L)/放弃(U)]：225,187↙
输入下一个点或 [端点相切(T)/公差(L)/放弃(U)/闭合(C)]：255,180↙
输入下一个点或 [端点相切(T)/公差(L)/放弃(U)/闭合(C)]：↙
命令：_SPLINE
当前设置：方式=拟合　　节点=弦
指定第一个点或 [方式(M)/节点(K)/对象(O)]：_M
输入样条曲线创建方式 [拟合(F)/控制点(CV)] <拟合>：_FIT
当前设置：方式=拟合　节点=弦
指定第一个点或 [方式(M)/节点(K)/对象(O)]：170,120↙
输入下一个点或 [起点切向(T)/公差(L)]：192,135↙
输入下一个点或 [端点相切(T)/公差(L)/放弃(U)]：225,113↙
输入下一个点或 [端点相切(T)/公差(L)/放弃(U)/闭合(C)]：255,120↙
输入下一个点或 [端点相切(T)/公差(L)/放弃(U)/闭合(C)]：↙
```

❷ 单击"默认"选项卡"绘图"面板中的"直线"按钮╱，绘制一条连续线段，坐标分别为（255,180）、（308,160）、（@5<90）、（@5<0）、（@30<-90）、（@5<-180）、（@5<90）、（255,120）、（255,180）；再次单击"默认"选项卡"绘图"面板中的"直线"按钮╱，绘制一条连续线段，坐标分别为（308,160）和（@20<-90）。绘制完成的图形如图 2-104 所示。

图 2-103　绘制螺丝刀左部把手

图 2-104　绘制螺丝刀中间部分的图形

（3）绘制螺丝刀的右部。

单击"默认"选项卡"绘图"面板中的"多段线"按钮，命令行提示与操作如下：

```
命令：_pline
指定起点：313,155✓
当前线宽为 0.0000
指定下一个点或 [圆弧(A)/闭合(C)/半宽(H)/长度(L)/放弃(U)/宽度(W)]：@162<0✓
指定下一点或 [圆弧(A)/闭合(C)/半宽(H)/长度(L)/放弃(U)/宽度(W)]：A✓
指定圆弧的端点(按住 Ctrl 键以切换方向)或 [角度(A)/圆心(CE)/闭合(CL)/方向(D)/半宽(H)/直线(L)/
半径(R)/第二个点(S)/放弃(U)/宽度(W)]：490,160✓
指定圆弧的端点(按住 Ctrl 键以切换方向)或 [角度(A)/圆心(CE)/闭合(CL)/方向(D)/半宽(H)/直线(L)/
半径(R)/第二个点(S)/放弃(U)/宽度(W)]：✓
命令：_pline
指定起点：313,145✓
当前线宽为 0.0000
指定下一个点或 [圆弧(A)/闭合(C)/半宽(H)/长度(L)/放弃(U)/宽度(W)]：@162<0✓
指定下一点或 [圆弧(A)/闭合(C)/半宽(H)/长度(L)/放弃(U)/宽度(W)]：A✓
指定圆弧的端点(按住 Ctrl 键以切换方向)或 [角度(A)/圆心(CE)/闭合(CL)/方向(D)/半宽(H)/直线(L)/
半径(R)/第二个点(S)/放弃(U)/宽度(W)]：490,140✓
指定圆弧的端点(按住 Ctrl 键以切换方向)或 [角度(A)/圆心(CE)/闭合(CL)/方向(D)/半宽(H)/直线(L)/
半径(R)/第二个点(S)/放弃(U)/宽度(W)]：L✓
指定下一点或 [圆弧(A)/闭合(C)/半宽(H)/长度(L)/放弃(U)/宽度(W)]：510,145✓
指定下一点或 [圆弧(A)/闭合(C)/半宽(H)/长度(L)/放弃(U)/宽度(W)]：@10<90✓
指定下一点或 [圆弧(A)/闭合(C)/半宽(H)/长度(L)/放弃(U)/宽度(W)]：490,160✓
指定下一点或 [圆弧(A)/闭合(C)/半宽(H)/长度(L)/放弃(U)/宽度(W)]：✓
```

最终完成的图形如图 2-102 所示。

2.7　综合实例——轴

本实例绘制的轴主要由直线、圆及圆弧组成，因此，可以用"直线""圆""圆弧"命令来完成绘制，绘制轴的流程如图 2-105 所示。

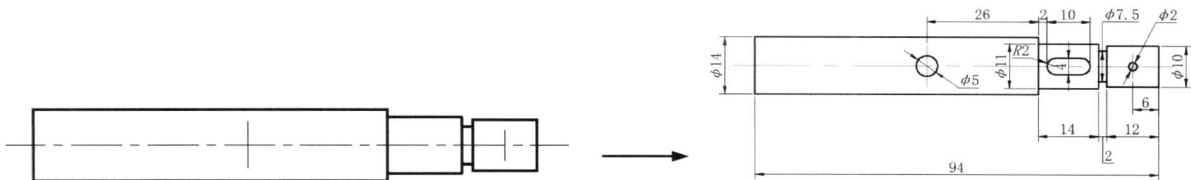

图 2-105　轴

操作步骤

（1）设置绘图环境。

```
命令：LIMITS↙
重新设置模型空间界限：
指定左下角点或 [开(ON)/关(OFF)] <0.0000,0.0000>：↙
指定右上角点 <420.0000,297.0000>：297,210↙
```

（2）图层设置。

单击"默认"选项卡"图层"面板中的"图层特性"按钮🖳，打开"图层特性管理器"选项板，新建两个图层。

❶ "轮廓线"图层，线宽属性为 0.30 mm，其余属性保持默认。

❷ "中心线"图层，颜色设置为红色，线型加载为 CENTER2，其余属性保持默认。

（3）绘制轴的中心线。

将"中心线"图层设置为当前图层。单击"默认"选项卡"绘图"面板中的"直线"按钮╱，绘制轴中心线，命令行提示与操作如下：

```
命令：_line
指定第一个点：65,130↙
指定下一点或 [放弃(U)]：170,130↙
指定下一点或 [放弃(U)]：↙
命令：ZOOM↙
指定窗口角点，输入比例因子 (nX 或 nXP)，或 [全部(A)/中心点(C)/动态(D)/范围(E)/上一个(P)/比例(S)/窗口(W)] <实时>：E↙
正在重新生成模型
命令：_line   （绘制 ⌀5 圆的竖直中心线）
指定第一个点：110,135↙
指定下一点或 [放弃(U)]：110,125↙
指定下一点或 [放弃(U)]：↙
命令：↙   （绘制 ⌀2 圆的竖直中心线）
指定第一个点：158,133↙
指定下一点或 [放弃(U)]：158,127↙
指定下一点或 [放弃(U)]：↙
```

（4）绘制轴的外轮廓线。

将"轮廓线"图层设置为当前图层。单击"默认"选项卡"绘图"面板中的"矩形"按钮▭，绘制轴外轮廓线，命令行提示与操作如下：

```
命令：_rectang   （绘制左端 ⌀14 轴段）
指定第一个角点或 [倒角(C)/标高(E)/圆角(F)/厚度(T)/宽度(W)]：70,123↙   （输入矩形的左下角点坐标）
指定另一个角点或 [面积(A)/尺寸(D)/旋转(R)]：@66,14↙   （输入矩形的右上角点相对坐标）
命令：_line   （绘制 ⌀11 轴段）
指定第一个点：_from 基点：（单击"对象捕捉"工具栏中的🔲图标，打开"捕捉自"功能，按提示操作）
_int 于：（捕捉 ⌀14 轴段右端与水平中心线的交点）
<偏移>：@0,5.5↙
```

指定下一点或 [放弃(U)]: @14,0✓

指定下一点或 [放弃(U)]: @0,-11✓

指定下一点或 [闭合(C)/放弃(U)]: @-14,0✓

指定下一点或 [闭合(C)/放弃(U)]: ✓

命令: _line

指定第一个点: _from基点: _int 于（捕捉∅11轴段右端与水平中心线的交点）

<偏移>: @0,3.75✓

指定下一点或 [放弃(U)]: @ 2,0✓

指定下一点或 [放弃(U)]: ✓

命令: _line

指定第一个点: _from基点: _int 于（捕捉∅11轴段右端与水平中心线的交点）

<偏移>: @0,-3.75✓

指定下一点或 [放弃(U)]: @2,0✓

指定下一点或 [放弃(U)]: ✓

命令: _rectang （绘制右端∅10轴段）

指定第一个角点或 [倒角(C)/标高(E)/圆角(F)/厚度(T)/宽度(W)]: 152,125✓ （输入矩形的左下角点坐标）

指定另一个角点或 [面积(A)/尺寸(D)/旋转(R)]: @12,10✓ （输入矩形的右上角点相对坐标）

绘制的图形如图2-106所示。

图2-106 轴的外轮廓线

📢 **注意:** "_int 于:"是"对象捕捉"功能启动后系统在命令行提示选择捕捉点的一种提示语言，此时通常会在绘图屏幕上显示可供选择的对象点的标记。

（5）绘制轴的孔及键槽。

单击"默认"选项卡"绘图"面板中的"圆"按钮⊙及"多段线"按钮⊃，绘制轴的孔及键槽，命令行提示与操作如下:

命令: _circle

指定圆的圆心或 [三点(3P)/两点(2P)/切点、切点、半径(T)]:

指定圆的半径或 [直径(D)]: D✓

指定圆的直径: 5✓

命令: _circle

指定圆的圆心或 [三点(3P)/两点(2P)/切点、切点、半径(T)]:

指定圆的半径或 [直径(D)] <2.5000>: D✓

指定圆的直径 <5.0000>: 2✓

命令: _pline （利用"多段线"命令绘制轴的键槽）

指定起点: 140,132✓

当前线宽为0.0000

指定下一个点或 [圆弧(A)/半宽(H)/长度(L)/放弃(U)/宽度(W)]: @6,0✓

指定下一个点或 [圆弧(A)/闭合(C)/半宽(H)/长度(L)/放弃(U)/宽度(W)]: A✓ （绘制圆弧）

指定圆弧的端点(按住 Ctrl 键以切换方向)或 [角度(A)/圆心(CE)/闭合(CL)/方向(D)/半宽(H)/直线(L)/半径(R)/第二个点(S)/放弃(U)/宽度(W)]: @0,-4✓

指定圆弧的端点(按住 Ctrl 键以切换方向)或 [角度(A)/圆心(CE)/闭合(CL)/方向(D)/半宽(H)/直线(L)/半径(R)/第二个点(S)/放弃(U)/宽度(W)]: L✓

指定下一点或 [圆弧(A)/闭合(C)/半宽(H)/长度(L)/放弃(U)/宽度(W)]: @-6,0↙
指定下一点或 [圆弧(A)/闭合(C)/半宽(H)/长度(L)/放弃(U)/宽度(W)]: A↙
指定圆弧的端点(按住 Ctrl 键以切换方向)或 [角度(A)/圆心(CE)/闭合(CL)/方向(D)/半宽(H)/直线(L)/半径(R)/第二个点(S)/放弃(U)/宽度(W)]: _endp 于 (捕捉上部直线段的左端点, 绘制左端的圆弧)
指定圆弧的端点(按住 Ctrl 键以切换方向)或 [角度(A)/圆心(CE)/闭合(CL)/方向(D)/半宽(H)/直线(L)/半径(R)/第二个点(S)/放弃(U)/宽度(W)]: ↙

最终绘制的结果如图 2-105 所示。

（6）保存图形。

在命令行中输入"QSAVE"，或者选择菜单栏中的"文件"→"另存为"命令，或者单击快速访问工具栏中的"保存"按钮 ![保存]，然后在打开的"图形另存为"对话框中输入文件名并保存。

2.8　实践与操作

通过前面的学习，读者对本章知识已经有了大体的了解，本节将通过 3 个实践操作练习帮助读者进一步掌握本章的知识要点。

2.8.1　绘制轴承座

1. 目的要求

本练习将绘制如图 2-107 所示的图形，主要涉及"直线"和"圆"命令。为了做到准确无误，要求通过坐标值的输入指定线段和圆的起点和端点，从而使读者灵活掌握绘制方法。

图 2-107　轴承座

2. 操作提示

（1）利用"直线"命令绘制外轮廓线。

（2）利用"圆"命令细化图形。

2.8.2　绘制圆头平键

1. 目的要求

本练习将绘制如图 2-108 所示的圆头平键，主要涉及"直线"和"圆弧"命令。本练习对尺寸要求不是很严格，在绘图时可以适当指定位置。通过本练习，读者可以掌握圆弧的绘制方法，同时复习直线的绘制方法。

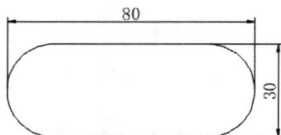

图 2-108　圆头平键

2. 操作提示

（1）利用"直线"命令绘制两条平行直线。

（2）利用"圆弧"命令绘制图形中的圆弧部分，采用其中的起点、端点和包含角的方式。

2.8.3　绘制凸轮

1. 目的要求

凸轮的轮廓由不规则的曲线组成，为了准确绘制凸轮轮廓曲线，需要用到"样条曲线"命令，并且要利用点的等分来控制样条曲线的范围，如图 2-109 所示。

图 2-109　凸轮

2. 操作提示

（1）利用"直线"命令绘制辅助直线。
（2）利用"圆弧"命令绘制圆弧。
（3）利用"定数等分"命令等分圆弧。
（4）利用"样条曲线"命令绘制图形。

第3章

二维编辑命令

通过二维图形的编辑操作，配合绘图命令，可以进一步完成复杂图形对象的绘制工作，并可以使用户合理地安排和组织图形，保证作图准确、减少重复。因此，对编辑命令的熟练掌握和使用有助于提高设计和绘图的效率。

3.1 选 择 对 象

AutoCAD 提供了多种对象选择方法，如点取、用选择窗口选择对象、用选择线选择对象、用对话框选择对象等。

AutoCAD 2026 提供了两种编辑图形的途径。

☑ 先执行编辑命令，然后选择要编辑的对象。

☑ 先选择要编辑的对象，然后执行编辑命令。

这两种途径的执行效果是相同的，但选择对象是进行编辑的前提。在 AutoCAD 2026 中，可以把选择的多个对象组成一个整体，如选择集和对象组，以进行整体编辑与修改。

无论使用哪种方法，AutoCAD 2026 都将提示用户选择对象，并且光标的形状由十字光标变为拾取框。

下面结合 SELECT 命令说明选择对象的方法。

SELECT 命令既可以单独使用，也可以在执行其他编辑命令时被自动调用。此时屏幕提示如下：

选择对象：

等待用户以某种方式选择对象作为回答。AutoCAD 2026 提供了多种选择方式，可以输入 "?" 查看这些选择方式。此时将出现如下提示：

需要点或窗口(W)/上一个(L)/窗交(C)/框(BOX)/全部(ALL)/栏选(F)/圈围(WP)/圈交(CP)/编组(G)/添加(A)/删除(R)/多个(M)/前一个(P)/放弃(U)/自动(AU)/单个(SI)/子对象(SU)/对象(O)

选择对象：

上述各选项含义分别介绍如下。

☑ 点：该选项表示直接通过点取的方式选择对象。用鼠标或键盘移动拾取框，使其框住要选取的对象，然后单击，即可选中该对象并高亮显示。

☑　窗口（W）：利用由两个对角顶点确定的矩形窗口选取位于其范围内的所有图形，与边界相交的对象不会被选中。指定对角顶点时应该按照从左向右的顺序，如图 3-1 所示。

☑　上一个（L）：在"选择对象:"提示下输入"L"后按 Enter 键，系统会自动选择最后绘出的一个对象。

☑　窗交（C）：该方式与上述"窗口"方式类似，区别在于它不但选择矩形窗口内部的对象，也选中与矩形窗口边界相交的对象，如图 3-2 所示。

（a）选择前的图形（图中阴影覆盖部分为选择框）　（b）选择后的图形　（a）选择前的图形（图中阴影覆盖部分为选择框）　（b）选择后的图形

图 3-1　"窗口"对象选择方式　　　　图 3-2　"窗交"对象选择方式

☑　框(BOX)：使用时，系统根据用户在屏幕上给出的两个对角点的位置而自动引用"窗口"或"窗交"选择方式。若从左向右指定对角点，则为"窗口"方式；反之，则为"窗交"方式。

☑　全部(ALL)：选择图面上的所有对象。

☑　栏选(F)：用户临时绘制一些直线（这些直线不必构成封闭图形），凡是与这些直线相交的对象均被选中，如图 3-3 所示。

☑　圈围(WP)：使用一个不规则的多边形来选择对象。根据提示，用户依次输入构成多边形的所有顶点的坐标，直到最后按 Enter 键做出空回答结束操作，系统将自动连接第一个顶点与最后一个顶点形成封闭的多边形，凡是被多边形围住的对象均被选中（不包括边界），如图 3-4 所示。

（a）选择前的图形（图中虚线为选择栏）　（b）选择后的图形　（a）选择前的图形（图中十字线拉出的多边形为选择框）　（b）选择后的图形

图 3-3　"栏选"对象选择方式　　　　图 3-4　"圈围"对象选择方式

☑　圈交(CP)：类似于"圈围"方式，在提示后输入"CP"，后续操作与"圈围"方式相同。区别在于与多边形边界相交的对象也被选中。

☑　编组(G)：使用预先定义的对象组作为选择集。事先将若干个对象组成组，用组名引用。

☑　添加(A)：添加下一个对象到选择集。也可用于从移走模式（Remove）到选择模式的切换。

☑　删除(R)：按住 Shift 键的同时选择对象，可以从当前选择集中移走该对象。对象由高亮显示状态变为正常状态。

☑ 多个(M)：指定多个点，不高亮显示对象。这种方法可以加快在复杂图形上的对象选择过程。若两个对象交叉，指定交叉点两次则可以选中这两个对象。

☑ 前一个(P)：输入"P"回答"选择对象："的提示，则把上次编辑命令最后一次构造的选择集或最后一次使用 SELECT（DDSELECT）命令预置的选择集作为当前选择集。这种方法适用于对同一选择集进行多种编辑操作。

☑ 放弃(U)：用于取消加入选择集的对象。

☑ 自动(AU)：这是 AutoCAD 2026 的默认选择方式，其选择结果视用户在屏幕上的选择操作而定。如果选中单个对象，则该对象即为自动选择的结果；如果选择点落在对象内部或外部的空白处，则系统会提示如下：

指定对角点：

此时，系统会采取一种窗口的选择方式。对象被选中后，变为虚线形式，并高亮显示。

📢 **注意**：若矩形框从左向右定义，即第一个选择的对角点为左侧的对角点，矩形框内部的对象被选中，框外部及与矩形框边界相交的对象不会被选中；若矩形框从右向左定义，则矩形框内部及与矩形框边界相交的对象都会被选中。

☑ 单个(SI)：选择指定的第一个对象或对象集，而不继续提示进行进一步的选择。

☑ 子对象(SU)：逐个选择原始形状，这些形状是实体中的一部分或三维实体上的顶点、边和面。可以选择，也可以创建多个子对象的选择集。选择集可以包含多种类型的子对象。

☑ 对象(O)：结束选择子对象，也可以使用其他对象选择方法。

☑ 选择对象：如果要选取的对象与其他对象相距很近，则很难准确选中，此时可使用"交替选择对象"方法。操作过程：在"选择对象："提示下，先按住 Shift 键不放，用拾取框压住要选择的对象，然后按空格键，此时必定有一被拾取框压住的对象被选中。由于各对象相距很近，该对象可能不是要选择的目标，随后连续按空格键，AutoCAD 会依次选中拾取框中所压住的对象，直至所选目标。最终选中的对象被加入当前选择集中。

3.2 删除与恢复类命令

删除与恢复类命令主要用于删除图形的某部分或对已被删除的部分进行恢复，包括删除、回退、重做、清除等。

3.2.1 "删除"命令

如果所绘制的图形不符合要求或不小心错绘了图形，可以使用"删除"命令将其删除。

1. 执行方式

☑ 命令行：ERASE。

☑ 菜单栏："修改"→"删除"。

☑ 工具栏："修改"→"删除" 🖊。

☑ 功能区："默认"→"修改"→"删除" 🖊。

☑ 快捷菜单：选择要删除的对象，在绘图区右击，在打开的快捷菜单中选择"删除"命令。

2．操作步骤

可以先选择对象，然后调用"删除"命令；也可以先调用"删除"命令，再选择对象。选择对象时，可以使用前面介绍的各种对象选择方法。

当选择多个对象时，多个对象都将被删除；若选择的对象属于某个对象组，则该对象组的所有对象都将被删除。

3.2.2　"恢复"命令

若不小心误删除了图形，可以使用"恢复"命令将其恢复。

1．执行方式

☑　命令行：OOPS 或 U。
☑　菜单栏："编辑"→"放弃" ⇦ ▾。
☑　工具栏："标准"→"放弃" ⇦ ▾ 或快速访问→"放弃" ⇦ ▾。
☑　快捷键：Ctrl+Z。

2．操作步骤

在命令行窗口中输入"OOPS"后，按 Enter 键。

3.3　复制类命令

本节将详细介绍 AutoCAD 的复制类命令，利用这些命令，可以方便地编辑所绘制的图形。

3.3.1　灵活利用剪贴板

剪贴板是一个通用工具，它适用于大多数软件，自然也适用于 AutoCAD，下面对其进行简要介绍。

1．"剪切"命令

1）执行方式
☑　命令行：CUTCLIP。
☑　菜单栏："编辑"→"剪切"。
☑　工具栏："标准"→"剪切" ✂。
☑　功能区："默认"→"剪贴板"→"剪切" ✂。
☑　快捷菜单：在绘图区右击，在打开的快捷菜单中选择"剪切"命令。
☑　快捷键：Ctrl+X。

2）操作步骤
命令：CUTCLIP✓
选择对象：（选择要剪切的实体）

执行上述命令后，所选择的实体从当前图形被剪切到剪贴板上，同时从原图形中消失。

2．"复制"命令

1）执行方式
☑　命令行：COPYCLIP。

☑ 菜单栏："编辑"→"复制"。

☑ 工具栏："标准"→"复制" 📋。

☑ 功能区："默认"→"剪贴板"→"复制剪裁" 📋。

☑ 快捷菜单：在绘图区右击，在打开的快捷菜单中选择"复制"命令。

☑ 快捷键：Ctrl+C。

2）操作步骤

命令：COPYCLIP✓
选择对象：（选择要复制的实体）

执行上述命令后，所选择的实体从当前图形被复制到剪贴板上，原图形保持不变。

使用"剪切"和"复制"功能复制对象时，已复制到目的文件的对象与源对象毫无关系，源对象的改变不会影响复制得到的对象。

3. "带基点复制"命令

1）执行方式

☑ 命令行：COPYBASE。

☑ 菜单栏："编辑"→"带基点复制"。

☑ 快捷菜单：在绘图区右击，在打开的快捷菜单中选择"带基点复制"命令。

☑ 快捷键：Shift+Ctrl+C。

2）操作步骤

命令：COPYBASE✓
指定基点：（指定基点）
选择对象：（选择要复制的实体）

执行上述命令后，所选择的实体从当前图形被复制到剪贴板上，原图形保持不变。该命令与"复制"命令相比，具有明显的优越性，因为有基点信息，所以在粘贴插入时，可以根据基点找到准确的插入点。

4. "粘贴"命令

1）执行方式

☑ 命令行：PASTECLIP。

☑ 菜单栏："编辑"→"粘贴"。

☑ 工具栏："标准"→"粘贴" 📋。

☑ 功能区："默认"→"剪贴板"→"粘贴" 📋。

☑ 快捷菜单：在绘图区右击，在打开的快捷菜单中选择"粘贴"命令。

☑ 快捷键：Ctrl+V。

2）操作步骤

命令：PASTECLIP✓

执行上述命令后，保存在剪贴板上的实体被粘贴到当前图形中。

3.3.2 复制链接对象

1. 执行方式

☑ 命令行：COPYLINK。

☑ 菜单栏："编辑"→"复制链接"。

2．操作步骤

命令：COPYLINK✓

对象链接和嵌入的操作过程与使用剪贴板粘贴的操作类似，但其内部运行机制却有很大的差异。链接对象与其创建应用程序始终保持联系。例如，Word 文档中包含一个 AutoCAD 图形对象，在 Word 中双击该对象，Windows 自动将其装入 AutoCAD 中，以供用户进行编辑。如果对原始 AutoCAD 图形做了修改，则 Word 文档中的图形也会随之发生相应的变化。如果是用剪贴板粘贴的图形，则它只是 AutoCAD 图形的一个备份，粘贴之后，就不再与 AutoCAD 图形保持任何联系，原始图形的变化不会对它产生任何影响。

3.3.3 "复制"命令

1．执行方式

☑　命令行：COPY。
☑　菜单栏："修改"→"复制"。
☑　工具栏："修改"→"复制" 🐾。
☑　功能区："默认"→"修改"→"复制" 🐾。
☑　快捷菜单：选择要复制的对象，在绘图区右击，在打开的快捷菜单中选择"复制选择"命令，如图 3-5 所示。

图 3-5　在快捷菜单中
选择"复制选择"命令

2．操作步骤

命令：COPY✓
选择对象：（选择要复制的对象）

用前面介绍的对象选择方法选择一个或多个对象，按 Enter 键结束选择操作。系统继续提示：

当前设置：复制模式=多个
指定基点或 [位移(D)/模式(O)] <位移>：（指定基点或位移）
指定第二个点或 [阵列(A)] <使用第一个点作为位移>：
指定第二个点或 [阵列(A)/退出(E)/放弃(U)] <退出>：

3．选项说明

1）指定基点

指定一个坐标点后，AutoCAD 2026 把该点作为复制对象的基点，并提示：

指定第二个点或 [阵列(A)] <使用第一个点作为位移>：

指定第二个点后，系统将根据这两个点确定的位移矢量把选择的对象复制到第二个点处。如果此时直接按 Enter 键，即选择默认的"使用第一个点作为位移"选项，则第一个点被当作相对于 X、Y、Z 的位移。例如，如果指定基点为（2,3）并在下一个提示下按 Enter 键，则该对象从它当前的位置开始在 X 方向上移动 2 个单位，在 Y 方向上移动 3 个单位。复制完成后，系统会继续提示：

指定第二个点或 [阵列(A)] <使用第一个点作为位移>：

这时，可以不断指定新的第二个点，从而实现多重复制。

2）位移（D）

直接输入位移值，表示以选择对象时的拾取点为基准，以拾取点坐标为移动方向纵横比移动指定位移后确定的点为基点。例如，选择对象时拾取点坐标为（2,3），输入位移为 5，则表示以点（2,3）为基准，沿纵横比为 3：2 的方向移动 5 个单位所确定的点为基点。

3.3.4 "镜像"命令

镜像对象是指把选择的对象围绕一条镜像线进行对称复制。镜像操作完成后，可以保留源对象，也可以将其删除。

1. 执行方式

☑ 命令行：MIRROR。
☑ 菜单栏："修改"→"镜像"。
☑ 工具栏："修改"→"镜像" ⚏。
☑ 功能区："默认"→"修改"→"镜像" ⚏。

2. 操作步骤

命令：MIRROR↙
选择对象：（选择要镜像的对象）
选择对象：↙
指定镜像线的第一个点：（指定镜像线的第一个点）
指定镜像线的第二个点：（指定镜像线的第二个点）
要删除源对象吗？[是(Y)/否(N)] <否>：（确定是否删除源对象）

这两个点确定一条镜像线，被选择的对象以该线为对称轴进行镜像。包含该线的镜像平面与用户坐标系的 XY 平面垂直，即镜像操作的实现是在与用户坐标系的 XY 平面平行的平面上。

3.3.5 实例——绘制压盖

本实例主要介绍"镜像"命令的使用方法，绘制压盖的流程如图 3-6 所示。

图 3-6 压盖

操作步骤

（1）设置图层。

单击"默认"选项卡"图层"面板中的"图层特性"按钮，打开"图层特性管理器"选项板。在该选项板中依次创建两个图层：将第一个图层命名为"轮廓线"，线宽设置为 0.30 mm，其余属性保持默认；将第二个图层命名为"中心线"，颜色设置为红色，线型加载为 CENTER，其余属性保持默认。

（2）绘制中心线。

设置"中心线"图层为当前图层，然后在屏幕上的适当位置指定直线端点坐标，绘制一条水平中心线和两条竖直中心线，如图 3-7 所示。

（3）绘制图形。

❶ 将"轮廓线"图层设置为当前图层，然后单击"默认"选项卡"绘图"面板中的"圆"按钮，分别捕捉两中心线交点为圆心，指定适当的半径，绘制两个圆，如图 3-8 所示。

❷ 单击"默认"选项卡"绘图"面板中的"直线"按钮，结合对象捕捉功能，分别捕捉左、右

两个圆的切点为端点，绘制一条切线，如图 3-9 所示。

❸ 单击"默认"选项卡"修改"面板中的"镜像"按钮⚊，以水平中心线为对称线镜像刚绘制的切线。命令行提示与操作如下：

```
命令：_mirror
选择对象：（选择切线）
选择对象：✓
指定镜像线的第一个点：（在水平中心线上选取第一个点）
指定镜像线的第二个点：（在水平中心线上选取第二个点）
要删除源对象吗?[是(Y)/否(N)] <否>：✓
```

结果如图 3-10 所示。

图 3-7　绘制中心线　　　图 3-8　绘制圆　　　图 3-9　绘制切线　　　图 3-10　镜像切线

❹ 单击"默认"选项卡"修改"面板中的"镜像"按钮⚊，以中间竖直中心线为对称线，选择对称线左边的图形对象进行镜像，结果如图 3-6 所示。

3.3.6　"偏移"命令

偏移对象是指保持所选对象的形状，在不同的位置以不同的尺寸大小新建一个对象。

1. 执行方式

☑　命令行：OFFSET。
☑　菜单栏："修改"→"偏移"。
☑　工具栏："修改"→"偏移"⊆。
☑　功能区："默认"→"修改"→"偏移"⊆。

2. 操作步骤

```
命令：OFFSET✓
当前设置：删除源=否　图层=源　OFFSETGAPTYPE=0
指定偏移距离或 [通过(T)/删除(E)/图层(L)] <通过>：（指定距离值）
选择要偏移的对象，或 [退出(E)/放弃(U)] <退出>：（选择要偏移的对象，按Enter键会结束操作）
指定要偏移的那一侧上的点，或 [退出(E)/多个(M)/放弃(U)] <退出>：（指定偏移方向）
```

3. 选项说明

（1）指定偏移距离。

输入一个距离值或按 Enter 键，系统将把该距离值作为偏移距离，如图 3-11 所示。

图 3-11　指定偏移距离偏移对象

（2）通过(T)。

指定偏移的通过点。选择该选项后将出现如下提示：

> 指定要偏移的那一侧上的点，或 [退出(E)/多个(M)/放弃(U)] <退出>：（选择要偏移的对象，按 Enter
> 键会结束操作）
> 　指定通过点或 [退出(E)/多个(M)/放弃(U)] <退出>：（指定偏移对象的一个通过点）

操作完毕后，系统将根据指定的通过点绘出偏移对象，如图 3-12 所示。

要偏移的对象　　　　指定通过点　　　　执行结果
　　（a）　　　　　　　（b）　　　　　　（c）

图 3-12　指定通过点偏移对象

3.3.7　实例——绘制挡圈

本实例主要介绍"偏移"命令的使用方法，绘制挡圈的流程如图 3-13 所示。

图 3-13　挡圈

操作步骤

（1）设置图层。

单击"默认"选项卡"图层"面板中的"图层特性"按钮🖺，打开"图层特性管理器"选项板，在其中创建两个图层："粗实线"图层，线宽为 0.30 mm，其余属性保持默认；"中心线"图层，线型为CENTER，其余属性保持默认。

（2）绘制中心线。

设置"中心线"图层为当前图层，然后单击"默认"选项卡"绘图"面板中的"直线"按钮╱，绘制中心线。

（3）绘制挡圈内孔。

❶ 设置"粗实线"图层为当前图层，然后单击"默认"选项卡"绘图"面板中的"圆"按钮⊙，以 8 为半径绘制一个圆，如图 3-14 所示。

❷ 单击"默认"选项卡"修改"面板中的"偏移"按钮⫿，偏移绘制的圆。命令行提示与操作如下：

图 3-14　绘制圆

> 命令：_offset
> 当前设置：删除源=否　图层=源　OFFSETGAPTYPE=0

指定偏移距离或 [通过(T)/删除(E)/图层(L)] <10.0000>: 6✓
选择要偏移的对象，或 [退出(E)/放弃(U)] <退出>:（指定绘制的圆）
指定要偏移的那一侧上的点，或 [退出(E)/多个(M)/放弃(U)] <退出>:（指定圆外侧）
选择要偏移的对象，或 [退出(E)/放弃(U)] <退出>: ✓

（4）绘制挡圈轮廓。

单击"默认"选项卡"修改"面板中的"偏移"按钮⊆，以初始绘制的圆为对象，向外分别偏移 38 和 40，结果如图 3-15 所示。

（5）绘制小孔。

单击"默认"选项卡"绘图"面板中的"圆"按钮⊙，以 4 为半径绘制一个圆，最终结果如图 3-13 所示。

图 3-15　偏移圆

3.3.8　"阵列"命令

建立阵列是指多重复制选择的对象并把这些副本按矩形或环形排列。把副本按矩形排列称为建立矩形阵列，把副本按环形排列称为建立极阵列。建立极阵列时，应该控制复制对象的次数和对象是否被旋转；建立矩形阵列时，应该控制行和列的数量及对象副本之间的距离。

利用 AutoCAD 2026 提供的 ARRAY 命令可以建立矩形阵列、环形阵列（极阵列）和路径阵列。

1. 执行方式

☑　命令行：ARRAY。
☑　菜单栏："修改"→"阵列"→"矩形阵列"或"环形阵列"或"路径阵列"。
☑　工具栏："修改"→"矩形阵列"▦或"环形阵列"∷或"路径阵列"⚬⚬⚬。
☑　功能区："默认"→"修改"→"矩形阵列"▦或"环形阵列"∷或"路径阵列"⚬⚬⚬。

2. 操作步骤

命令：ARRAY✓
选择对象：（使用对象选择方法）
选择对象：✓
输入阵列类型 [矩形(R)/路径(PA)/极轴(PO)] <矩形>：PA✓
类型=路径 关联=是
选择路径曲线：（使用一种对象选择方法）
选择夹点以编辑阵列或 [关联(AS)/方法(M)/基点(B)/切向(T)/项目(I)/行(R)/层(L)/对齐项目(A)/Z方向(Z)/退出(X)] <退出>：I✓
指定沿路径的项目之间的距离或 [表达式(E)] <125.3673>：（指定项目间距）
最大项目数=250
指定项目数或 [填写完整路径(F)/表达式(E)] <250>：（指定项目数）
选择夹点以编辑阵列或 [关联(AS)/方法(M)/基点(B)/切向(T)/项目(I)/行(R)/层(L)/对齐项目(A)/Z方向(Z)/退出(X)] <退出>：B✓
指定基点或 [关键点(K)] <路径曲线的终点>：（指定基点或输入选项）
选择夹点以编辑阵列或 [关联(AS)/方法(M)/基点(B)/切向(T)/项目(I)/行(R)/层(L)/对齐项目(A)/Z方向(Z)/退出(X)] <退出>：R✓
输入行数或 [表达式(E)] <1>：
指定行数之间的距离或 [总计(T)/表达式(E)] <187.9318>：10✓
指定行数之间的标高增量或 [表达式(E)] <0>：
选择夹点以编辑阵列或 [关联(AS)/方法(M)/基点(B)/切向(T)/项目(I)/行(R)/层(L)/对齐项目

(A) /Z 方向 (Z) /退出 (X)] <退出>：M↙
　　输入路径方法 [定数等分 (D) /定距等分 (M)] <定距等分>：

3．选项说明

☑　关联(AS)：指定是否在阵列中创建项目作为关联阵列对象，或作为独立对象。

☑　基点(B)：指定阵列的基点。

☑　切向(T)：控制选定对象是否将相对于路径的起始方向重定向（旋转），然后再移动到路径的起点。

☑　项目(I)：编辑阵列中的项目数。

☑　行(R)：指定阵列中的行数和行间距，以及它们之间的增量标高。

☑　层(L)：指定阵列中的层数和层间距。

☑　对齐项目(A)：指定是否对齐每个项目以与路径的方向相切。对齐相对于第一个项目的方向。

☑　Z 方向(Z)：控制是否保持项目的原始 Z 方向或沿三维路径自然倾斜项目。

☑　退出(X)：退出命令。

☑　表达式(E)：使用数学公式或方程式获取值。

☑　定数等分(D)：沿整个路径长度平均定数等分项目。

3.3.9　实例——绘制花键

　　轴和轮毂孔周向均布的多个键齿构成的连接称为花键连接。齿的侧面是工作面。由于是多齿传递载荷，因此花键连接比平键连接具有承载能力高、对轴削弱程度小、定心好和导向性能好等优点，适用于定心精度要求高、载荷大或经常滑移的连接。绘制花键的流程如图 3-16 所示。

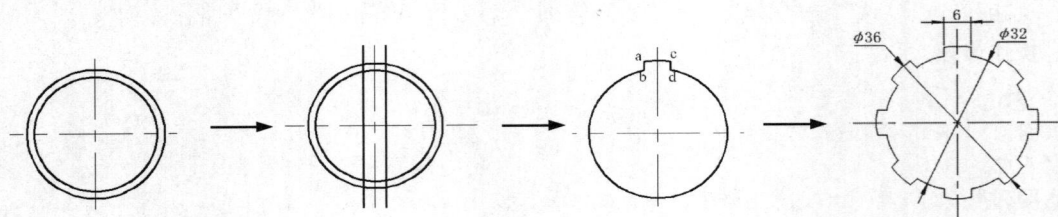

图 3-16　花键

操作步骤

　　（1）新建文件。

　　选择菜单栏中的"文件"→"新建"命令，打开"选择样板"对话框，单击"打开"按钮，创建一个新的图形文件。

　　（2）设置图层。

　　单击"默认"选项卡"图层"面板中的"图层特性"按钮，打开"图层特性管理器"选项板。在该选项板中依次创建"轮廓线""中心线""剖面线"3 个图层，并设置"轮廓线"图层的线宽为0.50 mm，设置"中心线"图层的线型为 CENTER2。

　　（3）绘制中心线。

　　将"中心线"图层设置为当前图层，单击"默认"选项卡"绘图"面板中的"直线"按钮，分别沿水平方向和竖直方向绘制中心线，效果如图 3-17 所示。

　　（4）绘制轮廓线。

　　将"轮廓线"图层设置为当前图层，单击"默认"选项卡"绘图"面板中的"圆"按钮，选择图

3-17 中两中心线的交点为圆心，绘制半径分别为 16 和 18 的两个圆，效果如图 3-18 所示。

图 3-17 绘制中心线

图 3-18 绘制圆

（5）绘制键齿。

❶ 单击"默认"选项卡"修改"面板中的"偏移"按钮 ⟺，将图 3-18 中竖直中心线向左、右各偏移 3，并将偏移后的直线转换到"轮廓线"图层，效果如图 3-19 所示。

❷ 单击"默认"选项卡"修改"面板中的"修剪"按钮 ✂ 和"删除"按钮 ✍，修剪并删除多余的直线，效果如图 3-20 所示。

❸ 单击"默认"选项卡"修改"面板中的"环形阵列"按钮 ⁘，在视图区选择线段 ab、cd 及弧线 ac 为阵列对象，按 Enter 键，选取图 3-20 中中心线的交点为中心点，打开"阵列创建"选项卡，设置项目总数为 8，填充角度为 360°，命令行提示与操作如下：

```
命令：_arraypolar
选择对象：（选择线段 ab、cd 以及弧线 ac）
选择对象：✓
类型=极轴 关联=否
指定阵列的中心点或 [基点(B) 旋转轴(A)]：（选择图 3-20 中中心线的交点）
选择夹点以编辑阵列或 [关联(AS)/基点(B)/项目(I)/项目间角度(A)/填充角度(F)/行(ROW)/ 层(L)/
旋转项目(ROT)/退出(X)] <退出>：I✓
输入阵列中的项目数或 [表达式(E)] <6>：8✓
选择夹点以编辑阵列或 [关联(AS)/基点(B)/项目(I)/项目间角度(A)/填充角度(F)/行(ROW)/ 层(L)/
旋转项目(ROT)/退出(X)] <退出>：F✓
指定填充角度（+=逆时针、-=顺时针）或 [表达式(EX)] <360>：360✓
选择夹点以编辑阵列或 [关联(AS)/基点(B)/项目(I)/项目间角度(A)/填充角度(F)/行(ROW)/ 层(L)/
旋转项目(ROT)/退出(X)] <退出>：✓
```

结果如图 3-21 所示。

❹ 单击"默认"选项卡"修改"面板中的"修剪"按钮 ✂，修剪多余的直线，效果如图 3-22 所示。

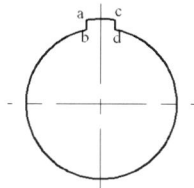

图 3-19 偏移直线　　图 3-20 修剪结果　　图 3-21 阵列结果　　图 3-22 修剪结果

3.3.10 "旋转"命令

1. 执行方式

☑ 命令行：ROTATE。

☑ 菜单栏："修改"→"旋转"。

☑ 工具栏："修改"→"旋转" ↻。

☑ 功能区："默认"→"修改"→"旋转" ↻。

☑ 快捷菜单：选择要旋转的对象，在绘图区域右击，在打开的快捷菜单中选择"旋转"命令。

2. 操作步骤

命令：ROTATE✓
UCS 当前的正角方向：ANGDIR=逆时针 ANGBASE=0.00
选择对象：（选择要旋转的对象）
选择对象：✓
指定基点：（指定旋转的基点。在对象内部指定一个坐标点）
指定旋转角度，或 [复制(C)/参照(R)] <0.00>：（指定旋转角度或输入其他选项）

3. 选项说明

☑ 复制(C)：选择该选项，旋转对象的同时保留原对象，
    如图 3-23 所示。

☑ 参照(R)：采用参考方式旋转对象时，系统提示如下：

指定参照角 <0.00>：（指定要参考的角度，默认值为 0）
指定新的角度或 [点(P)] <0>：（输入旋转后的角度值）

操作完毕后，对象被旋转至指定的角度位置。

（a）旋转前　　　（b）旋转后

图 3-23　复制旋转

📢 注意：可以用拖动鼠标的方法旋转对象。选择对象并指定基点后，从基点到当前光标位置会出现一
条连线。移动鼠标，选择的对象会动态地随着该连线与水平方向的夹角的变化而旋转，最后
按 Enter 键确认旋转操作，如图 3-24 所示。

极轴: 279.7188 < 225°

图 3-24　拖动鼠标旋转对象

3.3.11　实例——绘制曲柄

本实例主要介绍"旋转"命令的使用方法，绘制曲柄的流程如图 3-25 所示。

图 3-25　曲柄

操作步骤

（1）设置图层。

单击"默认"选项卡"图层"面板中的"图层特性"按钮，打开"图层特性管理器"选项板。在该选项板中依次创建两个图层："中心线"图层，线型为 CENTER，其他属性保持默认；"粗实线"图层，线宽为 0.30 mm，其他属性保持默认。

（2）绘制中心线。

❶ 将"中心线"图层设置为当前图层，然后单击"默认"选项卡"绘图"面板中的"直线"按钮，分别沿水平和竖直方向绘制中心线，坐标分别为{（100,100），（180,100）}和{（120,120），（120,80）}，效果如图 3-26 所示。

图 3-26　绘制中心线

❷ 单击"默认"选项卡"修改"面板中的"偏移"按钮，绘制另一条中心线，偏移距离为 48，效果如图 3-27 所示。

（3）绘制轴孔。

设置"粗实线"图层为当前图层，单击"默认"选项卡"绘图"面板中的"圆"按钮，以水平中心线与左边竖直中心线的交点为圆心，分别以 32 和 20 为直径绘制同心圆；以水平中心线与右边竖直中心线的交点为圆心，分别以 20 和 10 为直径绘制同心圆，效果如图 3-28 所示。

（4）绘制连接板。

单击"默认"选项卡"绘图"面板中的"直线"按钮，分别捕捉左、右外圆的切点为端点，绘制上、下两条连接线（即切线），效果如图 3-29 所示。

（5）旋转轴孔及连接板。

单击"默认"选项卡"修改"面板中的"旋转"按钮，将所绘制的图形进行复制旋转。命令行提示与操作如下：

```
命令: _rotate
UCS 当前的正角方向: ANGDIR=逆时针  ANGBASE=0
选择对象:（如图 3-30 所示，选择图形中要旋转的部分）
找到 1 个，总计 6 个
选择对象: ↙
指定基点: _int 于（捕捉左边中心线的交点）
指定旋转角度，或 [复制(C)/参照(R)] <0.00>: C↙
旋转一组选定对象。
指定旋转角度，或 [复制(C)/参照(R)] <0.00>: 150↙
```

图 3-27　偏移中心线　　图 3-28　绘制同心圆　　图 3-29　绘制切线　　图 3-30　选择对象

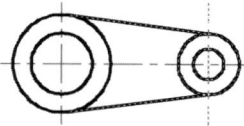

最终效果如图 3-25 所示。

3.4　改变几何特性类命令

这一类编辑命令在对指定对象进行编辑后，将使对象的几何特性发生改变。其中主要包括"倒角"

"圆角""打断""修剪""延伸""拉长""分解""合并""移动""缩放"等命令。

3.4.1 "修剪"命令

1. 执行方式

☑ 命令行：TRIM。

☑ 菜单栏："修改"→"修剪"。

☑ 工具栏："修改"→"修剪"✂。

☑ 功能区："默认"→"修改"→"修剪"✂。

2. 操作步骤

命令：TRIM↙
当前设置：投影=UCS,边=无,模式=标准
选择剪切边...
选择对象或 [模式(O)] <全部选择>：（选择用作修剪边界的对象）

按 **Enter** 键结束对象选择，系统提示：

选择要修剪的对象，或按住 Shift 键选择要延伸的对象，或 [剪切边(T)/栏选(F)/窗交(C)/模式(O)/投影(P)/边(E)/删除(R)]：

3. 选项说明

（1）在选择对象时，如果按住 Shift 键，系统会自动将"修剪"命令转换成"延伸"命令。"延伸"命令的具体用法将在后文中介绍。

（2）选择"边"选项时，可以选择对象的修剪方式。

☑ 延伸(E)：延伸边界进行修剪。在此方式下，如果剪切边没有与要修剪的对象相交，则系统会延伸剪切边直至与对象相交，然后再修剪，如图 3-31 所示。

选择剪切边　　　　　　　　选择要修剪的对象　　　　　　　修剪后的结果

图 3-31　延伸方式修剪对象

☑ 不延伸(N)：不延伸边界修剪对象，只修剪与剪切边相交的对象。

（3）选择"栏选"选项时，系统以栏选的方式选择被修剪对象，如图 3-32 所示。

（4）选择"窗交"选项时，选择矩形区域（由两点确定）内部或与之相交的对象，如图 3-33 所示。

图 3-32　栏选方式修剪对象　　　　　　　图 3-33　窗交方式修剪对象

（5）被选择的对象可以互为边界和被修剪对象，此时系统会在选择的对象中自动判断边界，如图 3-33 所示。

3.4.2 实例——绘制卡盘

本实例主要介绍"修剪"命令的使用方法，绘制卡盘的流程如图 3-34 所示。

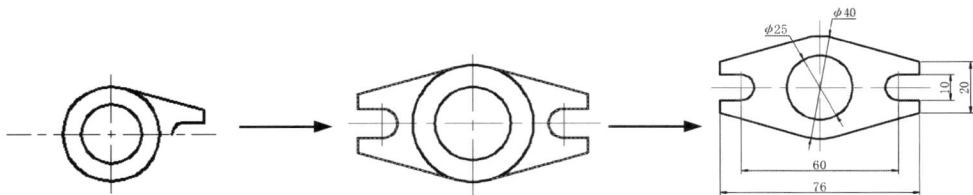

图 3-34 卡盘

操作步骤

（1）设置图层。

单击"默认"选项卡"图层"面板中的"图层特性"按钮，打开"图层特性管理器"选项板，在其中创建两个新图层。

❶ "粗实线"图层：线宽为 0.30 mm，其余属性保持默认。

❷ "中心线"图层：颜色为红色，线型为 CENTER，其余属性保持默认。

（2）绘制中心线。

设置"中心线"图层为当前图层。单击"默认"选项卡"绘图"面板中的"直线"按钮，绘制图形的对称中心线。

（3）绘制图形。

❶ 设置"粗实线"图层为当前图层。单击"默认"选项卡"绘图"面板中的"圆"按钮和"多段线"按钮，绘制图形右上部分，如图 3-35 所示。

❷ 单击"默认"选项卡"修改"面板中的"镜像"按钮，分别以水平中心线和竖直中心线为对称轴镜像所绘制的图形。

❸ 单击"默认"选项卡"修改"面板中的"修剪"按钮，修剪所绘制的图形。命令行提示与操作如下：

```
命令: _trim
当前设置: 投影=UCS，边=无，模式=标准
选择剪切边...
选择对象或 [模式(O)] <全部选择>:（选择 4 条多段线，如图 3-36 所示）
……总计 4 个
选择对象: ✓
选择要修剪的对象，或按住 Shift 键选择要延伸的对象，或 [剪切边(T)/栏选(F)/窗交(C)/模式(O)/
投影(P)/边(E)/删除(R)]:（分别选择中间大圆的左右段）
```

图 3-35 绘制右上部分　　　　　图 3-36 选择对象

最终绘制的图形效果如图 3-34 所示。

3.4.3 "倒角"命令

倒角是指用斜线连接两个不平行的线型对象。可以用斜线连接直线段、双向无限长线、射线和多段线。

系统采用两种方法确定连接两个线型对象的斜线：指定斜线距离；指定斜线角度、一个对象与斜线的距离。下面分别介绍这两种方法。

（1）指定斜线距离。

斜线距离是指从被连接的对象与斜线的交点到被连接的两对象可能的交点之间的距离，如图 3-37 所示。

（2）指定斜线角度、一个对象与斜线的距离。

采用这种方法连接对象时需要输入两个参数：斜线与一个对象的斜线距离、斜线与该对象的夹角，如图 3-38 所示。

图 3-37　斜线距离

图 3-38　斜线距离与夹角

1. 执行方式

- ☑　命令行：CHAMFER。
- ☑　菜单栏："修改"→"倒角"。
- ☑　工具栏："修改"→"倒角" ╱。
- ☑　功能区："默认"→"修改"→"倒角" ╱。

2. 操作步骤

命令：CHAMFER✓
（"修剪"模式）当前倒角距离 1=0.0000，距离 2=0.0000
　　选择第一条直线或 [放弃(U)/多段线(P)/距离(D)/角度(A)/修剪(T)/方式(E)/多个(M)]：（选择第一条直线或其他选项）
　　选择第二条直线，或按住 Shift 键选择直线以应用角点或 [距离(D)/角度(A)/方法(M)]：（选择第二条直线）

> 📢 注意：有时，在执行"圆角"和"倒角"命令时，会发现命令执行后图形没什么变化，这是因为系统默认圆角半径和倒角距离均为 0，如果不事先设定圆角半径或倒角距离，则系统就以默认值执行命令，所以看起来好像没有执行命令。

3. 选项说明

- ☑　多段线(P)：对多段线的各个交叉点进行倒角。为了得到最好的连接效果，一般设置斜线是相等的值。系统根据指定的斜线距离把多段线的每个交叉点都做斜线连接，连接的斜线成为多段线新添加的构成部分，如图 3-39 所示。

（a）选择多段线

- ☑　距离(D)：选择倒角的两个斜线距离。这两个斜线距离可以相同，也可以不相同；若二者均为 0，则系统不绘制连接的斜线，而是把两个对象延伸至相交并修剪超出的部分。

- ☑　角度(A)：选择第一条直线的斜线距离和第一条直线的倒角角度。

- ☑　修剪(T)：与圆角连接命令 FILLET 相同，该选项决定连接对象后是

（b）倒角结果

图 3-39　斜线连接多段线

否剪切原对象。

☑　方式(E)：决定采用"距离"方式还是"角度"方式来进行倒角。

☑　多个(M)：同时对多个对象进行倒角编辑。

3.4.4　实例——绘制螺塞

在盛放机油的机箱中，为了将污油排放干净，应在油池的最低位置处设置放油孔，平时放油孔用螺塞堵住，并配有封油垫圈。绘制螺塞的流程如图 3-40 所示。

图 3-40　绘制螺塞及封油垫圈流程图

在此选用外六角油塞及垫片 M14×1.5，其各部分的尺寸如图 3-41 所示。

(mm)

d	D_0	L	l	a	D	s	d_1	H
M14×1.5	22	22	12	3	19.6	17	15	2
M16×1.5	26	23	12	3	19.6	17	17	2
M20×1.5	30	28	15	4	25.4	22	22	2
M24×1.5	34	31	16	4	25.4	22	26	2.5
M27×1.5	38	34	18	4	31.2	27	29	2.5

图 3-41　螺塞各部分尺寸

操作步骤

（1）设置图层。

单击"默认"选项卡"图层"面板中的"图层特性"按钮，打开"图层特性管理器"选项板。在该选项板中依次创建"轮廓线""中心线""剖面线"3 个图层，并设置"轮廓线"图层的线宽为 0.30 mm，设置"中心线"图层的线型为 CENTER2。

（2）绘制中心线。

将"中心线"图层设置为当前图层。单击"默认"选项卡"绘图"面板中的"直线"按钮，绘制中心线，效果如图 3-42 所示。

（3）绘制左视图。

❶ 将"轮廓线"图层设置为当前图层。单击"默认"选项卡"绘图"面板中的"圆"按钮，以图 3-42 中的中心线的交点为圆心，绘制半径分别为 8.5、11 的圆，效果如图 3-43 所示。

❷ 单击"默认"选项卡"修改"面板中的"偏移"按钮，将图 3-43 中的水平中心线向上、下分别偏移 9.8，竖直中心线向左、右分别偏移 8.5，并将偏移的直线转换到"轮廓线"图层，效果如图 3-44 所示。

❸ 单击"默认"选项卡"绘图"面板中的"直线"按钮，分别以图 3-44 中的 a 为起点绘制与水平线成-30°、-150°的斜线，效果如图 3-45 所示。

图 3-42　绘制中心线　　　图 3-43　绘制圆　　　图 3-44　偏移中心线　　　图 3-45　绘制斜线

❹ 单击"默认"选项卡"修改"面板中的"镜像"按钮 ⚫，以图 3-45 中绘制的两条斜线为镜像对象，以水平中心线为镜像线，镜像结果如图 3-46 所示。

❺ 单击"默认"选项卡"修改"面板中的"修剪"按钮 ⚫，修剪多余的直线，效果如图 3-47 所示。

图 3-46　镜像结果

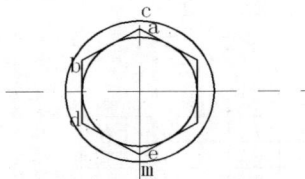

（4）绘制主视图。

❶ 单击"默认"选项卡"绘图"面板中的"直线"按钮 ⚫，分别以图 3-47 中的 a、b、c、d、e、m 点为起点，绘制水平辅助线，效果如图 3-48 所示。

❷ 单击"默认"选项卡"修改"面板中的"偏移"按钮 ⚫，将竖直中心线向左偏移，偏移距离分别为 20、32、35、44，并将偏移的直线转换到"轮廓线"图层，效果如图 3-49 所示。

图 3-47　修剪结果　　　图 3-48　绘制水平辅助线　　　图 3-49　偏移直线

❸ 单击"默认"选项卡"修改"面板中的"修剪"按钮 ⚫ 和"删除"按钮 ⚫，修剪并删除多余的直线，效果如图 3-50 所示。

❹ 单击"默认"选项卡"修改"面板中的"偏移"按钮 ⚫，将图 3-50 中的水平中心线向上、向下各偏移 6、7，将竖直中心线向左偏移 30，并将偏移的直线转换到"轮廓线"图层，然后单击"默认"选项卡"修改"面板中的"修剪"按钮 ⚫，修剪多余的直线，效果如图 3-51 所示。

❺ 单击"默认"选项卡"修改"面板中的"偏移"按钮 ⚫，将水平中心线向上、下各偏移 6，并将偏移的直线转换到"剖面线"图层，然后单击"默认"选项卡"修改"面板中的"修剪"按钮 ⚫，修剪多余的直线，效果如图 3-52 所示。

图 3-50　修剪结果　　　图 3-51　偏移并修剪直线　　　图 3-52　偏移直线

🔊 注意：按螺纹连接件的比例画法，螺纹的小径应是螺纹大径的 0.85 倍，如图 3-52 所示，$d_1 = 0.85d$。

❻ 单击"默认"选项卡"修改"面板中的"倒角"按钮 ⚫，对螺纹进行距离为 1 的倒角。命令行提示与操作如下：

命令：_chamfer

（"修剪"模式）当前倒角距离 1=0.0000，距离 2=0.0000

选择第一条直线或 [放弃(U)/多段线(P)/距离(D)/角度(A)/修剪(T)/方式(E)/多个(M)]：D✓

指定第一个倒角距离 <0.0000>：1✓

指定第二个倒角距离 <1.0000>：✓

选择第一条直线或 [放弃(U)/多段线(P)/距离(D)/角度(A)/修剪(T)/方式(E)/多个(M)]：（选择螺纹外轮廓线）

选择第二条直线，或按住 Shift 键选择直线以应用角点或 [距离(D)/角度(A)/方法(M)]：（选择螺塞端面线）

用同样的方法，对螺塞端面另一个角进行倒角，结果如图 3-53 所示。

❼ 将"剖面线"图层设置为当前图层，单击"默认"选项卡"绘图"面板中的"直线"按钮 ∕，绘制倒角线，效果如图 3-54 所示。

图 3-53　绘制倒角

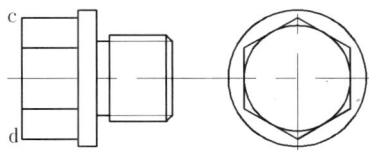

图 3-54　绘制倒角线

❽ 单击"默认"选项卡"修改"面板中的"偏移"按钮 ⊑，将图 3-54 中的直线 cd 向右偏移 15；然后单击"默认"选项卡"绘图"面板中的"圆"→"圆心、半径"按钮，以偏移的直线与水平中心线的交点为圆心，绘制半径为 15 的圆；最后删除刚偏移的直线，效果如图 3-55 所示。

❾ 单击"默认"选项卡"绘图"面板中的"直线"按钮 ∕，以图 3-55 中的点 m 为起点，绘制长度为 4.91 的直线 mk；然后以 mk 的中点 o 为圆心、oq 为半径绘制圆，效果如图 3-56 所示。

❿ 单击"默认"选项卡"修改"面板中的"镜像"按钮 ⚟，以水平中心线为镜像线，对图 3-56 中绘制的圆进行镜像处理；然后单击"默认"选项卡"修改"面板中的"修剪"按钮 ⬝，修剪多余的线条，效果如图 3-57 所示。

图 3-55　绘制圆

图 3-56　绘制圆

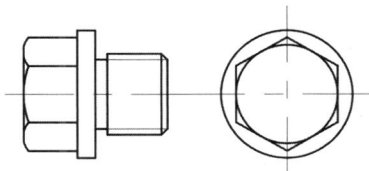

图 3-57　镜像结果

🔊 注意：为了将污油排放干净，应在油池的最低位置处设置放油孔（见图 3-58），并将其安置在减速器不与其他部件靠近的一侧，以便于放油。

（a）不正确　　　　（b）正确　　　　（c）正确

图 3-58　放油孔的位置

3.4.5 "移动"命令

1. 执行方式

- ☑ 命令行：MOVE。
- ☑ 菜单栏："修改" → "移动"。
- ☑ 工具栏："修改" → "移动" ✛。
- ☑ 功能区："默认" → "修改" → "移动" ✛。
- ☑ 快捷菜单：选择要移动的对象，在绘图区右击，在打开的快捷菜单中选择"移动"命令。

2. 操作步骤

命令：MOVE✓
选择对象：（选择对象）

用前面介绍的对象选择方法选择要移动的对象，按 Enter 键结束选择。系统继续提示：

指定基点或 [位移(D)] <位移>：（指定基点或位移）
指定第二个点或 <使用第一个点作为位移>：

其中各选项功能与"复制"命令类似。

3.4.6 实例——绘制油标尺

油标尺用来指示油面高度，应设置在便于检查和油面较稳定之处。常见的油标类型有油标尺、圆形油标、长形油标等。

油标尺结构简单，在减速器中应用较多。为便于加工和节省材料，油标尺的手柄和尺杆常由两个元件铆接或焊接在一起。在减速器上安装油标尺时，可采用螺纹连接，也可采用 H9/h8 配合装入。本实例主要介绍"移动"命令的使用方法，绘制油标尺的流程如图 3-59 所示。

图 3-59　油标尺

在此选用的油标尺为 M16，其各部分的尺寸如图 3-60 所示。

操作步骤

（1）新建文件。

选择菜单栏中的"文件" → "新建"命令，打开"选择样板"对话框，单击"打开"按钮，创建一个新的图形文件。

（2）设置图层。

单击"默认"选项卡"图层"面板中的"图层特性"按钮，打开"图层特性管理器"选项板。在该选项板中依次创建"轮廓线""中心线""剖面线"3 个图层，并设置"轮廓线"图层的线宽为0.30 mm，"中心线"图层的线型为 CENTER2。

d	d₁	d₂	d₃	h	a	b	c	D	D₁
M16	4	16	6	35	12	8	5	26	22

$$d \quad d_1 \quad d_2 \quad d_3 \quad h \quad a \quad b \quad c \quad D \quad D_1$$

图 3-60　油标尺各部分尺寸

（3）绘制图形。

❶ 将"中心线"图层设置为当前图层。单击"默认"选项卡"绘图"面板中的"直线"按钮 ✐，沿竖直方向绘制一条中心线。将"轮廓线"图层设置为当前图层，以绘制的竖直中心线为对称轴，绘制一条长度为 30 的直线 ab，效果如图 3-61 所示。

❷ 单击"默认"选项卡"修改"面板中的"偏移"按钮 ⊂，选择图 3-61 中的直线 ab 向下偏移，偏移距离分别为 8、18、23、25、35、90，效果如图 3-62 所示。

❸ 再次单击"默认"选项卡"修改"面板中的"偏移"按钮 ⊂，将图 3-62 中的竖直中心线分别向左、右偏移，偏移距离依次为 3、6、8、11、13，并将偏移后的直线转换到"轮廓线"图层，效果如图 3-63 所示。

❹ 单击"默认"选项卡"修改"面板中的"修剪"按钮 ✂，修剪多余的直线，效果如图 3-64 所示。

❺ 单击"默认"选项卡"修改"面板中的"偏移"按钮 ⊂，将图 3-64 中的直线 ab 向下偏移，偏移距离为 13，如图 3-65 所示。

❻ 单击"默认"选项卡"绘图"面板中的"圆"按钮 ⊙，分别以图 3-65 中的 c 和 d 为圆心，绘制半径为 5 的圆，效果如图 3-66 所示。

图 3-61　绘制　　图 3-62　偏移直线　　图 3-63　偏移竖　　图 3-64　修剪　　图 3-65　偏移　　图 3-66　绘制圆
　　中心线　　　　　　　　　　　　直中心线　　　　结果　　　　　直线

❼ 单击"默认"选项卡"修改"面板中的"移动"按钮 ✛，将图 3-66 中绘制的两个圆分别向左、右移动 2。命令行提示与操作如下：

```
命令：_move
选择对象：（选择左边圆）
选择对象：↙
```

指定基点或 ［位移(D)］ <位移>：（指定任意一点）
指定第二个点或 <使用第一个点作为位移>：@2,0↙

❽ 用同样的方法，将右边的圆向左移动 2。单击"默认"选项卡"修改"面板中的"修剪"按钮
▼和"删除"按钮 ✍，修剪并删除多余的直线，效果如图 3-67 所示。

❾ 单击"默认"选项卡"修改"面板中的"偏移"按钮 ⊆，将图 3-67 中的直线 em 和 fn 分别向右
和左偏移，偏移距离为 1.2，并将偏移后的直线转换到"剖面线"图层，如图 3-68 所示。

❿ 单击"默认"选项卡"修改"面板中的"倒角"按钮 ⌒，对图 3-68 中的 m 点和 n 点进行倒角，
倒角距离为 1；然后单击"默认"选项卡"修改"面板中的"修剪"按钮 ▼，修剪多余的直线；最后补
充绘制相应的直线，效果如图 3-69 所示。

图 3-67　修剪结果　　　　图 3-68　偏移直线　　　　图 3-69　绘制倒角

📢 注意：检查油面高度时拔出油标尺，以杆上油痕判断油面高度。油标尺上两条刻线的位置分别对应
最高和最低油面，如图 3-70 所示。

图 3-70　油尺的刻线

⓫ 单击"默认"选项卡"修改"面板中的"倒角"按钮 ⌒，对图 3-69 中的点 a、b、c、d 进行倒
角，倒角距离为 1；然后补充绘制相应的直线，效果如图 3-71 所示。

⓬ 将"剖面线"图层设置为当前图层；单击"默认"选项卡"绘图"面板中的"图案填充"按钮
▦，打开"图案填充创建"选项卡，从中选择填充图案 ANSI37；单击"选择边界对象"按钮 ▨，选择
主视图上相关区域，单击"关闭图案填充创建"按钮，完成剖面线的绘制，效果如图 3-72 所示。

图 3-71　倒角　　　　　　　　图 3-72　图案填充

注意：油标尺多安装在箱体侧面，设计时应合理确定油标尺插孔的位置及倾斜角度，既要避免箱体内的润滑油溢出，又要便于油标尺的插取及对油标尺插孔的加工，如图 3-73 所示。

图 3-73　油尺插孔的位置

3.4.7　"分解"命令

1. 执行方式

☑　命令行：EXPLODE。

☑　菜单栏："修改"→"分解"。

☑　工具栏："修改"→"分解" 🔲。

☑　功能区："默认"→"修改"→"分解" 🔲。

2. 操作步骤

命令：EXPLODE↙

选择对象：（选择要分解的对象）

选择一个对象后，该对象会被分解。系统继续提示
该行信息，允许分解多个对象。

3.4.8　"合并"命令

利用 AutoCAD 2026 提供的合并功能可以将直线、
圆、椭圆弧和样条曲线等独立的线段合并为一个对象，如
图 3-74 所示。

1. 执行方式

☑　命令行：JOIN。

☑　菜单栏："修改"→"合并"。

图 3-74　合并对象

☑ 工具栏："修改" → "合并" ⊶。

☑ 功能区："默认" → "修改" → "合并" ⊶。

2．操作步骤

命令：JOIN↙
选择源对象或要一次合并的多个对象：（选择一个对象）找到 1 个
选择要合并的对象：（选择另一个对象）找到 1 个，总计 2 个
选择要合并的对象：↙
2 条直线已合并为 1 条直线

3.4.9 实例——绘制通气器

通气器用于通气，使箱内外气压一致，以避免由于运转时箱内油温升高、内压增大，从而引起减速器润滑油的渗漏。

简易式通气器的通气孔不直接通向顶端，以免灰尘落入，一般用于较清洁的场合，其绘制流程如图 3-75 所示。

图 3-75　简易式通气器

在此选择的通气器为 M16×1.5，其各部分的尺寸如图 3-76 所示（S 为螺母扳手宽度）。

d	D	D_1	S	L	l	a	d_1
M12×1.25	18	16.5	14	19	10	2	4
M16×1.5	22	19.6	17	23	12	2	5
M20×1.5	30	25.4	22	28	15	4	6
M22×1.5	32	25.4	22	29	15	4	7
M27×1.5	38	31.2	27	34	18	4	8

图 3-76　通气器各部分的尺寸

操作步骤

（1）新建文件。

选择菜单栏中的"文件" → "新建"命令，打开"选择样板"对话框，单击"打开"按钮，创建一个新的图形文件。

（2）设置图层。

单击"默认"选项卡"图层"面板中的"图层特性"按钮，打开"图层特性管理器"选项板。在该选项板中依次创建"轮廓线""中心线""剖面线"3 个图层，并设置"轮廓线"图层的线宽为0.30 mm，"中心线"图层的线型为 CENTER2。

（3）绘制图形。

❶ 将"中心线"图层设置为当前图层。单击"默认"选项卡"绘图"面板中的"直线"按钮／，绘制一条竖直中心线。

❷ 将"轮廓线"图层设置为当前图层，单击"默认"选项卡"绘图"面板中的"矩形"按钮▭，绘制一个长度为 22、宽度为 9 的矩形。

❸ 单击"默认"选项卡"修改"面板中的"移动"按钮✛，将绘制的矩形移动到如图 3-77 所示的位置。

❹ 单击"默认"选项卡"修改"面板中的"分解"按钮▱，将图 3-77 中的矩形分解成单独的线段。命令行提示与操作如下：

```
命令：_explode
选择对象：（选择图 3-77 中的矩形）
```

❺ 单击"默认"选项卡"修改"面板中的"偏移"按钮⫷，将图 3-77 中的直线 ab 向上偏移，偏移距离为 2，效果如图 3-78 所示。

❻ 单击"默认"选项卡"修改"面板中的"偏移"按钮⫷，将图 3-78 中的竖直中心线向左、右偏移，偏移距离分别为 4.9 和 9.8，并将偏移的直线转换到"轮廓线"图层，如图 3-79 所示。

❼ 单击"默认"选项卡"修改"面板中的"修剪"按钮✂，修剪多余的线条，效果如图 3-80 所示。

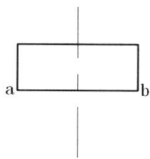

图 3-77　绘制并移动矩形　　图 3-78　偏移直线　　图 3-79　偏移中心线　　图 3-80　修剪结果

❽ 单击"默认"选项卡"绘图"面板中的"圆"按钮⊙，以图 3-80 中的线段 cd 的中点为圆心，绘制半径为 2.5 的圆，效果如图 3-81 所示。

❾ 单击"默认"选项卡"修改"面板中的"偏移"按钮⫷，再次将竖直中心线向左、右偏移，偏移距离分别为 6.8 和 8，并将偏移的直线转换到"轮廓线"图层；然后将图 3-81 中的直线 ab 向下偏移，偏移距离分别为 1.5 和 12，效果如图 3-82 所示。

❿ 单击"默认"选项卡"修改"面板中的"修剪"按钮✂，修剪多余的线条，效果如图 3-83 所示。

⓫ 单击"默认"选项卡"修改"面板中的"偏移"按钮⫷，再次将竖直中心线向左、右偏移，偏移距离为 6.8，并将偏移的直线转换到"剖面线"图层，修剪后的效果如图 3-84 所示。

图 3-81　绘制通气孔　　图 3-82　偏移结果　　图 3-83　修剪结果　　图 3-84　绘制螺纹小径

📢 **注意**：为了提高画图速度，螺纹连接件各个部分的尺寸（除公称长度之外）都可用 d（公称直径）的一定比例画出，称为比例画法或简化画法。对于螺纹来说，其简化画法是使螺纹小径＝0.85×螺纹大径；对于外螺纹来说，螺纹小径用细实线表示，螺纹大径用粗实线表示。

⑫ 单击"默认"选项卡"修改"面板中的"倒角"按钮，对图 3-84 中的 c 点进行倒角，倒角距离为 1。

⑬ 同理，对图 3-84 中的 d 点进行倒角。然后单击"默认"选项卡"绘图"面板中的"直线"按钮，打开对象捕捉功能，捕捉端点，绘制倒角线，效果如图 3-85 所示。

图 3-85　绘制倒角线

⑭ 单击"默认"选项卡"绘图"面板中的"矩形"按钮，绘制一个长度为 30、宽度为 8 的矩形；然后单击"默认"选项卡"修改"面板中的"移动"按钮，将绘制的矩形移动到如图 3-86 所示的位置。

⑮ 单击"默认"选项卡"修改"面板中的"修剪"按钮，修剪多余的线条；然后单击"默认"选项卡"绘图"面板中的"直线"按钮，补充绘制需要添加的直线，效果如图 3-87 所示。

⑯ 将"剖面线"图层设置为当前图层。单击"默认"选项卡"绘图"面板中的"图案填充"按钮，打开"图案填充创建"选项卡，从中选择填充图案为 ANSI31。单击"拾取点"按钮，比例为 0.4，再选择主视图上的相关区域，单击"关闭图案填充创建"按钮，完成剖面线的绘制，效果如图 3-88 所示。

注意： 作剖视图所用的剖切平面沿轴线（或对称中心线）通过实心零件或标准件（如螺栓、双头螺柱、螺钉、螺母、垫圈等）时，这些零件均按不剖绘制，仍画其外形。

⑰ 单击"默认"选项卡"绘图"面板中的"直线"按钮，绘制视孔盖，效果如图 3-89 所示。

图 3-86　移动矩形　　图 3-87　修剪图形　　图 3-88　图案填充　　图 3-89　绘制视孔盖

注意： 通气器多安装在视孔盖上或箱盖上。当安装在钢板制视孔盖上时，用一个扁螺母固定，为防止螺母松动脱落到箱内，可将螺母焊在视孔盖上，如图 3-89 所示。这种形式结构简单，应用广泛。安装在铸造视孔或箱盖上时，要在铸件上添加螺纹孔和端部平面，如图 3-90 所示。

图 3-90　通气器

3.4.10　"拉伸"命令

拉伸对象是指拖拉选择的对象，使其形状发生改变，如图 3-91 所示。拉伸对象时应指定拉伸的基点和移至点。利用一些辅助工具可以提高拉伸的精度。

（a）选择对象　　　　　　　　　　　（b）拉伸后

图 3-91　拉伸

1. 执行方式

- ☑　命令行：STRETCH。
- ☑　菜单栏："修改" → "拉伸"。
- ☑　工具栏："修改" → "拉伸" ⬚。
- ☑　功能区："默认" → "修改" → "拉伸" ⬚。

2. 操作步骤

命令：STRETCH✓
以交叉窗口或交叉多边形选择要拉伸的对象...
选择对象：C✓
指定第一个角点：指定对角点：找到 2 个（采用交叉窗口的方式选择要拉伸的对象）
选择对象：✓
指定基点或 [位移(D)] <位移>：（指定拉伸的基点）
指定第二个点或 <使用第一个点作为位移>：（指定拉伸的移至点）

此时，若指定第二个点，则系统将根据这两个点决定的矢量拉伸对象。若直接按 Enter 键，则系统会把第一个点作为 X 和 Y 轴的分量值。

STRETCH 命令会拉伸完全包含在交叉窗口内的顶点和端点，部分包含在交叉选择窗口内的对象将被拉伸，如图 3-91 所示。

📢 **注意**：用交叉窗口选择拉伸对象后，落在交叉窗口内的端点被拉伸，而落在外部的端点保持不变。

3.4.11 "拉长" 命令

1. 执行方式

- ☑　命令行：LENGTHEN。
- ☑　菜单栏："修改" → "拉长"。
- ☑　功能区："默认" → "修改" → "拉长" ╱。

2. 操作步骤

命令：LENGTHEN✓
选择要测量的对象或 [增量(DE)/百分比(P)/总计(T)/动态(DY)]：（选定对象）
当前长度：30.5001（给出选定对象的长度，如果选择圆弧，则还将给出圆弧的包含角）
选择要测量的对象或 [增量(DE)/百分比(P)/总计(T)/动态(DY)]：DE✓（选择拉长或缩短的方式，如选择 "增量" 方式）
输入长度增量或 [角度(A)] <0.0000>：10✓（输入长度增量数值。如果选择圆弧段，则可输入选项 "A" 给定角度增量）
选择要修改的对象或 [放弃(U)]：（选定要修改的对象，进行拉长操作）
选择要修改的对象或 [放弃(U)]：（继续选择，按 Enter 键结束命令）

3. 选项说明

- ☑　增量(DE)：用指定增加量的方法改变对象的长度或角度。
- ☑　百分比(P)：用指定占总长度的百分比的方法改变圆弧或线段的长度。
- ☑　总计(T)：用指定新的总长度或总角度值的方法来改变对象的长度或角度。
- ☑　动态(DY)：打开动态拖拉模式。在这种模式下，可以使用拖动鼠标的方法来动态地改变对象的长度或角度。

3.4.12 "缩放"命令

1. 执行方式

- ☑ 命令行：SCALE。
- ☑ 菜单栏："修改"→"缩放"。
- ☑ 工具栏："修改"→"缩放"🔲。
- ☑ 功能区："默认"→"修改"→"缩放"🔲。
- ☑ 快捷菜单：选择要缩放的对象，在绘图区右击，在打开的快捷菜单中选择"缩放"命令。

2. 操作步骤

```
命令：SCALE✓
选择对象：(选择要缩放的对象)
选择对象：✓
指定基点：(指定缩放操作的基点)
指定比例因子或 [复制(C)/参照(R)] <1.0000>:
```

3. 选项说明

（1）采用参考方向缩放对象时，系统提示如下：

```
指定参照长度 <1>:(指定参考长度值)
指定新的长度或 [点(P)] <1.0000>:(指定新长度值)
```

若新长度值大于参考长度值，则放大对象；否则，缩小对象。操作完毕后，系统以指定的基点按指定的比例因子缩放对象。如果选择"点"选项，则指定两点来定义新的长度。

（2）可以用拖动鼠标的方法缩放对象。选择对象并指定基点后，从基点到当前光标位置会出现一条连线，线段的长度即为比例大小。移动鼠标时，选择的对象会动态地随着该连线长度的变化而进行缩放，按 Enter 键可确认缩放操作。

（3）选择"复制"选项时，可以复制缩放对象，即缩放对象时保留原对象，如图 3-92 所示。

缩放前　　　　　　　缩放后

图 3-92　复制缩放

3.4.13 "延伸"命令

"延伸"命令是指延伸对象直至另一个对象的边界线，如图 3-93 所示。

选择边界　　　选择要延伸的对象　　　执行结果

图 3-93　延伸对象

1. 执行方式

☑   命令行：EXTEND。
☑   菜单栏："修改" → "延伸"。
☑   工具栏："修改" → "延伸" ⇥|。
☑   功能区："默认" → "修改" → "延伸" ⇥|。

2. 操作步骤

命令：EXTEND✓
当前设置：投影=UCS，边=无，模式=标准
选择边界边...
选择对象或 [模式(O)] <全部选择>：（选择边界对象）

此时可以选择对象来定义边界。若直接按 Enter 键，则选择所有对象作为可能的边界对象。

系统规定可以用作边界对象的对象有线段、射线、双向无限长线、圆弧、圆、椭圆、二维和三维多段线、样条曲线、文本、浮动的视口和区域。如果选择二维多段线作为边界对象，则系统会忽略其宽度而把对象延伸至多段线的中心线。

选择边界对象后，系统继续提示：

选择要延伸的对象，或按住 Shift 键选择要修剪的对象，或 [边界边(B)/栏选(F)/窗交(C)/模式(O)/投影(P)/边(E)]：

"延伸"命令与"修剪"命令操作方式类似。

3.4.14 "圆角"命令

圆角是指用指定半径的一段平滑的圆弧连接两个对象。系统规定可以圆滑连接一对直线段、非圆弧的多段线、样条曲线、双向无限长线、射线、圆、圆弧和椭圆。可以在任何时刻圆滑连接多段线的每个节点。

1. 执行方式

☑   命令行：FILLET。
☑   菜单栏："修改" → "圆角"。
☑   工具栏："修改" → "圆角" ⌐。
☑   功能区："默认" → "修改" → "圆角" ⌐。

2. 操作步骤

命令：FILLET✓
当前设置：模式=修剪，半径=0.0000
选择第一个对象或 [放弃(U)/多段线(P)/半径(R)/修剪(T)/多个(M)]：（选择第一个对象或输入其他选项）
选择第二个对象，或按住 Shift 键选择对象以应用角点或 [半径(R)]：（选择第二个对象）

3. 选项说明

☑   多段线(P)：在一条二维多段线的两段直线段的节点处插入圆滑的弧。选择多段线后，系统会根据指定的圆弧半径把多段线各顶点用圆滑的弧连接起来。
☑   修剪(T)：决定在圆滑连接两条边时是否修剪这两条边，如图 3-94 所示。
☑   多个(M)：同时对多个对象进行圆角编辑，而不必重

（a）修剪方式   （b）不修剪方式

图 3-94   圆角连接

新调用命令。

☑　按住 Shift 键并选择两条直线，可以快速创建零距离倒角或零半径圆角。

3.4.15　实例——绘制实心带轮

本实例将结合"延伸""倒角""圆角"等命令绘制实心带轮，绘制流程如图 3-95 所示。

图 3-95　实心带轮

操作步骤

（1）新建文件。

选择菜单栏中的"文件"→"新建"命令，打开"选择样板"对话框，单击"打开"按钮，创建一个新的图形文件。

（2）设置图层。

单击"默认"选项卡"图层"面板中的"图层特性"按钮🗂️，打开"图层特性管理器"选项板。在该选项板中依次创建"轮廓线""中心线""剖面线"3 个图层，并设置"轮廓线"图层的线宽为 0.30 mm，设置"中心线"图层的线型为 CENTER2。

（3）绘制轮廓线。

❶ 将"中心线"图层设置为当前图层。单击"默认"选项卡"绘图"面板中的"直线"按钮╱，沿水平方向绘制一条中心线。然后单击"默认"选项卡"修改"面板中的"偏移"按钮⊏，将绘制的水平中心线向上偏移，偏移距离分别为 15、32、36、45、49，并将偏移的直线转换到"轮廓线"图层，效果如图 3-96 所示。

❷ 将"轮廓线"图层设置为当前图层。单击"默认"选项卡"绘图"面板中的"直线"按钮╱，沿竖直方向绘制一条直线。然后单击"默认"选项卡"修改"面板中的"偏移"按钮⊏，将刚绘制的竖直直线向右偏移，偏移的距离分别为 10、25、35、45，效果如图 3-97 所示。

（4）绘制中心线。

将图 3-97 中的直线 A、B 和水平线 C 转换到"中心线"图层，然后单击"默认"选项卡"修改"面板中的"修剪"按钮✂，修剪多余的线段，效果如图 3-98 所示。

（5）绘制轮齿。

❶ 单击"默认"选项卡"修改"面板中的"偏移"按钮⊏，将左边的一条竖直中心线向左偏移 5.5，与最上方的水平中心线产生一个交点。单击"默认"选项卡"绘图"面板中的"直线"按钮╱，通过该交点向右下方绘制一条角度为-73°的直线。

❷ 单击"默认"选项卡"修改"面板中的"延伸"按钮➡，将步骤❶中绘制的角度为-73°的直线

向左上方延伸到最上方水平线位置。命令行提示与操作如下：

图 3-96　偏移水平线　　　图 3-97　偏移竖直线　　　图 3-98　修剪结果

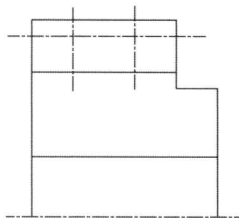

```
命令：_extend
当前设置：投影=UCS，边=无，模式=标准
选择边界边...
选择对象或 [模式(O)] <全部选择>：（选择最上方水平线）
选择对象：✓
选择要延伸的对象，或按住 Shift 键选择要修剪的对象，或 [边界边(B)/栏选(F)/窗交(C)/模式(O)/
投影(P)/边€]：（选择-73°直线）
选择要延伸的对象，或按住 Shift 键选择要修剪的对象，或 [边界边(B)/栏选(F)/窗交(C)/模式(O)/
投影(P)/边€]：✓
```

效果如图 3-99 所示。

❸ 单击"默认"选项卡"修改"面板中的"镜像"按钮⚞，选择图 3-99 中绘制的斜线为镜像对象，以中心线 m 为镜像线，镜像结果如图 3-100 所示。

❹ 单击"默认"选项卡"修改"面板中的"偏移"按钮⊆，将图 3-100 中的竖直中心线 n 向左偏移 5.5，与最上方水平中心线交于一点。单击"默认"选项卡"绘图"面板中的"直线"按钮╱和"修改"面板中的"延伸"按钮⊐，通过该交点绘制另一条角度为-73°的直线，并延伸到最上方水平线位置，效果如图 3-101 所示。

❺ 单击"默认"选项卡"修改"面板中的"镜像"按钮⚞，选择图 3-101 中绘制的斜线为镜像对象，以中心线 n 为镜像线，镜像结果如图 3-102 所示。

图 3-99　绘制斜线　　　图 3-100　镜像结果　　　图 3-101　绘制斜线　　　图 3-102　镜像结果

❻ 单击"默认"选项卡"修改"面板中的"修剪"按钮▼和"删除"按钮▰，修剪并删除多余的直线，效果如图 3-103 所示。

（6）绘制轮孔。

❶ 单击"默认"选项卡"修改"面板中的"倒角"按钮▱，设置倒角距离为2，对带轮图形进行倒角，效果如图 3-104（a）所示。

❷ 单击"默认"选项卡"绘图"面板中的"直线"按钮╱和"修改"面板中的"修剪"按钮▼，绘制倒角线，并进一步修剪完善图形，效果如图 3-104（b）所示。

❸ 单击"默认"选项卡"修改"面板中的"圆角"按钮▱，命令行提示与操作如下：

```
命令：_fillet
当前设置：模式=不修剪，半径=0.0000
选择第一个对象或 [放弃(U)/多段线(P)/半径(R)/修剪(T)/多个(M)]：T↙
输入修剪模式选项 [修剪(T)/不修剪(N)] <不修剪>：T↙
选择第一个对象或 [放弃(U)/多段线(P)/半径(R)/修剪(T)/多个(M)]：R↙
指定圆角半径 <0.0000>：2↙
选择第一个对象或 [放弃(U)/多段线(P)/半径(R)/修剪(T)/多个(M)]：[选择图3-104（b）中的直线
mn]
选择第二个对象，或按住Shift键选择对象以应用角点或 [半径(R)]：[选择图3-104（b）中的直线hm]
```

图 3-103　修剪结果　　　　　图 3-104　绘制倒角

❹ 使用同样的方法对其他角点绘制圆角，效果如图 3-105 所示。

（7）镜像带轮。

单击"默认"选项卡"修改"面板中的"镜像"按钮，以图 3-106 中选中部分为镜像对象，以中心线 xy 为镜像线，镜像结果如图 3-107 所示。

（8）图案填充。

将"剖面线"图层设置为当前图层。单击"默认"选项卡"绘图"面板中的"图案填充"按钮，打开"图案填充创建"选项卡，从中选择填充图案为 ANSI31，将"图案填充角度"设置为 0，将"填充图案比例"设置为 1，其他为默认值。单击"拾取点"按钮，再选择主视图上的相关区域，单击"关闭图案填充创建"按钮，完成剖面线的绘制，效果如图 3-108 所示。

图 3-105　绘制圆角　　图 3-106　选择镜像对象　　图 3-107　镜像结果　　图 3-108　图案填充结果

3.4.16　"打断"命令

1. 执行方式

☑　命令行：BREAK。
☑　菜单栏："修改"→"打断"。
☑　工具栏："修改"→"打断"。

☑　功能区："默认"→"修改"→"打断"凸。

2．操作步骤

命令：BREAK✓
选择对象：（选择要打断的对象）
指定第二个打断点或 [第一点(F)]：（指定第二个打断点或输入"F"）

3．选项说明

如果选择"第一点"选项，则系统将丢弃前面的第一个选择点，重新提示用户指定两个断开点。

3.4.17　"打断于点"命令

"打断于点"命令与"打断"命令类似，是指在对象上指定一点，从而把该对象在此点拆分成两部分。

1．执行方式

☑　工具栏："修改"→"打断于点"□。
☑　功能区："默认"→"修改"→"打断于点"□。

2．操作步骤

命令：_breakatpoint
选择对象：（选择要打断的对象）
指定打断点：（选择打断点）

3.4.18　"光顺曲线"命令

在两条选定直线或曲线之间的间隙中创建样条曲线。

1．执行方式

☑　命令行：BLEND。
☑　菜单栏："修改"→"光顺曲线"。
☑　工具栏："修改"→"光顺曲线"〜。
☑　功能区："默认"→"修改"→"光顺曲线"〜。

2．操作步骤

命令：BLEND✓
连续性=相切
选择第一个对象或 [连续性(CON)]：CON✓
输入连续性 [相切(T)/平滑(S)] <相切>：✓
选择第一个对象或 [连续性(CON)]：
选择第二个点：

3．选项说明

☑　连续性(CON)：在两种过渡类型中指定一种。
☑　相切(T)：创建一条 3 阶样条曲线，在选定对象的端点处具有相切（G1）连续性。
☑　平滑(S)：创建一条 5 阶样条曲线，在选定对象的端点处具有曲率（G2）连续性。如果选择"平滑"选项，则不要将显示从控制点切换为拟合点，否则会将样条曲线更改为 3 阶，从而改变样条曲线的形状。

3.5 对象特性修改命令

在编辑对象时，还可以对图形对象本身的某些特性进行编辑，从而方便地进行图形绘制。

3.5.1 钳夹功能

利用钳夹功能可以快速、方便地编辑对象。AutoCAD 在图形对象上定义了一些特殊点，称为夹点，利用它们可以灵活地控制对象，如图 3-109 所示。

要使用钳夹功能编辑对象，必须先打开钳夹功能。打开方法：选择"工具"→"选项"命令，在打开的对话框中选择"选择集"选项卡，在"夹点"选项组中选中"显示夹点"复选框即可。

图 3-109 夹点

> 💡 提示：在"选择集"选项卡中还可以设置代表夹点的小方格的尺寸和颜色。

除了上述方法，还可以通过 GRIPS 系统变量控制是否打开钳夹功能，1 代表打开，0 代表关闭。

打开钳夹功能后，应该在编辑对象前先选择对象。夹点表示对象的控制位置。

使用钳夹功能编辑对象时，要选择一个夹点作为基点，称为基准夹点。然后，选择一种编辑操作，如删除、移动、复制选择、旋转和缩放等。可以用空格键、Enter 键或其他快捷键循环选择这些功能。

下面以拉伸对象操作为例进行讲解，其他操作类似。

在图形上拾取一个夹点，该夹点将改变颜色，此夹点即为钳夹编辑的基准夹点。此时系统提示如下：

```
** 拉伸 **
指定拉伸点或 [基点(B)/复制(C)/放弃(U)/退出(X)]：
```

在上述拉伸编辑提示下输入缩放命令或右击在打开的快捷菜单中选择"缩放"命令，系统就会将该操作转换为"缩放"操作，其他操作类似。

3.5.2 "特性"选项板

1. 执行方式

☑ 命令行：DDMODIFY 或 PROPERTIES。

☑ 菜单栏："修改"→"特性"。

☑ 工具栏："标准"→"特性"▤。

☑ 功能区："视图"→"选项板"→"特性"▤。

☑ 快捷键：Ctrl+1。

2. 操作步骤

```
命令：DDMODIFY↙
```

利用 AutoCAD 2026 提供的"特性"选项板（见图 3-110），可以方便地设置或修改对象的各种属性。不同的对象具有不同类型的属性和不同的属性值，修改属性值后，对象将改变为新的属性。

图 3-110 "特性"选项板

3.5.3　特性匹配

利用特性匹配功能可以将目标对象的属性与源对象的属性进行匹配，使目标对象的属性变为与源对象相同的属性。在机械设计中，该功能常用于方便、快捷地修改对象属性，并使不同对象的属性相同。

1. 执行方式

- ☑　命令行：MATCHPROP。
- ☑　菜单栏："修改"→"特性匹配"。
- ☑　工具栏："标准"→"特性匹配" 🖼。
- ☑　功能区："默认"→"特性"→"特性匹配" 🖼。

2. 操作步骤

命令：MATCHPROP✓
选择源对象：（选择源对象）
当前活动设置：颜色 图层 线型 线型比例 线宽 透明度 厚度 打印样式 标注 文字 图案填充 多段线 视口 表格 材质 多重引线 中心对象
选择目标对象或[设置(S)]：（选择目标对象）

如图 3-111（a）所示为两个不同属性的对象，以左边的圆为源对象，对右边的矩形进行属性匹配，结果如图 3-111（b）所示。

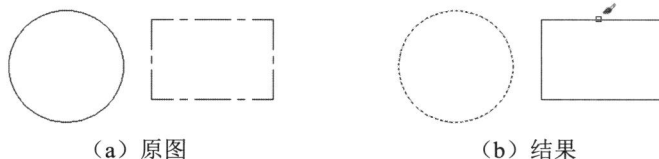

（a）原图　　　　　　（b）结果

图 3-111　特性匹配

3.6　对象约束

对象约束能够精确地控制草图中的对象。草图约束有两种类型：几何约束和尺寸约束。

几何约束可建立草图对象的几何特性（如要求某一直线具有固定长度）或者两个或更多草图对象的关系类型（如要求两条直线相互垂直或平行，或是几个弧具有相同的半径）。在绘图区，用户可以使用"参数化"选项卡内的"全部显示""全部隐藏"或"显示/隐藏"来显示有关信息，并显示代表这些约束的直观标记（如图 3-112 所示的水平标记 ⚞ 和共线标记 ⤢）。

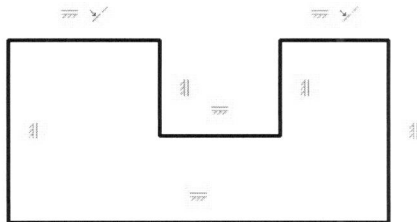

图 3-112　"几何约束"示意图

尺寸约束可建立草图对象的大小（如直线的长度、圆弧的半径等）或者两个对象之间的关系（如两点之间的距离），如图 3-113 所示为一带有尺寸约束的示例。

图 3-113　"尺寸约束"示意图

3.6.1　建立几何约束

使用几何约束，可以指定草图对象必须遵守的条件，或草图对象之间必须维持的关系。几何约束面板及工具栏（面板在功能区 ❶ "参数化"选项卡下的 ❷ "几何"面板中）如图 3-114 所示，其中主要几何约束选项的功能如表 3-1 所示。

图 3-114　"几何"面板及"几何约束"工具栏

表 3-1　几何约束选项的功能

约 束 模 式	功　　能
重合	约束两个点，使其重合，或者约束一个点，使其位于曲线（或曲线的延长线）上。既可以使对象上的约束点与某个对象重合，也可以使其与另一对象上的约束点重合
共线	使两条或多条直线段沿同一直线方向
同心	将两个圆弧、圆或椭圆约束到同一个中心点，结果与将重合约束应用于曲线的中心点所产生的结果相同
固定	将几何约束应用于一对对象时，选择对象的顺序以及选择每个对象的点可能会影响对象彼此间的放置方式
平行	使选定的直线位于彼此平行的位置。平行约束在两个对象之间应用
垂直	使选定的直线位于彼此垂直的位置。垂直约束在两个对象之间应用
水平	使直线或点对位于与当前坐标系的 X 轴平行的位置。默认选择类型为对象
竖直	使直线或点对位于与当前坐标系的 Y 轴平行的位置
相切	将两条曲线约束为保持彼此相切或其延长线保持彼此相切。相切约束在两个对象之间应用
平滑	将样条曲线约束为连续，并与其他样条曲线、直线、圆弧或多段线保持 G2 连续性
对称	使选定对象受对称约束，相对于选定直线对称
相等	将选定的圆弧或圆重新调整为半径相同的圆弧或圆；将选定的线段重新调整为长度相同的线段

绘图中可指定二维对象或对象上的点之间的几何约束。之后编辑受约束的几何图形时，将保留约束。因此，通过使用几何约束，可以在图形中包含设计要求。

3.6.2　几何约束设置

在使用 AutoCAD 2026 绘图时，可以控制约束栏的显示。通过"约束设置"对话框中的"几何"选项卡（见图 3-115），可以控制约束栏上显示或隐藏的几何约束类型。可单独或全局显示/隐藏几何约束和约束栏。具体可执行以下操作。

- ☑　显示（或隐藏）所有的几何约束。
- ☑　显示（或隐藏）指定类型的几何约束。
- ☑　显示（或隐藏）所有与选定对象相关的几何约束。

1. 执行方式

- ☑　命令行：CONSTRAINTSETTINGS。
- ☑　菜单栏："参数"→"约束设置"。
- ☑　工具栏："参数化"→"约束设置" ⌧。
- ☑　功能区："参数化"→"几何"→"约束设置，几何" ↘。

2. 操作步骤

命令：CONSTRAINTSETTINGS✓

执行上述命令后，❶打开"约束设置"对话框。❷在该对话框中选择"几何"选项卡，从中可以控制约束栏上约束类型的显示，如图 3-115 所示。

图 3-115　"约束设置"对话框的"几何"
选项卡

3. 选项说明

（1）"约束栏显示设置"选项组：控制图形编辑器中是否为对象显示约束栏或约束点标记。例如，可以为水平约束和竖直约束隐藏约束栏的显示。

（2）"全部选择"按钮：选择几何约束类型。

（3）"全部清除"按钮：清除选定的几何约束类型。

（4）"仅为处于当前平面中的对象显示约束栏"复选框：仅为当前平面中受几何约束的对象显示约束栏。

（5）"约束栏透明度"选项组：设置图形中约束栏的透明度。

（6）"将约束应用于选定对象后显示约束栏"复选框：手动应用约束后或使用 AUTOCONSTRAIN 命令时显示相关约束栏。

3.6.3　实例——绘制同心相切圆

本实例主要介绍"几何约束"命令的使用方法，绘制同心相切圆的流程如图 3-116 所示。

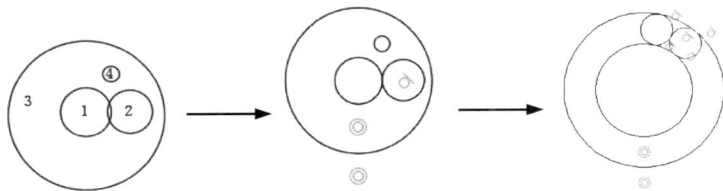

图 3-116　同心相切圆

操作步骤

（1）绘制圆。

单击"默认"选项卡"绘图"面板中的"圆"按钮⊙，以适当半径绘制 4 个圆，结果如图 3-117 所示。

（2）添加几何约束。

❶ 在任意工具栏上右击，在打开的快捷菜单中选择"几何约束"命令，打开"几何约束"工具栏，如图 3-114 所示。

❷ 单击"参数化"选项卡"几何"面板中的"相切"按钮，使两圆相切。命令行提示与操作如下：

命令：_GcTangent
选择第一个对象：（使用鼠标选择圆 1）
选择第二个对象：（使用鼠标选择圆 2）

❸ 系统自动将圆 2 向左移动，使其与圆 1 相切，结果如图 3-118 所示。

❹ 单击"参数化"选项卡"几何"面板中的"同心"按钮◎，使其中两圆同心。命令行提示与操作如下：

命令：_GcConcentric
选择第一个对象：（选择圆 1）
选择第二个对象：（选择圆 3）

系统自动建立同心的几何关系，如图 3-119 所示。

图 3-117 绘制圆　　图 3-118 建立相切几何关系　　图 3-119 建立同心几何关系

❺ 以同样的方法，使圆 3 与圆 2 建立相切几何约束，如图 3-120 所示。
❻ 以同样的方法，使圆 1 与圆 4 建立相切几何约束，如图 3-121 所示。
❼ 以同样的方法，使圆 4 与圆 2 建立相切几何约束，如图 3-122 所示。

图 3-120 建立圆 3 与圆 2 相切几何关系　　图 3-121 建立圆 1 与圆 4 相切几何关系　　图 3-122 建立圆 4 与圆 2 相切几何关系

❽ 以同样的方法，使圆 3 与圆 4 建立相切几何约束，最终结果如图 3-116 所示。

3.7　综合实例——绘制带式运输机传动方案简图

本综合实例将结合 AutoCAD 的各个知识点，以减速器项目的设计过程为指引，向读者全面展示 AutoCAD 在机械设计领域的应用过程。下面绘制带式运输机传动方案简图，其流程如图 3-123 所示。

图 3-123　带式运输机传动方案简图

3.7.1　绘制电动机

（1）新建文件。

选择菜单栏中的"文件"→"新建"命令，打开"选择样板"选项板，单击"打开"按钮，创建一个新的图形文件。

（2）设置图层。

单击"默认"选项卡"图层"面板中的"图层特性"按钮，打开"图层特性管理器"选项板。在该选项板中依次创建"轮廓线""中心线""剖面线"3 个图层，并设置"轮廓线"图层的线宽为 0.3 mm，设置"中心线"图层的线型为 CENTER2，如图 3-124 所示。

图 3-124　"图层特性管理器"选项板

（3）绘制电动机。

❶ 将"中心线"图层设置为当前图层，单击"默认"选项卡"绘图"面板中的"直线"按钮╱，绘制一条竖直中心线；将"轮廓线"图层设置为当前图层，然后单击"默认"选项卡"绘图"面板中的"矩形"按钮▭，以刚才绘制的中心线的上端点为起始点，绘制一个长为 14、宽为 6 的矩形，如图 3-125 所示。

❷ 单击"默认"选项卡"修改"面板中的"移动"按钮✛，将图 3-125 中绘制的矩形向左移动 7，向下移动 3，效果如图 3-126 所示。

❸ 单击"默认"选项卡"绘图"面板中的"矩形"按钮▭，以图 3-126 中的 A 点为起点，绘制一个长为 18、宽为 16 的矩形；然后单击"默认"选项卡"修改"面板中的"移动"按钮✛，将绘制的矩形向左移动 9；接着用同样的方法绘制一个长为 14、宽为 5 的矩形，效果如图 3-127 所示。

❹ 单击"默认"选项卡"修改"面板中的"分解"按钮▱，将图 3-127 中的矩形进行分解。

❺ 单击"默认"选项卡"修改"面板中的"圆角"按钮⌒，对图 3-127 中的 A、B、C、D 点执行圆角操作，设置圆角半径为 2.5，最终效果如图 3-128 所示。

图 3-125　绘制矩形	图 3-126　移动矩形	图 3-127　绘制矩形	图 3-128　圆角结果

3.7.2　绘制传送带

（1）绘制皮带。

❶ 单击"默认"选项卡"绘图"面板中的"直线"按钮╱，绘制一条长为 80 的水平直线。

❷ 单击"默认"选项卡"修改"面板中的"偏移"按钮⊆，将步骤❶中绘制的直线向下偏移，偏移距离分别为 1、5、6，效果如图 3-129 所示。

（2）绘制带轮。

❶ 单击"默认"选项卡"绘图"面板中的"直线"按钮╱，连接图 3-129 中的 A 和 B 两点，并将线段 AB 向右偏移，偏移距离分别为 11、60、80，效果如图 3-130 所示。

图 3-129　绘制并偏移直线	图 3-130　偏移直线

❷ 单击"默认"选项卡"修改"面板中的"修剪"按钮✂，修剪图 3-130 中的线段 CD 和 EF，效果如图 3-131 所示。

（3）连接电动机与传送带。

单击"默认"选项卡"修改"面板中的"移动"按钮✛，将图 3-131 中绘制的传送带由图 3-131 中的线段 MN 的中点移动到图 3-128 中的 E 点，最终效果如图 3-132 所示。

图 3-131　修剪直线

图 3-132　移动图形

3.7.3　绘制减速器

（1）单击"默认"选项卡"绘图"面板中的"矩形"按钮▭，绘制长为 50、宽为 20 的矩形，效果如图 3-133 所示。

（2）单击"默认"选项卡"修改"面板中的"分解"按钮，将图 3-133 中的矩形进行分解。

（3）单击"默认"选项卡"修改"面板中的"偏移"按钮，将图 3-133 中的线段 AB 进行偏移，偏移距离分别为 20 和 40，效果如图 3-134 所示。

图 3-133　绘制矩形

（4）单击"默认"选项卡"绘图"面板中的"矩形"按钮▭，以图 3-134 中的 A 点为起点，绘制一个长为 30、宽为 6 的矩形。然后单击"默认"选项卡"修改"面板中的"移动"按钮，将绘制的矩形向下移动 7，向右移动 5。用相同的方法，以 A 为起点绘制长为 10、宽为 7 的矩形；然后单击"默认"选项卡"修改"面板中的"移动"按钮，将绘制的矩形向下移动 6.5，向右移动 35，效果如图 3-135 所示。

（5）单击"默认"选项卡"修改"面板中的"偏移"按钮，将图 3-135 中的线段 CD 和 EF 分别向左、右各偏移 0.5，将线段 AE 向下偏移 1，将线段 BF 向上偏移 1，效果如图 3-136 所示。

图 3-134　偏移直线

图 3-135　绘制并移动矩形

图 3-136　偏移直线

（6）单击"默认"选项卡"修改"面板中的"修剪"按钮，修剪图 3-136 中多余的直线，效果如图 3-137 所示。

（7）单击"默认"选项卡"修改"面板中的"镜像"按钮，将图 3-138 中的虚线部分以直线 AE 为对称线镜像处理。

（8）用相同的方法对下面的短线进行镜像处理，并向外延长线段 CD 和 EF，延长的距离为 2，最终效果如图 3-139 所示。

图 3-137　修剪结果

图 3-138　选择对象

图 3-139　镜像结果

3.7.4　绘制卷筒

（1）单击"默认"选项卡"绘图"面板中的"矩形"按钮 ▭，绘制长为 10、宽为 16 的矩形，效果如图 3-140 所示。

（2）单击"默认"选项卡"绘图"面板中的"矩形"按钮 ▭，以图 3-140 中的 A 点为起点，绘制一个长为 45、宽为 10 的矩形，然后单击"默认"选项卡"修改"面板中的"移动"按钮 ✥，将绘制的矩形向下移动 3，效果如图 3-141 所示。

（3）单击"默认"选项卡"绘图"面板中的"样条曲线拟合"按钮 ∿，以图 3-141 中的 M 点为起点绘制样条曲线；然后单击"默认"选项卡"修改"面板中的"分解"按钮 ⬚，将两个矩形进行分解；最后单击"默认"选项卡"修改"面板中的"修剪"按钮 ✂ 和"删除"按钮 ⬚，修剪并删除多余的线段，效果如图 3-142 所示。

图 3-140　绘制矩形　　　　　图 3-141　绘制并移动矩形　　　　　图 3-142　绘制样条曲线

（4）单击"默认"选项卡"修改"面板中的"移动"按钮 ✥，将卷筒和减速器用联轴器连接起来，效果如图 3-143 所示。

（5）单击"默认"选项卡"修改"面板中的"移动"按钮 ✥，将图 3-132 中的电动机和传送带与图 3-143 中的卷筒和减速器连接起来，并补画其他图形，最终效果如图 3-144 所示。

图 3-143　连接卷筒与减速器　　　　　图 3-144　带式运输机传动方案简图

3.8　实践与操作

通过前面的学习，读者对二维编辑命令已经有了大体的了解，本节将通过 3 个实践操作练习帮助读者进一步掌握本章的知识要点。

3.8.1 绘制均布结构图形

1. 目的要求

本练习设计的图形是一个常见的机械零件，如图 3-145 所示。在绘制的过程中，除了要用到"直线"和"圆"等基本绘图命令，还要用到"修剪"和"环形阵列"等编辑命令。通过本练习，可以帮助读者进一步掌握"修剪"和"阵列"等编辑命令的用法。

2. 操作提示

（1）设置新图层。

（2）绘制中心线和基本轮廓。

（3）进行阵列编辑。

（4）进行修剪编辑。

图 3-145　均布结构图形

3.8.2 绘制支架

1. 目的要求

本练习主要利用基本二维绘图命令将支架的外轮廓绘制出来，然后利用"多段线"命令将其合并，再利用"偏移"命令完成整个图形的绘制，如图 3-146 所示。

2. 操作提示

（1）新建图层。

（2）绘制辅助线和圆。

（3）偏移辅助线。

（4）修剪图形。

图 3-146　支架

3.8.3 绘制挂轮架

1. 目的要求

该挂轮架主要由直线、相切的圆及圆弧组成，因此可利用"直线""圆""圆弧"命令，并配合"修剪"命令来绘制图形。挂轮架的上部是对称的结构，可以利用"镜像"命令对其进行操作。其中的圆角均采用"圆角"命令绘出，如图 3-147 所示。

2. 操作提示

（1）绘制中心线和辅助线。

（2）绘制挂轮架中部图形。

（3）绘制挂轮架右部图形。

（4）绘制挂轮架上部图形。

图 3-147　挂轮架

第4章

文本、表格与尺寸标注

　　文字注释是图形中十分重要的一部分内容，进行各种设计时，通常不仅要绘出图形，还要在图形中标注一些文字，如技术要求、注释说明等，以对图形对象加以解释。AutoCAD 提供了多种写入文字的方法，本章将介绍文本的注释和编辑功能。图表在 AutoCAD 图形中也有大量的应用，如明细表、参数表和标题栏等，AutoCAD 新增的图表功能使绘制图表变得更加方便快捷。尺寸标注是绘图设计过程中相当重要的一个环节，AutoCAD 2026 提供了方便、准确的尺寸标注功能。

4.1　文　　本

　　文本是建筑图形的基本组成部分，常用于图签、说明、图纸目录等内容中。本节将讲解文本标注的基本方法。

4.1.1　设置文本样式

　　1. 执行方式

☑　命令行：STYLE 或 DDSTYLE。
☑　菜单栏："格式"→"文字样式"。
☑　工具栏："文字"→"文字样式" **A** 或"样式"→"文字样式" **A**。
☑　功能区："默认"→"注释"→"文字样式" **A**。

　　2. 操作步骤

　　执行上述命令后，系统将打开"文字样式"对话框，如图 4-1 所示。利用该对话框可以新建文字样式或修改当前文字样式，如图 4-2～图 4-4 所示为各种文字样式。

图 4-1 "文字样式"对话框

图 4-2 不同宽度比例、不同 倾斜角度、不同高度的字体

（a） （b）

图 4-3 文字颠倒标注与反向标注

图 4-4 文字垂直标注

4.1.2 单行文本标注

1. 执行方式

☑ 命令行：TEXT 或 DTEXT。
☑ 菜单栏："绘图"→"文字"→"单行文字"。
☑ 工具栏："文字"→"单行文字" A。
☑ 功能区："默认"→"注释"→"单行文字" A 或"注释"→"文字"→"单行文字" A。

2. 操作步骤

命令：TEXT✓
当前文字样式："Standard" 文字高度：2.5000 注释性：否 对正：左
指定文字的起点或 [对正(J)/样式(S)]：

3. 选项说明

（1）指定文字的起点。
在此提示下直接在作图屏幕上点取一点作为文本的起始点，AutoCAD 提示：

指定高度 <0.2000>：（确定字符的高度）
指定文字的旋转角度 <0>：（确定文本行的倾斜角度）
（输入文本或按 Enter 键）
……

（2）对正（J）。
在上面的提示下输入"J"，用来确定文本的对齐方式，对齐方式决定文本的哪一部分与所选的插入点对齐。执行此选项，AutoCAD 提示：

输入选项 [左 (L) /居中 (C) /右 (R) /对齐 (A) /中间 (M) /布满 (F) /左上 (TL) /中上 (TC) /右上 (TR) /左中 (ML) /正中 (MC) /右中 (MR) /左下 (BL) /中下 (BC) /右下 (BR)]：

在此提示下选择一个选项作为文本的对齐方式。当文本串水平排列时，AutoCAD 为标注文本串定义了如图 4-5 所示的底线、基线、中线和顶线。各种对齐方式如图 4-6 所示，图中大写字母对应上述提示中的各个命令。下面以"对齐"为例进行简要说明。

图 4-5　文本行的底线、基线、中线和顶线

图 4-6　文本的对齐方式

实际绘图时，有时需要标注一些特殊字符，如直径符号、上画线或下画线、温度符号等，由于这些符号不能直接从键盘上输入，所以 AutoCAD 提供了一些控制码，用来实现这些要求。控制码用两个百分号（%%）加一个字符构成，常用的控制码如表 4-1 所示。

表 4-1　AutoCAD 常用控制码

符　号	功　能	符　号	功　能
%%O	上画线	\U+0278	电相位
%%U	下画线	\U+E101	流线
%%D	"度数"符号	\U+2261	恒等于
%%P	"正/负"符号	\U+E102	界碑线
%%C	"直径"符号	\U+2260	不相等
%%%	百分号（%）	\U+2126	欧姆
\U+2248	几乎相等	\U+03A9	欧米加
\U+2220	角度	\U+214A	地界线
\U+E100	边界线	\U+2082	下标 2
\U+2104	中心线	\U+00B2	平方
\U+0394	差值		

4.1.3　多行文本标注

1. 执行方式

☑　命令行：MTEXT。

☑　菜单栏："绘图"→"文字"→"多行文字"。

☑　工具栏："绘图"→"多行文字" A 或"文字"→"多行文字" A。

☑　功能区："默认"→"注释"→"多行文字" A 或"注释"→"文字"→"多行文字" A。

2. 操作步骤

命令：MTEXT↙
当前文字样式："说明"　文字高度：3.0000　注释性：是
指定第一个角点：(指定矩形框的第一个角点)
指定对角点或 [高度 (H) /对正 (J) /行距 (L) /旋转 (R) /样式 (S) /宽度 (W) /栏 (C)]：

3．选项说明

（1）指定对角点。

直接在屏幕上点取一个点作为矩形框的第二个角点，AutoCAD 以这两个点为对角点形成一个矩形区域，其宽度作为将来要标注的多行文本的宽度，而且第一个点作为第一行文本顶线的起点。系统打开如图 4-7 所示的"文字编辑器"选项卡和多行文字编辑器，可利用此选项卡与编辑器输入多行文本并对其格式进行设置。该选项卡与 Word 软件界面类似，此处不再赘述。

图 4-7　"文字编辑器"选项卡和多行文字编辑器

（2）其他选项。

☑ 对正(J)：确定所标注文本的对齐方式。

☑ 行距(L)：确定多行文本的行间距，这里所说的行间距是指相邻两文本行的基线之间的垂直距离。

☑ 旋转(R)：确定文本行的倾斜角度。

☑ 样式(S)：确定当前的文本样式。

☑ 宽度(W)：指定多行文本的宽度。

☑ 栏(C)：可以将多行文字对象的格式设置为多栏。

（3）"文字编辑器"选项卡。

"文字编辑器"选项卡用来控制文本的显示特性。既可以在输入文本之前设置文本的特性，也可以改变已输入文本的特性。要改变已有文本的显示特性，首先应选中要修改的文本，有以下 3 种方法。

☑ 将光标定位到文本开始处，按下鼠标左键，将光标拖到文本末尾。

☑ 双击某一个字，则该字被选中。

☑ 三击鼠标，则选中全部内容。

下面对"文字编辑器"选项卡中部分选项的功能进行介绍。

☑ "文字高度"下拉列表框：该下拉列表框用来确定文本的字符高度，可在其中直接输入新的字符高度，也可从其中选择已设定过的高度。

☑ **B**和 *I* 按钮：这两个按钮用来设置粗体或斜体效果。注意，它们只对 TrueType 字体有效。

☑ "下画线"按钮 U 与 "上画线"按钮 ō：这两个按钮用于设置或取消上（下）画线。

☑ "堆叠"按钮 ⅟：该按钮为层叠/非层叠文本按钮，用于层叠所选的文本，也就是创建分数形式。当文本中某处出现"/""^""#"这 3 种层叠符号之一时可层叠文本，方法是选中需层叠的文字，然后单击该按钮，则符号左边的文字作为分子，符号右边的文字作为分母。AutoCAD 提供了 3 种分数形式：如果选中"abcd/efgh"后单击该按钮，则得到如图 4-8（a）所示的分数形式；如果选中"abcd^efgh"后单击该按钮，则得到如图 4-8（b）所示的形式，此形式多用于标注极限偏差；如果选中"abcd # efgh"后单击该按钮，则创建斜排的分数形式，如图 4-8（c）所示。另外，如果选中已经层叠的文本对象后单击该按钮，则文本恢复到非层叠形式。

$$\frac{abcd}{efgh} \qquad \frac{abcd}{efgh} \qquad abcd\!/efgh$$

(a)   (b)   (c)

图 4-8　文本层叠

☑ "倾斜角度"微调框 0/：设置文字的倾斜角度。

☑ "符号"按钮 @：用于输入各种符号。单击该按钮，系统将打开符号列表，如图 4-9 所示。用户可以从中选择符号输入文本中。

☑ "字段"按钮：插入一些常用或预设字段。单击该按钮，系统将打开"字段"对话框，如图 4-10 所示。用户可以从中选择字段插入标注文本中。

☑ "追踪"微调框：增大或减小选定字符之间的距离。1.0 是常规间距。设置为大于 1.0 时可增大间距，设置为小于 1.0 时可减小间距。

☑ "宽度因子"微调框：扩展或收缩选定字符。1.0 代表此字体中字母的常规宽度。可以增大或减小该宽度值。

☑ "列"按钮：单击显示栏打开下拉菜单，该菜单提供 3 个栏选项："不分栏""静态栏""动态栏"。

☑ "对正"按钮 A：显示"多行文字对正"下拉菜单，并且有 9 个对齐选项可用，"左上"为默认。

☑ 符号：在光标位置插入列出的符号或不间断空格，此时也可以手动插入符号。

☑ 输入文字：显示"选择文件"对话框，如图 4-11 所示。选择任意 ASCII 或 RTF 格式的文件。输入的文字保留原始字符格式和样式特性，但可以在多行文字编辑器中编辑和格式化输入的文字。选择要输入的文本文件后，可以在文字编辑框中替换选定的文字或全部文字，或在文字边界内将插入的文字附加到选定的文字中。输入文字的文件必须小于 32 KB。

图 4-9　符号列表

图 4-10　"字段"对话框

☑ 背景遮罩：用设定的背景对标注的文字进行遮罩。选择该命令，系统将打开"背景遮罩"对话框，如图 4-12 所示。

图 4-11　"选择文件"对话框　　　　　　　图 4-12　"背景遮罩"对话框

☑　删除格式：清除选定文字的粗体、斜体或下画线格式。

☑　字符集：显示代码页菜单。选择一个代码页并将其应用到选定的文字中。

4.1.4　多行文本编辑

1. 执行方式

☑　命令行：DDEDIT。

☑　菜单栏："修改"→"对象"→"文字"→"编辑"。

☑　工具栏："文字"→"编辑" 🅰。

☑　快捷菜单：选择文字对象，在绘图区域右击，在打开的快捷菜单中选择"编辑"命令。

2. 操作步骤

```
命令：DDEDIT✓
当前设置：编辑模式=Single
选择注释对象或 [模式(M)]：
```

要求选择想要修改的文本，同时光标变为拾取框。用拾取框单击对象，如果选取的文本是用 TEXT 命令创建的单行文本，则可对其直接进行修改；如果选取的文本是用 MTEXT 命令创建的多行文本，则选取后将打开多行文字编辑器，可根据前面的介绍对各项设置或内容进行修改。

4.2　表　　格

AutoCAD 中的"表格"绘图功能使创建表格变得更加容易，用户可以直接插入设置好样式的表格，而不用绘制由单独的图线组成的栅格。

4.2.1　设置表格样式

1. 执行方式

☑　命令行：TABLESTYLE。

☑ 菜单栏："格式"→"表格样式"。

☑ 工具栏："样式"→"表格样式"。

☑ 功能区："默认"→"注释"→"表格样式"或"注释"→"表格"→"表格样式"→"管理表格样式"或"注释"→"表格"→"对话框启动器"。

2. 操作步骤

执行上述命令后，①系统打开"表格样式"对话框，如图4-13所示。

3. 选项说明

②单击"新建"按钮，③系统打开"创建新的表格样式"对话框，如图4-14所示。输入新的表格样式名后，④单击"继续"按钮，⑤系统打开"新建表格样式"对话框，如图4-15所示，从中可以定义新的表格样式。

图 4-13　"表格样式"对话框　　　　图 4-14　"创建新的表格样式"对话框

"新建表格样式"对话框中有"常规""文字""边框"3个选项卡，分别用于控制表格中数据、表头和标题的有关参数，如图4-16所示。

图 4-15　"新建表格样式"对话框　　　　图 4-16　表格样式

1）"常规"选项卡

（1）"特性"选项组。

☑　"填充颜色"下拉列表框：指定填充颜色。

☑　"对齐"下拉列表框：为单元内容指定一种对齐方式。

☑　"格式"按钮：设置表格中各行的数据类型和格式。

☑　"类型"下拉列表框：将单元样式指定为标签或数据，在包含起始表格的表格样式中插入默认文字时使用，也用于在工具选项板上创建表格工具的情况。

（2）"页边距"选项组。

☑　"水平"文本框：设置单元中的文字或块与左右单元边界之间的距离。

☑　"垂直"文本框：设置单元中的文字或块与上下单元边界之间的距离。

☑　"创建行/列时合并单元"复选框：将使用当前单元样式创建的所有新行或列合并到一个单元中。

2）"文字"选项卡（见图 4-17）

☑　"文字样式"下拉列表框：指定文字样式。

☑　"文字高度"文本框：指定文字高度。

☑　"文字颜色"下拉列表框：指定文字颜色。

☑　"文字角度"文本框：设置文字角度。

3）"边框"选项卡（见图 4-18）

（1）"特性"选项组。

☑　"线宽"下拉列表框：设置用于显示边界的线宽。

☑　"线型"下拉列表框：通过单击边框按钮，设置线型以应用于指定边框。

☑　"颜色"下拉列表框：指定颜色以应用于显示的边界。

☑　"双线"复选框：指定选定的边框为双线型。

☑　"间距"文本框：确定双线边界的间距。默认间距为 0.1800。

（2）边框按钮。

控制单元边界的外观。边框特性包括栅格线的线宽和颜色，如图 4-19 所示。

图 4-17　"文字"选项卡

图 4-18　"边框"选项卡

图 4-19　边框按钮

☑　所有边框：将边界特性设置应用到指定单元样式的所有边界。

☑　外边框：将边界特性设置应用到指定单元样式的外部边界。

☑ 内边框：将边界特性设置应用到指定单元样式的内部边界。

☑ 底部边框：将边界特性设置应用到指定单元样式的底部边界。

☑ 左边框：将边界特性设置应用到指定单元样式的左边界。

☑ 上边框：将边界特性设置应用到指定单元样式的上边界。

☑ 右边框：将边界特性设置应用到指定单元样式的右边界。

☑ 无边框：隐藏指定单元样式的边界。

4.2.2 创建表格

1. 执行方式

☑ 命令行：TABLE。

☑ 菜单栏："绘图"→"表格"。

☑ 工具栏："绘图"→"表格"圃。

☑ 功能区："默认"→"注释"→"表格"圃或"注释"→"表格"→"表格"圃。

2. 操作步骤

执行上述命令，系统打开"插入表格"对话框，如图 4-20 所示。

3. 选项说明

（1）"表格样式"选项组：在要从中创建表格的当前图形中选择表格样式。通过单击下拉列表旁边的按钮，用户可以创建新的表格样式。

（2）"插入选项"选项组：指定插入表格的方式。

☑ "从空表格开始"单选按钮：创建可以手动填充数据的空表格。

☑ "自数据链接"单选按钮：基于外部电子表格中的数据创建表格。

☑ "自图形中的对象数据（数据提取）"单选按钮：启动"数据提取"向导。

（3）"预览"复选框：显示当前表格样式的样例。

图 4-20 "插入表格"对话框

（4）"插入方式"选项组：指定表格位置。

☑ "指定插入点"单选按钮：指定表格左上角的位置。可以使用定点设备，也可以在命令行提示中输入坐标值。如果表格样式将表格的方向设置为由下而上读取，则插入点位于表格的左下角。

☑ "指定窗口"单选按钮：指定表格的大小和位置。可以使用定点设备，也可以在命令行提示中输入坐标值。选中该单选按钮时，行数、列数、列宽和行高取决于窗口的大小以及列和行的设置。

（5）"列和行设置"选项组：设置列和行的数目和大小。

☑ "列数"微调框：选中"指定窗口"单选按钮并指定列宽时，"自动"选项将被选定，且列数由表格的宽度控制。如果已指定包含起始表格的表格样式，则可以选择要添加到此起始表格的其他列的数量。

☑ "列宽"微调框：指定列的宽度。当选中"指定窗口"单选按钮并指定列数时，即选定了"自动"选项，且列宽由表格的宽度控制。最小列宽为一个字符。

☑ "数据行数"微调框：指定行数。当选中"指定窗口"单选按钮并指定行高时，即选定了"自动"选项，且行数由表格的高度控制。带有标题行和表格头行的表格样式最少应有 3 行。最小行高为一个文字行。如果已指定包含起始表格的表格样式，则可以选择要添加到此起始表格的其他数据行的数量。

☑ "行高"微调框：按照行数指定行高。文字行高基于文字高度和单元边距，这两项均在表格样式中设置。当选中"指定窗口"单选按钮并指定行数时，即选定了"自动"选项，且行高由表格的高度控制。

（6）"设置单元样式"选项组：对于不包含起始表格的表格样式，应指定新表格中行的单元格式。

☑ "第一行单元样式"下拉列表框：指定表格中第一行的单元样式。默认情况下，使用标题单元样式。

☑ "第二行单元样式"下拉列表框：指定表格中第二行的单元样式。默认情况下，使用表头单元样式。

☑ "所有其他行单元样式"下拉列表框：指定表格中所有其他行的单元样式。默认情况下，使用数据单元样式。

在如图 4-20 所示的"插入表格"对话框中进行相应设置后，单击"确定"按钮，系统将在指定的插入点或窗口自动插入一个空表格，并显示多行文字编辑器，用户可以逐行逐列输入相应的文字或数据，如图 4-21 所示。

图 4-21　多行文字编辑器

4.2.3　编辑表格文字

1. 执行方式

☑ 命令行：TABLEDIT。
☑ 定点设备：表格内双击。
☑ 快捷菜单：编辑单元文字。

2．操作步骤

执行上述命令后，系统打开如图 4-21 所示的多行文字编辑器，用户可以对指定表格单元的文字进行编辑。

4.2.4 实例——绘制机械制图 A3 样板图

机械制图的图幅大小有严格的规定，绘图时应优先采用表 4-2 规定的基本图纸幅面。图幅代号分别为 A0、A1、A2、A3 和 A4，必要时可按规定加大幅面，如图 4-22 所示。本实例主要介绍 A3 样板图的绘制，图框格式分为留有装订边和不留装订边两种，如图 4-23 所示。本实例采用留有装订边格式，绘制样板图流程如图 4-24 所示。

表 4-2 基本图纸幅面

幅 面 代 号	A0	A1	A2	A3	A4
$B \times L$	841×1198	594×841	420×594	297×420	210×297
e	20			10	
c	10			5	
a	25				

图 4-22 幅面尺寸

图 4-23 图框格式

图 4-24 机械制图 A3 样板图

操作步骤

（1）绘制图框。

❶ 单击"默认"选项卡"绘图"面板中的"矩形"按钮▭，绘制一个矩形，指定矩形两个角点的坐标分别为（0,0）和（420,297）。命令行提示与操作如下。

```
命令：_rectang
指定第一个角点或 [倒角(C)/标高(E)/圆角(F)/厚度(T)/宽度(W)]：0,0↙
指定另一个角点或 [面积(A)/尺寸(D)/旋转(R)]：420,297↙
```

❷ 单击"默认"选项卡"修改"面板中的"分解"按钮 ⬝⬝，将绘制的矩形分解。

❸ 单击"默认"选项卡"修改"面板中的"偏移"按钮 ⬝⬝，将矩形左侧竖直边向右偏移 25，将矩形其余 3 条边向内偏移 5；单击"默认"选项卡"修改"面板中的"修剪"按钮 ⬝⬝，将图形进行修剪，如图 4-25 所示。

（2）绘制标题栏。

由于标题栏结构分隔线并不整齐，所以可以先绘制一个 28×4（每个单元格的尺寸是 5×8）的标准表格，然后在此基础上编辑合并单元格，形成如图 4-26 所示的形式。

图 4-25　绘制图框

❶ 单击"默认"选项卡"注释"面板中的"表格样式"按钮 ⬝⬝，①打开"表格样式"对话框，如图 4-27 所示。

图 4-26　标题栏示意图

图 4-27　"表格样式"对话框

❷ ②单击"修改"按钮，③系统打开"修改表格样式"对话框，④在"单元样式"下拉列表框中选择"数据"选项，⑤在下面的"文字"选项卡中将⑥"文字高度"设置为 3，如图 4-28 所示。⑦再打开"常规"选项卡，⑧将"页边距"选项组中的"水平"和"垂直"都设置成 1，如图 4-29 所示。

图 4-28　"修改表格样式"对话框

图 4-29　设置"常规"选项卡

❸ 单击"确定"按钮，系统回到"表格样式"对话框，单击"关闭"按钮退出。

❹ 单击"默认"选项卡"注释"面板中的"表格"按钮 ⬝⬝，①系统打开"插入表格"对话框，②在"列和行设置"选项组中将"列数"设置为 28，将"列宽"设置为 5，将"数据行数"设置为 2（加上标题行和表头行共 4 行），将"行高"设置为 1 行（即 8）；③在"设置单元样式"选项组中将"第一行单元样式""第二行单元样式""所有其他行单元样式"都设置为"数据"，如图 4-30 所示。

注意： 表格宽度设置值不能小于文字宽度+2×水平页边距，如果小于此值，则以此值为表格宽度。在图 4-28 中，之所以将文字高度设置成 3，是考虑到表格的宽度设置，由于默认的文字宽度因子为 1，所以文字宽度+2×水平页边距刚好为 5，满足宽度设置要求。此时没有打开状态栏上的"显示线宽"按钮。

图 4-30　"插入表格"对话框

❺ 在图框线右下角附近指定表格位置，①系统生成表格，②同时打开"文字编辑器"选项卡，如图 4-31 所示，直接按 Enter 键，不输入文字，生成的表格如图 4-32 所示。

❻ 单击表格中的一个单元格，系统显示其编辑夹点，右击，①在打开的快捷菜单中选择"特性"命令，如图 4-33 所示，②系统打开"特性"选项板，③将"单元高度"改为 8，如图 4-34 所示，这样该单元格所在行的高度就统一改为 8。用同样的方法将其他行的高度也改为 8，如图 4-35 所示。

图 4-31　表格和多行文字编辑器

图 4-32　生成的表格

图 4-33　快捷菜单

图 4-34　"特性"选项板

图 4-35　修改表格高度

❼ 选择 A1 单元格，按住 Shift 键，同时选择右边的 12 个单元格以及下面的 13 个单元格，右击，在打开的快捷菜单中选择"合并"→"全部"命令，如图 4-36 所示。这些单元格完成合并，如图 4-37 所示。

用同样的方法合并其他单元格，结果如图 4-38 所示。

图 4-36　快捷菜单

图 4-37　合并单元格

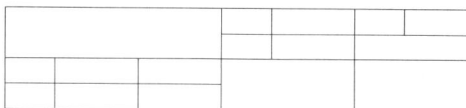

图 4-38　完成表格绘制

❽ 在单元格中三击鼠标左键，❶打开"文字编辑器"选项卡，❷在单元格中输入文字，❸将文

字大小改为 3，如图 4-39 所示。

图 4-39　输入文字

用同样的方法，输入其他单元格文字，结果如图 4-40 所示。

图 4-40　完成标题栏文字输入

（3）移动标题栏。

刚生成的标题栏无法准确确定与图框的相对位置，需要移动，利用 MOVE 命令将刚绘制的表格从表格的右下角点移动到图框的右下角点。这样，就将表格准确放置在图框右下角，如图 4-41 所示。

（4）保存样板图。

选择菜单栏中的"文件"→"另存为"命令，❶打开"图形另存为"对话框，如图 4-42 所示。❷此时将图形保存为 DWT 格式文件即可。

图 4-41　移动表格

图 4-42　"图形另存为"对话框

4.3　尺　寸　标　注

尺寸标注相关命令的菜单方式集中在"标注"菜单中，工具栏方式集中在"标注"工具栏中，功能区方式集中在"标注"面板中，如图 4-43～图 4-45 所示。

图 4-43　"标注"菜单　　　　图 4-44　"标注"工具栏　　　　图 4-45　"标注"面板

4.3.1　设置尺寸样式

1. 执行方式

☑　命令行：DIMSTYLE。

☑　菜单栏："格式"→"标注样式"或"标注"→"标注样式"。

☑　工具栏："标注"→"标注样式" ↙。

☑　功能区："默认"→"注释"→"标注样式" ↙。

2. 操作步骤

执行上述命令，①系统打开"标注样式管理器"对话框，如图 4-46 所示。利用该对话框可方便、直观地定制和浏览尺寸标注样式，包括产生新的标注样式、修改已存在的样式、设置当前尺寸标注样式、样式重命名，以及删除一个已有样式等。

3. 选项说明

☑　"置为当前"按钮：单击该按钮，将在"样式"列表框中选中的样式设置为当前样式。

☑　"新建"按钮：用于定义一个新的尺寸标注样式。②单击该按钮，③系统打开"创建新标注样式"对话框，如图 4-47 所示，利用该对话框可创建一个新的尺寸标注样式，

图 4-46　"标注样式管理器"对话框

④单击"继续"按钮，⑤系统打开"新建标注样式"对话框，如图 4-48 所示，利用该对话框可对新样式的各项特性进行设置。该对话框中各部分的含义和功能将在后续内容中进行介绍。

☑　"修改"按钮：用于修改一个已存在的尺寸标注样式。单击该按钮，系统打开"修改标注样式"对话框。该对话框中的各选项与"新建标注样式"对话框中的完全相同，用户可以对已有标注样式进行修改。

图 4-47 "创建新标注样式"对话框   图 4-48 "新建标注样式"对话框

☑ "替代"按钮：用于设置临时覆盖尺寸标注样式。单击该按钮，系统打开"替代当前样式"对话框。该对话框中的各选项与"新建标注样式"对话框中的完全相同，用户可改变选项的设置，覆盖原来的设置，但这种修改只对指定的尺寸标注起作用，而不影响当前尺寸变量的设置。

☑ "比较"按钮：用于比较两个尺寸标注样式在参数上的区别，或浏览一个尺寸标注样式的参数设置。单击该按钮，系统打开"比较标注样式"对话框，如图 4-49 所示。用户可以把比较结果复制到剪贴板上，然后再粘贴到其他的 Windows 应用软件上。

在如图 4-48 所示的"新建标注样式"对话框中有 7 个选项卡，分别说明如下。

1）线

"新建标注样式"对话框中的第 1 个选项卡是"线"选项卡，如图 4-48 所示。该选项卡用于设置尺寸线、尺寸界线的形式和特性，下面分别进行说明。

（1）"尺寸线"选项组。

设置尺寸线的特性。其中部分选项的含义介绍如下。

☑ "颜色"下拉列表框：设置尺寸线的颜色。可直接输入颜色名字，也可从下拉列表中选择，如果选择"选择颜色"选项，则系统将打开"选择颜色"对话框供用户选择其他颜色。

☑ "线型"下拉列表框：设置尺寸线的线型。

☑ "线宽"下拉列表框：设置尺寸线的线宽，在其下拉列表中列出了各种线宽的名字和宽度。

☑ "超出标记"微调框：当尺寸箭头设置为短斜线、短波浪线，或尺寸线上无箭头时，可利用该微调框设置尺寸线超出尺寸界线的距离。

☑ "基线间距"微调框：设置以基线方式标注尺寸时，相邻两条尺寸线之间的距离。

☑ "隐藏"复选框组：确定是否隐藏尺寸线及相应的箭头。选中"尺寸线 1"复选框表示隐藏第一段尺寸线；选中"尺寸线 2"复选框表示隐藏第二段尺寸线。

（2）"尺寸界线"选项组。

该选项组用于确定尺寸界线的形式，其中部分选项的含义介绍如下。

☑ "颜色"下拉列表框：设置尺寸界线的颜色。

☑ "线宽"下拉列表框：设置尺寸界线的线宽。

☑　"隐藏"复选框组：确定是否隐藏尺寸界线。选中"尺寸界线 1"复选框表示隐藏第一段尺寸界线；选中"尺寸界线 2"复选框表示隐藏第二段尺寸界线。

☑　"超出尺寸线"微调框：确定尺寸界线超出尺寸线的距离。

☑　"起点偏移量"微调框：确定尺寸界线的实际起始点相对于指定的尺寸界线的起始点的偏移量。

☑　"固定长度的尺寸界线"复选框：选中该复选框，系统以固定长度的尺寸界线标注尺寸。可以在下面的"长度"文本框中输入长度值。

（3）尺寸样式显示框。

"新建标注样式"对话框的右上方有一个尺寸样式显示框，该框以样例的形式显示用户设置的尺寸样式。

2）符号和箭头

"新建标注样式"对话框中的第 2 个选项卡是"符号和箭头"选项卡，如图 4-50 所示。该选项卡用于设置箭头、圆心标记、弧长符号和半径折弯标注的形式和特性，下面分别进行说明。

图 4-49　"比较标注样式"对话框

图 4-50　"符号和箭头"选项卡

（1）"箭头"选项组。

设置尺寸箭头的形式，AutoCAD 提供了多种多样的箭头形状，列在"第一个"和"第二个"下拉列表框中。另外，还允许采用用户自定义的箭头形状。两个尺寸箭头既可以采用相同的形式，也可采用不同的形式。

☑　"第一个"下拉列表框：用于设置第一个尺寸箭头的形式。可单击右侧小箭头从下拉列表中选择，其中列出了各种箭头形式的名字及各类箭头的形状。一旦确定了第一个箭头的类型，第二个箭头将自动与其匹配，要想第二个箭头取不同的形状，可在"第二个"下拉列表框中设定。如果选择了"用户箭头"选项，则打开如图 4-51 所示的"选择自定义箭头块"对话框。可以事先把自定义的箭头存成一个图块，在该对话框中输入该图块名即可。

☑　"第二个"下拉列表框：确定第二个尺寸箭头的形式，可与第一个尺寸箭头不同。

☑　"引线"下拉列表框：确定引线箭头的形式，与"第一个"选项设置类似。

☑　"箭头大小"微调框：设置箭头的大小。

（2）"圆心标记"选项组。

☑　"无"单选按钮：既不产生中心标记，也不产生中心线，如图 4-52（a）所示。

☑ "标记"单选按钮：中心标记为一个记号，如图 4-52（b）所示。

☑ "直线"单选按钮：中心标记采用中心线的形式，如图 4-52（c）所示。

图 4-51 "选择自定义箭头块"对话框

（a） （b） （c）

图 4-52 圆心标记

☑ "大小"微调框：设置中心标记和中心线的大小和粗细。

（3）"弧长符号"选项组。

控制弧长标注中圆弧符号的显示，有 3 个单选按钮，分别介绍如下。

☑ "标注文字的前缀"单选按钮：将弧长符号放在标注文字的前面，如图 4-53（a）所示。

☑ "标注文字的上方"单选按钮：将弧长符号放在标注文字的上方，如图 4-53（b）所示。

☑ "无"单选按钮：不显示弧长符号，如图 4-53（c）所示。

（4）"半径折弯标注"选项组。

控制折弯（Z 字形）半径标注的显示。折弯半径标注通常在中心点位于页面外部时创建。在"折弯角度"文本框中可以输入连接半径标注的尺寸界线和尺寸线横向直线的角度，如图 4-54 所示。

（5）"线性折弯标注"选项组。

控制线性标注折弯的显示。当标注不能精确表示实际尺寸时，通常将折弯线添加到线性标注中。

（6）"折断标注"选项组。

控制折断标注的间距。

3）文字

"新建标注样式"对话框中的第 3 个选项卡是"文字"选项卡，如图 4-55 所示。该选项卡用于设置尺寸文本的形式、布置和对齐方式等。

（1）"文字外观"选项组。

☑ "文字样式"下拉列表框：选择当前尺寸文本采用的文本样式。可单击右侧小箭头从下拉列表中选取一个样式，也可单击右侧的 ⋯ 按钮，打开"文字样式"对话框，以创建新的文本样式或对文本样式进行修改。

☑ "文字颜色"下拉列表框：设置尺寸文本的颜色，其操作方法与设置尺寸线颜色的方法相同。

☑ "文字高度"微调框：设置尺寸文本的字高。如果选用的文本样式中已设置了具体的字高（不是 0），则此处的设置无效；如果文本样式中设置的字高为 0，则以此处的设置为准。

☑ "分数高度比例"微调框：确定尺寸文本的比例系数。

☑ "绘制文字边框"复选框：选中该复选框，AutoCAD 在尺寸文本周围加上边框。

（2）"文字位置"选项组。

☑ "垂直"下拉列表框：确定尺寸文本相对于尺寸线在垂直方向的对齐方式。单击右侧的向下箭头打开下拉列表，可选择的对齐方式有以下 5 种。

➢ 居中：将尺寸文本放在尺寸线的中间。

➢ 上：将尺寸文本放在尺寸线的上方。

➢ 外部：将尺寸文本放在远离第一条尺寸界线起点的位置，即和所标注的对象分列于尺寸线的两侧。

➢ JIS：使尺寸文本的放置符合 JIS（日本工业标准）规则。

图 4-53 弧长符号

图 4-54 折弯角度

图 4-55 "文字"选项卡

> 下：将尺寸文本放在尺寸线的下方。

上述几种文本布置方式如图 4-56 所示。

图 4-56 尺寸文本在垂直方向的放置

☑ "水平"下拉列表框：确定尺寸文本相对于尺寸线和尺寸界线在水平方向的对齐方式。单击右侧的向下箭头打开下拉列表，对齐方式有 5 种：居中、第一条尺寸界线、第二条尺寸界线、第一条尺寸界线上方和第二条尺寸界线上方，如图 4-57 所示。

图 4-57 尺寸文本在水平方向的放置

☑ "从尺寸线偏移"微调框：当尺寸文本放在断开的尺寸线中间时，该微调框用来设置尺寸文本与尺寸线之间的距离（尺寸文本间隙）。

（3）"文字对齐"选项组。

用来控制尺寸文本排列的方向。

☑ "水平"单选按钮：尺寸文本沿水平方向放置。不论标注什么方向的尺寸，尺寸文本总保持水平。

☑ "与尺寸线对齐"单选按钮：尺寸文本沿尺寸线方向放置。

☑ "ISO 标准"单选按钮：当尺寸文本在尺寸界线之间时，沿尺寸线方向放置；当尺寸文本在尺寸界线之外时，沿水平方向放置。

4）调整

"新建标注样式"对话框中的第 4 个选项卡是"调整"选项卡，如图 4-58 所示。该选项卡根据两条尺寸界线之间的空间，设置将尺寸文本、尺寸箭头放在两条尺寸界线的里边还是外边。如果空间允许，AutoCAD 总是把尺寸文本和箭头放在尺寸界线的里面；如果空间不够，则根据本选项卡的各项设置进行放置。

（1）"调整选项"选项组。

☑ "文字或箭头（最佳效果）"单选按钮：选中该单选按钮，按以下方式放置尺寸文本和箭头。

图 4-58 "调整"选项卡

如果空间允许，则把尺寸文本和箭头都放在两条尺寸界线之间；如果两条尺寸界线之间只够放置尺寸文本，则把文本放在尺寸界线之间，而把箭头放在尺寸界线的外边；如果只够放置箭头，则把箭头放在里边，把文本放在外边；如果两条尺寸界线之间既放不下文本，也放不下箭头，则把二者均放在外边。

☑ "箭头"单选按钮：选中该单选按钮，按以下方式放置尺寸文本和箭头。

如果空间允许，则把尺寸文本和箭头都放在两条尺寸界线之间；如果空间只够放置箭头，则把箭头放在尺寸界线之间，把文本放在外边；如果尺寸界线之间的空间放不下箭头，则把箭头和文本均放在外边。

☑ "文字"单选按钮：选中该单选按钮，按以下方式放置尺寸文本和箭头。

如果空间允许，则把尺寸文本和箭头都放在两条尺寸界线之间，否则把文本放在尺寸界线之间，把箭头放在外边；如果尺寸界线之间的空间放不下尺寸文本，则把文本和箭头都放在外边。

☑ "文字和箭头"单选按钮：选中该单选按钮，如果空间允许，则把尺寸文本和箭头都放在两条尺寸界线之间；否则把文本和箭头都放在尺寸界线外边。

☑ "文字始终保持在尺寸界线之间"单选按钮：选中该单选按钮，AutoCAD 总是把尺寸文本放在两条尺寸界线之间。

☑ "若箭头不能放在尺寸界线内，则将其消除"复选框：选中该复选框，则当尺寸界线之间的空间不够时省略尺寸箭头。

（2）"文字位置"选项组。

用来设置尺寸文本的位置，其中 3 个单选按钮的含义介绍如下。

☑ "尺寸线旁边"单选按钮：选中该单选按钮，把尺寸文本放在尺寸线的旁边，如图 4-59（a）所示。

☑ "尺寸线上方，带引线"单选按钮：把尺寸文本放在尺寸线的上方，并用引线与尺寸线相连，如图 4-59（b）所示。

☑ "尺寸线上方，不带引线"单选按钮：把尺寸文本放在尺寸线的上方，中间无引线，如图 4-59（c）所示。

图 4-59 尺寸文本的位置

（3）"标注特征比例"选项组。

☑ "注释性"复选框：指定标注为 annotative。

☑　"将标注缩放到布局"单选按钮：确定图纸空间内的尺寸比例系数，默认值为 1。

☑　"使用全局比例"单选按钮：确定尺寸的整体比例系数。其后面的"比例值"微调框可以用来选择需要的比例。

（4）"优化"选项组。

设置附加的尺寸文本布置选项，包含两个选项，分别介绍如下。

☑　"手动放置文字"复选框：选中该复选框，标注尺寸时由用户确定尺寸文本的放置位置，忽略前面的对齐设置。

☑　"在尺寸界线之间绘制尺寸线"复选框：选中该复选框，不论尺寸文本在尺寸界线里边还是在界线外边，AutoCAD 均在两条尺寸界线之间绘出一条尺寸线；否则当尺寸界线内放不下尺寸文本而将其放在外边时，尺寸界线之间无尺寸线。

5）主单位

"新建标注样式"对话框中的第 5 个选项卡是"主单位"选项卡，如图 4-60 所示。该选项卡用来设置尺寸标注的主单位和精度，以及给尺寸文本添加固定的前缀或后缀。本选项卡包含 5 个选项组，分别对长度型标注和角度型标注进行设置。

图 4-60　"主单位"选项卡

（1）"线性标注"选项组。

用来设置标注长度型尺寸时采用的单位和精度。

☑　"单位格式"下拉列表框：确定标注尺寸时使用的单位制（角度型尺寸除外）。在该下拉列表中，AutoCAD 提供了"科学""小数""工程""建筑""分数""Windows 桌面"6 种单位制，用户可根据需要进行选择。

☑　"精度"下拉列表框：用于确定线性标注的精度。

☑　"分数格式"下拉列表框：设置分数的形式。AutoCAD 提供了"水平""对角""非堆叠"3 种形式供用户选用。

☑　"小数分隔符"下拉列表框：确定十进制单位（Decimal）的分隔符，AutoCAD 提供了点（.）、逗点（,）和空格 3 种形式供用户选用。

☑　"舍入"微调框：设置除角度之外的尺寸测量的圆整规则。在文本框中输入一个值，如果输入"1"，则所有测量值均圆整为整数。

☑ "前缀"文本框：设置固定前缀。可以输入文本，也可以用控制符产生特殊字符，这些文本将被加在所有尺寸文本之前。

☑ "后缀"文本框：给尺寸标注设置固定后缀。

（2）"测量单位比例"选项组。

确定 AutoCAD 自动测量尺寸时的比例因子。其中，"比例因子"微调框用来设置除角度之外所有尺寸测量的比例因子。例如，如果用户确定比例因子为 2，则 AutoCAD 把实际测量为 1 的尺寸标注为 2。

如果选中"仅应用到布局标注"复选框，则设置的比例因子只适用于布局标注。

（3）"消零"选项组。

用于设置是否省略标注尺寸时的 0。

☑ "前导"复选框：选中该复选框，省略尺寸值处于高位的 0。例如，将 0.50000 标注为.50000。

☑ "后续"复选框：选中该复选框，省略尺寸值小数点后末尾的 0。例如，将 12.5000 标注为 12.5，而将 30.0000 标注为 30。

☑ "0 英尺"复选框：采用"工程"和"建筑"单位制时，如果尺寸值小于 1 英尺，则省略英尺。例如，将 0'-6 1/2" 标注为 6 1/2"。

☑ "0 英寸"复选框：采用"工程"和"建筑"单位制时，如果尺寸值是整数英尺，则省略英寸。例如，将 1'-0"标注为 1'。

（4）"角度标注"选项组。

用来设置标注角度时采用的角度单位。

☑ "单位格式"下拉列表框：设置角度单位制。AutoCAD 提供了"十进制度数""度/分/秒""百分度""弧度"4 种角度单位。

☑ "精度"下拉列表框：设置角度型尺寸标注的精度。

（5）右下角的"消零"选项组。

设置是否省略标注角度时的 0。

6）换算单位

"新建标注样式"对话框中的第 6 个选项卡是"换算单位"选项卡，如图 4-61 所示。该选项卡用于对替换单位进行设置。

（1）"显示换算单位"复选框。

选中该复选框，则替换单位的尺寸值也同时显示在尺寸文本上。

（2）"换算单位"选项组。

用于设置替换单位，其中各项的含义分别介绍如下。

☑ "单位格式"下拉列表框：选取替换单位采用的单位制。

☑ "精度"下拉列表框：设置替换单位的精度。

☑ "换算单位倍数"微调框：指定主单位和替换单位的转换因子。

☑ "舍入精度"微调框：设定替换单位的圆整规则。

☑ "前缀"文本框：设置替换单位文本的固定前缀。

☑ "后缀"文本框：设置替换单位文本的固定后缀。

（3）"消零"选项组。

设置是否省略尺寸标注中的 0。

（4）"位置"选项组。

设置替换单位尺寸标注的位置。

☑　"主值后"单选按钮：把替换单位尺寸标注放在主单位标注的后面。

☑　"主值下"单选按钮：把替换单位尺寸标注放在主单位标注的下面。

7）公差

"新建标注样式"对话框中的第 7 个选项卡是"公差"选项卡，如图 4-62 所示。该选项卡用来确定标注公差的方式。

图 4-61　"换算单位"选项卡

图 4-62　"公差"选项卡

（1）"公差格式"选项组。

设置公差的标注方式。

☑　"方式"下拉列表框：设置以何种形式标注公差。单击右侧的向下箭头打开下拉列表，其中列出了 AutoCAD 提供的 5 种标注公差的形式，用户可从中进行选择。这 5 种形式分别是"无""对称""极限偏差""极限尺寸""基本尺寸"。其中"无"表示不标注公差，即前面介绍的通常标注情形。其余 4 种标注情况如图 4-63 所示。

☑　"精度"下拉列表框：确定公差标注的精度。

☑　"上偏差"微调框：设置尺寸的上偏差。

☑　"下偏差"微调框：设置尺寸的下偏差。

☑　"高度比例"微调框：设置公差文本的高度比例，即公差文本的高度与一般尺寸文本的高度之比。

☑　"垂直位置"下拉列表框：控制"对称"和"极限偏差"形式的公差标注的文本对齐方式。

➢　上：公差文本的顶部与一般尺寸文本的顶部对齐。

➢　中：公差文本的中线与一般尺寸文本的中线对齐。

➢　下：公差文本的底线与一般尺寸文本的底线对齐。

这 3 种对齐方式如图 4-64 所示。

图 4-63　公差标注的形式

图 4-64　公差文本的对齐方式

（2）"消零"选项组。

设置是否省略公差标注中的 0。

（3）"换算单位公差"选项组。

对形位公差标注的替换单位进行设置，其中各项的设置方法与前面介绍的相同。

4.3.2 尺寸标注方法

1．线性标注

（1）执行方式。

☑ 命令行：DIMLINEAR。

☑ 菜单栏："标注"→"线性"。

☑ 工具栏："标注"→"线性"├┤。

☑ 功能区："注释"→"标注"→"线性"├┤或"默认"→"注释"→"线性"├┤。

（2）操作步骤。

```
命令：DIMLINEAR↙
指定第一个尺寸界线原点或 <选择对象>：
指定第二条尺寸界线原点：
```

在此提示下有两种选择，直接按 Enter 键选择要标注的对象或确定尺寸界线的起始点。按 Enter 键并选择要标注的对象或指定两条尺寸界线的起始点后，系统继续提示：

```
指定尺寸线位置或 [多行文字(M)/文字(T)/角度(A)/水平(H)/垂直(V)/旋转(R)]：
```

（3）选项说明。

☑ 指定尺寸线位置：确定尺寸线的位置。用户可移动鼠标选择合适的尺寸线位置，然后按 Enter 键或单击，AutoCAD 则自动测量所标注线段的长度并标注出相应的尺寸。

☑ 多行文字(M)：用多行文本编辑器确定尺寸文本。

☑ 文字(T)：在命令行提示下输入或编辑尺寸文本。选择该选项后，AutoCAD 提示如下：

```
输入标注文字 <默认值>：
```

其中的默认值是 AutoCAD 自动测量得到的被标注线段的长度，直接按 Enter 键即可采用此长度值，也可输入其他数值代替默认值。当尺寸文本中包含默认值时，可使用尖括号"<>"表示默认值。

☑ 角度(A)：确定尺寸文本的倾斜角度。

☑ 水平(H)：水平标注尺寸，不论标注什么方向的线段，尺寸线均水平放置。

☑ 垂直(V)：垂直标注尺寸，不论被标注线段沿什么方向，尺寸线总保持垂直。

☑ 旋转(R)：输入尺寸线旋转的角度值，旋转标注尺寸。

对齐标注的尺寸线与所标注的轮廓线平行；坐标尺寸标注点的纵坐标或横坐标；角度标注两个对象之间的角度；直径或半径标注圆或圆弧的直径或半径；圆心标记则标注圆或圆弧的中心或中心线，具体由"新建（修改）标注样式"对话框中"尺寸和箭头"选项卡中的"圆心标记"选项组决定。上面所述的这几种尺寸标注与线性标注类似，此处不再赘述。

2．基线标注

基线标注用于产生一系列基于同一条尺寸界线的尺寸标注，适用于长度尺寸标注、角度标注和坐标标注等。在使用基线标注方式之前，应该先标注出一个相关的尺寸，如图 4-65 所示。基线标注两条平行尺寸线间距由"新建（修改）标注样式"对话框中"线"选项卡中的"尺寸线"选项组的"基线间距"微调框中的

图 4-65　基线标注

值决定。

（1）执行方式。

☑　命令行：DIMBASELINE。

☑　菜单栏："标注"→"基线"。

☑　工具栏："标注"→"基线"┠┤。

☑　功能区："注释"→"标注"→"基线"┠┤。

（2）操作步骤。

命令：DIMBASELINE✓
指定第二个尺寸界线原点或 [选择(S)/放弃(U)] <选择>：

　　直接确定另一个尺寸的第二个尺寸界线的起点，AutoCAD 将以上次标注的尺寸为基准标注，标注出相应尺寸。

　　直接按 Enter 键，系统提示如下：

选择基准标注：（选取作为基准的尺寸标注）

　　连续标注又称为尺寸链标注，用于产生一系列连续的尺寸标注，后一个尺寸标注均把前一个标注的第二个尺寸界线作为它的第一个尺寸界线。与基线标注一样，在使用连续标注方式之前，应该先标注出一个相关的尺寸。其标注过程与基线标注类似，如图 4-66 所示。

图 4-66　连续标注

3．快速标注

　　"快速标注"命令使用户可以交互地、动态地、自动化地进行尺寸标注。在 QDIM 命令中可以同时选择多个圆或圆弧标注直径或半径，也可同时选择多个对象进行基线标注和连续标注，选择一次即可完成多个标注，因此可节省时间，提高工作效率。

（1）执行方式。

☑　命令行：QDIM。

☑　菜单栏："标注"→"快速标注"。

☑　工具栏："标注"→"快速标注"┠┤。

☑　功能区："注释"→"标注"→"快速"┠┤。

（2）操作步骤。

命令：QDIM✓
关联标注优先级=端点
选择要标注的几何图形：（选择要标注尺寸的多个对象后按 Enter 键）
指定尺寸线位置或 [连续(C)/并列(S)/基线(B)/坐标(O)/半径(R)/直径(D)/基准点(P)/编辑(E)/设置(T)] <连续>：

（3）选项说明。

☑　指定尺寸线位置：直接确定尺寸线的位置，按默认尺寸标注类型标注出相应尺寸。

☑　连续(C)：产生一系列连续标注的尺寸。

☑　并列(S)：产生一系列交错的尺寸标注，如图 4-67 所示。

☑　基线(B)：产生一系列基线标注的尺寸。后面的"坐标""半径""直径"含义与此类同。

☑　基准点(P)：为基线标注和连续标注指定一个新的基准点。

☑　编辑(E)：对多个尺寸标注进行编辑。系统允许对已存在的尺寸标注添加或删除尺寸点。选择该选项，AutoCAD 提示如下：

指定要删除的标注点或 [添加(A)/退出(X)] <退出>：

在此提示下确定要删除的点之后按 Enter 键，AutoCAD 对尺寸标注进行更新。图 4-68 所示为图 4-67 中删除中间 4 个标注点后的尺寸标注。

图 4-67　交错尺寸标注　　　　　　　　　　图 4-68　删除标注点

4．引线标注

（1）执行方式。

命令行：QLEADER。

（2）操作步骤。

```
命令：QLEADER↙
指定第一个引线点或 [设置(S)] <设置>：
指定下一点：（输入指引线的第二个点）
指定下一点：（输入指引线的第三个点）
指定文字宽度 <0.0000>：（输入多行文本的宽度）
输入注释文字的第一行 <多行文字(M)>：（输入单行文本，或按 Enter 键打开多行文字编辑器并输入多
行文本）
输入注释文字的下一行：（输入另一行文本）
输入注释文字的下一行：（输入另一行文本或按 Enter 键）
```

也可以在上述操作过程中选择"设置"选项，打开"引线设置"对话框，进行相关参数设置，如图 4-69 所示。

另外，还有一个名为 LEADER 的命令行命令也可以进行引线标注，其与 QLEADER 命令类似，此处不再赘述。

图 4-69　"引线设置"对话框

5．形位公差标注

（1）执行方式。

☑　命令行：TOLERANCE。

☑　菜单栏："标注"→"公差"。

☑　工具栏："标注"→"公差" ⊞.

☑　功能区："注释"→"标注"→"公差" ⊞.

（2）操作步骤。

执行上述命令，❶打开如图 4-70 所示的"形位公差"对话框。❷单击"符号"项下面的黑色方块，❸打开如图 4-71 所示的"特征符号"对话框，可从中选取公差代号。"公差 1"和"公差 2"项白色文本框左侧的黑色方块控制是否在公差值之前加一个直径符号，单击该黑色方块，则出现一个直径符号，再单击则消失。白色文本框用于确定公差值，可在其中输入一个具体数值；❹右侧黑色方块用于插入"包容条件"符号，单击该黑色方块，❺AutoCAD 将会打开如图 4-72 所示的"附加符号"对话框，可从中选取所需符号。

图 4-70　"形位公差"对话框　　图 4-71　"特征符号"对话框　　图 4-72　"附加符号"对话框

4.4　尺　寸　约　束

尺寸约束可以通过参数化的尺寸改变驱动图形对象大小。

4.4.1　建立尺寸约束

建立尺寸约束是限制图形几何对象的大小，与在草图上标注尺寸相似，同样设置尺寸标注线，与此同时再建立相应的表达式，不同的是可以在后续的编辑工作中实现尺寸的参数化驱动。"标注"面板及"标注约束"工具栏（面板在"参数化"选项卡内）分别如图 4-73 和图 4-74 所示。

在生成尺寸约束时，用户可以选择草图曲线、边、基准平面或基准轴上的点，以生成水平、竖直、平行、垂直和角度尺寸。

生成尺寸约束时，系统会生成一个表达式，其名称和值显示在一个打开的对话框文本区域中，如图 4-75 所示，用户可以编辑该表达式的名和值。

生成尺寸约束时，只要选中了几何体，其尺寸及其延伸线和箭头就会全部显示出来。将尺寸拖动到位，然后单击即可完成尺寸约束。完成尺寸约束后，用户还可以随时更改尺寸约束。只需在图形区选中该值并双击，然后可以使用生成过程所采用的方式，编辑其名称、值或位置。

图 4-73　"标注"面板　　图 4-74　"标注约束"工具栏　　图 4-75　"尺寸约束编辑"示意图

4.4.2　尺寸约束设置

在用 AutoCAD 绘图时，可以控制约束栏的显示，使用"约束设置"对话框内的"标注"选项卡（见图 4-76），可控制显示标注约束时的系统配置。标注约束控制设计的大小和比例，具体内容如下。

☑　对象之间或对象上的点之间的距离。
☑　对象之间或对象上的点之间的角度。

1．执行方式

☑ 命令行：CONSTRAINTSETTINGS。

☑ 菜单栏："参数"→"约束设置"。

☑ 工具栏："参数化"→"约束设置" �🗹。

☑ 功能区："参数化"→"标注"→"约束设置，标注" ⬎。

2．操作步骤

命令：CONSTRAINTSETTINGS✓

执行上述命令后，❶系统打开"约束设置"对话框。❷在该对话框中选择"标注"选项卡。利用该选项卡可以控制约束栏上约束类型的显示。

图 4-76　"标注"选项卡

3．选项说明

（1）"标注约束格式"选项组：在该选项组内可以设置标注名称格式和锁定图标的显示。

☑ "标注名称格式"下拉列表框：为应用标注约束时显示的文字指定格式。将名称格式设置为显示名称、值或名称和表达式。例如，宽度=长度/2。

☑ "为注释性约束显示锁定图标"复选框：针对已应用注释性约束的对象显示锁定图标。

（2）"为选定对象显示隐藏的动态约束"复选框：显示选定时已设置为隐藏的动态约束。

4.4.3　实例——利用尺寸驱动更改方头平键尺寸

本实例主要介绍"尺寸约束"命令的使用方法，利用尺寸驱动更改方头平键尺寸的流程如图 4-77 所示。

操作步骤

（1）绘制方头平键（键 B18×100）或打开 2.3.2 节所绘制的方头平键，如图 4-78 所示。

图 4-77　更改方头平键尺寸　　　　图 4-78　方头平键

（2）单击"参数化"选项卡"几何"面板中的"共线"按钮 ⟍，使左端各竖直直线建立共线的几何约束。采用同样的方法创建右端各直线共线的几何约束。

（3）单击"参数化"选项卡"几何"面板中的"相等"按钮**=**，使最上端水平线与下面各条水平线建立相等的几何约束。

（4）单击"参数化"选项卡"标注"面板中的"线性"按钮，或选择菜单栏中的"参数"→"标注约束"→"水平"命令，更改水平尺寸。命令行提示与操作如下：

```
命令：_DcLinear
指定第一个约束点或 [对象(O)] <对象>：（单击最上端直线左端）
指定第二个约束点：（单击最上端直线右端）
指定尺寸线位置：（在合适位置单击）
标注文字=100（输入长度 80）
```

（5）系统自动将长度 100 调整为 80，最终结果如图 4-77 所示。

4.5　综合实例——绘制圆锥齿轮

锥齿轮结构各部分尺寸可由表 4-3 中的公式得到。其中，该表中 d 的尺寸仍然由与之相配合的轴所决定，可查阅国家标准 GB/T 2822—2005 取标准值。本综合实例将介绍圆锥齿轮的绘制，其绘制流程如图 4-79 所示。

表 4-3　锥齿轮结构各部分尺寸

锥齿轮结构	尺 寸 公 式
	$d_a \leqslant 500$
	$d_2 = 1.6d$（钢），$d_2 = 1.8d$（铸铁）
	$L = (1 \sim 1.2)d$
	$\Delta = (3 \sim 4)m \geqslant 10 \text{ mm}$
	$C = (0.1 \sim 0.17)R \geqslant 10 \text{ mm}$
	n、r 由结构决定，m 为大端模数

图 4-79　圆锥齿轮

4.5.1 绘制主视图

（1）新建文件。

选择菜单栏中的"文件"→"新建"命令，打开"选择样板"对话框，选择已创建的"A3样板图"，单击"打开"按钮，创建一个新的图形文件。

（2）设置图层。

单击"默认"选项卡"图层"面板中的"图层特性"按钮，打开"图层特性管理器"选项板。在该选项板中依次创建"轮廓线""点画线""剖面线"3个图层，并设置"轮廓线"图层的线宽为0.50 mm，设置"点画线"图层的线型为CENTER2。

（3）绘制中心线。

将"点画线"图层设置为当前图层，单击"默认"选项卡"绘图"面板中的"直线"按钮，绘制3条中心线，用来确定图形中各对象的位置，水平中心线的长度为310，两条竖直中心线的长度均为210，并且两条竖直中心线之间的距离为190，如图4-80所示。

图 4-80　绘制中心线

（4）绘制轮廓线。

单击"默认"选项卡"修改"面板中的"偏移"按钮，将水平中心线向上偏移，偏移距离分别为24、27.5、42.5、95、97.328。将图4-80中左边的竖直中心线向右偏移，偏移距离分别为30、35、50、80.592，并将偏移的直线转换到"轮廓线"图层，效果如图4-81所示。

（5）绘制轮齿。

❶ 将"轮廓线"图层设置为当前图层，单击"默认"选项卡"绘图"面板中的"直线"按钮，连接图4-81中的a、b两点，同时继续单击"默认"选项卡"绘图"面板中的"直线"按钮，以b为起点绘制两条角度线，命令行提示与操作如下：

```
命令: _line
指定第一个点:（选取图4-81中的b点）
指定下一点或 [放弃(U)]: @120<118↙
指定下一点或 [放弃(U)]: ↙
命令: _line
指定第一个点:（选取图4-81中的b点）
指定下一点或 [放弃(U)]: @120<121↙
指定下一点或 [放弃(U)]: ↙
```

效果如图4-82所示。

❷ 单击"默认"选项卡"绘图"面板中的"直线"按钮，命令行提示与操作如下：

```
命令: _line
指定第一个点:（选取图4-82中的a点）
指定下一点或 [放弃(U)]: @50<207.75↙
指定下一点或 [放弃(U)]: ↙
```

❸ 单击"默认"选项卡"修改"面板中的"偏移"按钮，将刚绘制的角度线向下偏移35，同时将图4-82中的直线cd向右偏移12，效果如图4-83所示。

❹ 单击"默认"选项卡"修改"面板中的"偏移"按钮，将图4-83中角度为121°的斜线向左偏移15，同时单击"默认"选项卡"修改"面板中的"修剪"按钮和"删除"按钮，修剪并删除多余的线条，效果如图4-84所示。

图 4-81 偏移直线   图 4-82 绘制角度线   图 4-83 偏移直线   图 4-84 修剪结果 1

❺ 单击"默认"选项卡"修改"面板中的"修剪"按钮￥和"删除"按钮，对图形进行进一步的修剪，结果如图 4-85 所示。

❻ 单击"默认"选项卡"绘图"面板中的"直线"按钮，以图 4-85 中的点 m 为起点竖直向下绘制直线，终点在直线 pk 上。

❼ 单击"默认"选项卡"修改"面板中的"圆角"按钮，对图 4-85 中的 n 角点进行圆角操作，圆角半径为 16，对角点 o、k、s 进行圆角操作，圆角半径为 3，效果如图 4-86 所示。

❽ 单击"默认"选项卡"修改"面板中的"倒角"按钮，对图中的相应部分进行倒角，倒角距离为 2。然后单击"默认"选项卡"绘图"面板中的"直线"按钮，绘制直线，最后单击"默认"选项卡"修改"面板中的"修剪"按钮，修剪多余的直线，效果如图 4-87 所示。

图 4-85 修剪结果 2   图 4-86 圆角结果   图 4-87 倒角并修剪结果

❾ 单击"默认"选项卡"修改"面板中的"镜像"按钮，选择图 4-88 中虚线部分为镜像对象，以中心线 tb 为镜像线，镜像结果如图 4-89 所示。

❿ 单击"默认"选项卡"修改"面板中的"删除"按钮，删除图 4-89 中的直线 xy，然后将"剖面线"图层设置为当前图层。单击"默认"选项卡"绘图"面板中的"图案填充"按钮，在打开的选项卡中选择填充图案为 ANSI31，将"图案填充角度"设置为 0，将"填充图案比例"设置为 1，其他为默认值。单击"拾取点"按钮，选择主视图上的相关区域，单击"关闭图案填充创建"按钮，完成剖面线的绘制，这样就完成了主视图的绘制，效果如图 4-90 所示。

图 4-88 选择镜像对象   图 4-89 镜像结果   图 4-90 图案填充结果

4.5.2 绘制左视图

（1）单击"默认"选项卡"绘图"面板中的"直线"按钮，从主视图向左视图绘制对应的辅助线，图形效果如图 4-91 所示。

（2）单击"默认"选项卡"绘图"面板中的"圆"按钮，按照辅助线绘制相应的同心圆，图形效果如图 4-92 所示。

（3）单击"默认"选项卡"修改"面板中的"偏移"按钮 ⊂，将左视图中的竖直中心线向左、右偏移，偏移距离为 7，然后将水平中心线向上偏移，偏移距离为 27.8，同时将偏移的中心线转换到"轮廓线"图层，效果如图 4-93 所示。

（4）单击"默认"选项卡"修改"面板中的"修剪"按钮 ¾ 和"删除"按钮 ¼，删除并修剪多余的线条，并将主视图中 118°的角度线和左视图中分度圆直径转换到"点画线"图层，效果如图 4-94 所示。

| 图 4-91 绘制辅助线 | 图 4-92 绘制同心圆 | 图 4-93 偏移直线 | 图 4-94 修剪结果 |

4.5.3 添加标注

（1）无公差尺寸标注。

❶ 将 DEFPOINTS 图层设置为当前图层，创建新标注样式。采用 4.3 节介绍的方法，在新文件中创建标注样式，并进行相应的设置，然后将其设置为当前使用的标注样式。

❷ 标注无公差尺寸。

☑ 标注无公差线性尺寸：单击"默认"选项卡"注释"面板中的"线性"按钮 ⊢，标注图中无公差线性尺寸，如图 4-95 所示。

☑ 标注无公差直径尺寸：单击"默认"选项卡"注释"面板中的"线性"按钮 ⊢，通过修改标注文字对圆进行标注，如图 4-96 所示。

（2）带公差尺寸标注。

❶ 设置带公差标注样式。采用 4.3 节介绍的方法，在新文件中创建标注样式，并进行相应的设置，然后将其设置为当前使用的标注样式。

❷ 标注带公差尺寸。单击"默认"选项卡"注释"面板中的"线性"按钮 ⊢，对图中带公差尺寸进行标注，结果如图 4-97 所示。

图 4-95 标注无公差线性尺寸

图 4-96 标注无公差直径尺寸

图 4-97 标注带公差尺寸

（3）标注基准符号（详细内容见 4.3 节）。

❶ 利用绘图命令，绘制基准符号，如图 4-98 所示。

❷ 单击"默认"选项卡"块"面板中的"定义属性"按钮，❶打开"属性定义"对话框，按照图 4-99 所示进行填写和设置。填写完毕后，❷单击"确定"按钮，此时返回绘图区域，用鼠标拾取图 4-97 中矩形内的一点。

图 4-98 绘制的基准符号

❸ 单击"默认"选项卡"块"面板中的"创建"按钮，❶打开"块定义"对话框，按照图 4-100 所示进行填写和设置。填写完毕后，❷单击"拾取点"按钮，此时返回绘图区域，用鼠标拾取图 4-98 中水平直线的中点，此时返回"块定义"对话框，❸然后单击"选择对象"按钮，选择图 4-98 所示的图形，此时返回"块定义"对话框，❹最后单击"确定"按钮，打开"编辑属性"对话框，输入基准符号字母"A"，完成块定义。

图 4-99 "属性定义"对话框

图 4-100 "块定义"对话框

❹ 单击"默认"选项卡"块"面板中"插入"下拉菜单中的"最近使用的块"选项，❶打开"块"选项板，❷在"选项"面板中设置旋转"角度"为 0，如图 4-101 所示。❸在"最近使用的块"选项中单击"基准符号"块，在尺寸"Ø85"下边尺寸界线的左部适当位置拾取一点。完成基准符号的标注，如图 4-102 所示。

图 4-101 "块"选项板

图 4-102 标注基准符号

（4）标注形位公差。

❶ 在标注形位公差之前，首先需要设置引线的样式，在命令行中输入"QLEADER"命令，根据系统提示输入"S"后按 Enter 键。❶AutoCAD 打开如图 4-103 所示的"引线设置"对话框，❷在其中选中"公差"单选按钮，即把引线设置为公差类型，其他为默认设置。设置完毕后，❸单击"确定"按钮，返回命令行，根据系统提示用鼠标指定引线的第一个点、第二个点和第三个点。

❷ 此时，❹AutoCAD 自动打开"形位公差"对话框，如图 4-104 所示，❺单击"符号"黑色方块，❻AutoCAD 打开"特征符号"对话框，用户可以在其中选择需要的符号，如图 4-105 所示。

图 4-103　"引线设置"对话框

图 4-104　"形位公差"对话框

❸ 填写完"形位公差"对话框后，单击"确定"按钮，返回绘图区域，完成形位公差的标注，如图 4-106 所示。

（5）标注表面结构符号。

❶ 单击"默认"选项卡"绘图"面板中的"直线"按钮，绘制如图 4-107 所示的表面结构符号。

图 4-105　"特征符号"对话框

图 4-106　标注形位公差

图 4-107　绘制表面结构符号

❷ 单击"默认"选项卡"修改"面板中的"复制"按钮，将表面结构符号复制到图中合适位置，然后单击"默认"选项卡"注释"面板中的"多行文字"按钮A，标注表面结构符号。采用同样的方式创建其余表面结构符号，最终效果如图 4-108 所示（后面章节中将介绍以"块"的方式标注图形中的表面结构符号）。

（6）标注技术要求。

单击"默认"选项卡"注释"面板中的"多行文字"按钮A，标注技术要求，如图 4-109 所示。

（7）插入标题栏。

单击"默认"选项卡"注释"面板中的"多行文字"按钮A，填写标题栏中相应的内容。至此，圆锥齿轮绘制完毕，最终效果如图 4-79 所示。

图 4-108 标注表面结构符号

技术要求
1.其余倒角 $C2$，表面粗糙度值为 $Ra2.5$
2.未注圆角半径为 $R=3mm$
3.正火处理220~250HBS

图 4-109 标注技术要求

4.6 实践与操作

通过前面的学习，读者对本章知识已经有了大体的了解，本节将通过 3 个实践操作练习帮助读者进一步掌握本章的知识要点。

4.6.1 标注技术要求

1. 目的要求

本练习主要利用"多行文字"命令，填写技术要求并在技术要求中插入字符及堆叠等，如图 4-110 所示。

2. 操作提示

（1）设置文字标注的样式。

（2）利用"多行文字"命令进行标注。

（3）利用快捷菜单输入特殊字符。在输入尺寸公差时要注意，一定要输入"+0.05^-0.06"，然后选择这些文字，并单击"文字格式"对话框中的"堆叠"按钮。

1.当无标准齿轮时，允许检查下列三项代替检查径向综合公差和一齿径向综合公差。
  a.齿圈径向跳动公差 Fr 为 0.056 。
  b.齿形公差 ff 为 0.016 。
  c.基节极限偏差 $\pm fpb$ 为 0.018 。
2.未注倒角 $C1$ 。
3.尺寸为 $\phi30^{+0.05}_{-0.06}$ 的孔抛光处理。

图 4-110 技术要求

4.6.2 绘制变速器组装图明细表

1. 目的要求

本练习主要让读者掌握如何设置表格样式，利用"表格"命令插入空表格并调整列宽等，如图 4-111 所示。

2. 操作提示

（1）设置表格样式。

（2）插入空表格，并调整列宽。

（3）重新输入文字和数据。

14	端盖	1	HT150	
13	端盖	1	HT150	
12	定距环	1	Q235A	
11	大齿轮	1	40	
10	键 16×70	1	Q275	GB 1095-79
9	轴	1	45	
8	轴承	2		30208
7	端盖	1	HT200	
6	轴承	2		30211
5	轴	1	45	
4	键8×50	1	Q275	GB 1095-79
3	端盖	1	HT200	
2	调整垫片	2组	08F	
1	减速器箱体	1	HT200	
序号	名 称	数量	材 料	备 注

图 4-111 变速器组装图明细表

4.6.3 绘制并标注泵轴尺寸

1．目的要求

本练习主要让读者掌握如何设置文字样式和标注样式，并利用尺寸和引线尺寸命令标注泵轴尺寸，如图 4-112 所示。

图 4-112　泵轴

2．操作提示

（1）绘制图形。

（2）设置文字样式和标注样式。

（3）标注线性尺寸。

（4）标注连续尺寸。

（5）标注引线尺寸。

第5章

快速绘图工具

为了方便绘图和提高绘图效率，AutoCAD 提供了一些快速绘图工具，包括图块及其属性、设计中心、工具选项板及样板图等。这些工具的一个共同特点是可以将分散的图形通过一定的方式组织成一个单元，在绘图时将这些单元插入图形中，达到提高绘图速度和图形标准化的目的。

5.1　图块及其属性

把一组图形对象组合成图块加以保存，需要时可以把图块作为一个整体以任意比例和旋转角度插入图中任意的位置，这样不仅可以避免大量的重复工作，提高绘图速度和工作效率，而且还可以大大节省磁盘空间。

5.1.1　图块操作

1. 图块定义

1）执行方式
- ☑ 命令行：BLOCK。
- ☑ 菜单栏："绘图"→"块"→"创建"。
- ☑ 工具栏："绘图"→"创建块" ⊏⁺。
- ☑ 功能区："默认"→"块"→"创建" ⊏⁺或"插入"→"块定义"→"创建" ⊏⁺。

2）操作步骤

执行上述命令，系统打开如图 5-1 所示的"块定义"对话框。利用该对话框指定定义对象、基点及其他参数，可定义图块并命名。

2. 图块保存

1）执行方式
- ☑ 命令行：WBLOCK。
- ☑ 功能区："插入"→"块定义"→"写块" ⊏⁺。

2）操作步骤

执行上述命令，系统打开如图 5-2 所示的"写块"对话框。利用该对话框可把图形对象保存为图块或把图块转换成图形文件。

图 5-1 "块定义"对话框

图 5-2 "写块"对话框

📢 **注意**：*以 BLOCK 命令定义的图块只能插入当前图形中，而以 WBLOCK 保存的图块既可以插入当前图形中，也可以插入其他图形中。*

3. 图块插入

1）执行方式

☑ 命令行：INSERT。

☑ 菜单栏："插入"→"块选项板"。

☑ 工具栏："插入"→"插入块"🔲 或"绘图"→"插入块"🔲。

☑ 功能区："默认"→"块"→"插入"下拉菜单或"插入"→"块"→①"插入"②下拉菜单（见图 5-3）。

图 5-3 "插入"下拉菜单

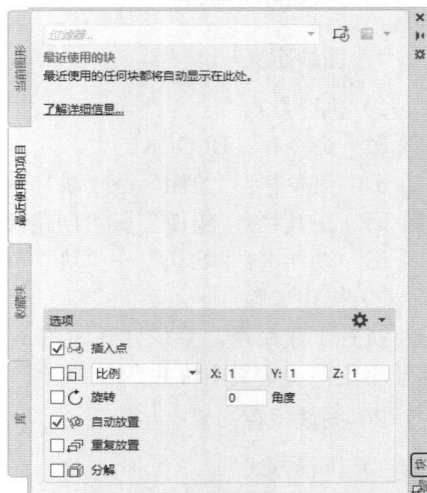

2）操作步骤

执行上述命令，系统打开"块"选项板，如图 5-4 所示。利用该选项板设置插入点位置、插入比例及旋转角度，可以指定要插入的图块及插入位置。

3）选项说明

（1）"控制选项"面板。

"块"选项板的整个顶部区域提供了以下显示和访问控件。

☑ 过滤器：接受使用通配符的条件，以按名称过滤可用的块。有效通配符为用于单个字符的"？"和用于多个字符的"＊"。例如，4??A＊可显示名为40xA123 和 4x8A 的块。下拉列表显示之前使用的通

图 5-4 "块"选项板

配符字符串。

- ☑ 浏览块库：显示文件选择对话框，用于选择要作为块插入当前图形中的图形文件或其块定义之一。
- ☑ 图标或列表样式：显示列出或预览可用块的多个选项。

（2）选项卡。

- ☑ "当前图形"选项卡：显示当前图形中可用块定义的预览或列表。
- ☑ "最近使用的项目"选项卡：显示当前和上一个任务中最近插入或创建的块定义的预览或列表。这些块可能来自各种图形。

💡 提示：可以删除"最近使用的项目"选项卡中显示的块（方法是在其上单击鼠标右键，在弹出的快捷菜单中选择"从最近列表中删除"命令）。若要删除"最近使用的项目"选项卡中显示的所有块，请将 BLOCKMRULIST 系统变量设置为 0。

- ☑ "收藏夹"选项卡：显示从"块"选项板的其他选项卡复制的收藏块定义的预览或列表。
- ☑ "库"选项卡：显示从单个指定图形中插入的块定义的预览或列表。块定义可以存储在任何图形文件中。将图形文件作为块插入还会将其所有块定义输入当前图形中。

💡 提示：可以创建存储所有相关块定义的"块库图形"。如果使用此方法，则在插入块库图形时选中选项板中的"分解"复选框，可防止图形本身在预览区域显示或列出。

（3）"选项"面板。

插入块的位置和方向取决于 UCS 的位置和方向。

📢 注意：仅当单击并放置块而不是拖放它们时，才可应用这些选项。

- ☑ 插入点：指定块的插入点。如果选中该复选框，则插入块时使用定点设备或手动输入坐标，即可指定插入点；如果取消选中该复选框，则将使用之前指定的坐标。

📢 注意：若要使用此选项在先前指定的坐标处定位块，则必须在选项板中双击该块。

- ☑ 比例：指定插入块的缩放比例。如果选中该复选框，则指定 X、Y 和 Z 方向的比例因子。如果为 X、Y 和 Z 的比例因子输入负值，则块将作为围绕该轴的镜像图像插入；如果取消选中该复选框，则将使用之前指定的比例。
- ☑ 旋转：在当前 UCS 中指定插入块的旋转角度。如果选中该复选框，则使用定点设备或输入角度指定块的旋转角度；如果取消选中该复选框，则将使用之前指定的旋转角度。
- ☑ 自动放置：根据之前在图形中放置该块的位置提供放置建议，块放置引擎会学习现有块实例在图形中的放置方式，以推断相同块的下次放置。将块从"块"选项板插入到图形中时，该引擎会提供接近之前放置该块的类似几何图形的放置建议。
- ☑ 重复放置：控制是否自动重复块插入。如果选中该复选框，则系统将自动提示其他插入点，直到按 Esc 键取消命令；如果取消选中该复选框，则将插入指定的块一次。
- ☑ 分解：控制块在插入时是否自动分解为其部件对象。作为块将在插入时遭分解的指示，将自动阻止光标处块的预览。如果选中该复选框，则块中的构件对象将解除关联并恢复为其原有特性。使用 BYBLOCK 颜色的对象为白色，具有 BYBLOCK 线型的对象使用 CONTINUOUS 线型。如果取消选中该复选框，则将在块不分解的情况下插入指定块。

5.1.2　图块的属性

1. 属性定义

1）执行方式

☑　命令行：ATTDEF。

☑　菜单栏："绘图"→"块"→"定义属性"。

☑　功能区："默认"→"块"→"定义属性"✎或"插入"→"块定义"→"定义属性"✎。

2）操作步骤

执行上述命令，系统打开"属性定义"对话框，如图 5-5 所示。

3）选项说明

（1）"模式"选项组。

☑　"不可见"复选框：选中该复选框，属性为不可见显示方式，即插入图块并输入属性值后，属性值在图中并不显示出来。

☑　"固定"复选框：选中该复选框，属性值为常量，即属性值在属性定义时给定，在插入图块时 AutoCAD 不再提示输入属性值。

☑　"验证"复选框：选中该复选框，当插入图块时，AutoCAD 重新显示属性值让用户验证该值是否正确。

图 5-5　"属性定义"对话框

☑　"预设"复选框：选中该复选框，当插入图块时，AutoCAD 自动把事先设置好的默认值赋予属性，而不再提示输入属性值。

☑　"锁定位置"复选框：锁定块参照中属性的位置。解锁后，属性可以相对于使用夹点编辑的块的其他部分移动，并且可以调整多行文字属性的大小。

☑　"多行"复选框：指定属性值可以包含多行文字。选中该复选框后，可以指定属性的边界宽度。

（2）"属性"选项组。

☑　"标记"文本框：输入属性标签。属性标签可由除空格和感叹号以外的所有字符组成。AutoCAD 自动把小写字母改为大写字母。

☑　"提示"文本框：输入属性提示。属性提示是插入图块时，AutoCAD 要求输入属性值的提示。如果不在该文本框内输入文本，则以属性标签作为提示。如果在"模式"选项组中选中"固定"复选框，即设置属性为常量，则不需要设置属性提示。

☑　"默认"文本框：设置默认的属性值。可把使用次数较多的属性值作为默认值，也可不设默认值。

其他各选项组比较简单，此处不再赘述。

2. 修改属性定义

1）执行方式

☑　命令行：DDEDIT。

☑　菜单栏："修改"→"对象"→"文字"→"编辑"。

☑　快捷方法：双击要修改的属性定义。

2）操作步骤

命令：DDEDIT✓

当前设置：编辑模式=Single

选择注释对象或 [放弃(U)/模式(M)]:

在此提示下选择要修改的属性定义，系统打开"编辑
属性定义"对话框，如图 5-6 所示。可以在该对话框中修
改属性定义。

3. 图块属性编辑

1）执行方式

☑　命令行：EATTEDIT。

☑　菜单栏："修改"→"对象"→"属性"→
"单个"。

☑　工具栏："修改 II"→"编辑属性"。

☑　功能区："默认"→"块"→"编辑属性"。

2）操作步骤

命令：EATTEDIT✓

选择块：

选择块后，系统打开"增强属性编辑器"对话框，如
图 5-7 所示。通过该对话框不仅可以编辑属性值，还可以
编辑属性的文字选项和图层、线型、颜色等特性值。

图 5-6　"编辑属性定义"对话框

图 5-7　"增强属性编辑器"对话框

5.1.3　搜索和转换

AutoCAD2026 的"搜索和转换"功能（命令：BSEARCH）可快速查找图纸中的重复图形或文字变
体，并将其批量转换为块或指定属性。

1. 执行方式

☑　命令行：BSEARCH。

☑　功能区：默认→块→搜索和转换。

2. 操作步骤

命令：BSEARCH

选择对象以查找要转换为块的匹配实例:找到 1 个

选择对象以查找要转换为块的匹配实例:

选择要删除/添加的实例:

选择替代块。

接受放置或[移动（M）旋转（R）缩放（S）放弃（U）]<接受>:

3. 选项说明

（1）选择要删除/添加的实例：需要选择要删除或添加的对象时，若存在多个相同的对象，可以选
择删除不需要的对象，或者选择添加新的对象。

（2）移动（M）：将一个或多个对象以某点为基准，沿着指定的角度和距离移动到新的位置。

（3）旋转（R）：将一个或多个对象以某点为基准，旋转指定角度。旋转操作可以改变对象的方

向，使其达到所需的图形效果。

（4）缩放（S）：将一个对象或多个对象以某点为中心，按照指定的比例进行缩放。缩放操作可以调整对象的大小，使其符合设计要求。

（5）放弃（U）：放弃操作可以撤销上一步或几步操作。

（6）接受：与放弃操作相对，接受操作可以重新执行之前放弃的操作。

5.1.4 实例——批量替换办公楼楼内的餐桌图块

本实例讲解批量替换办公楼楼内的餐桌图块，如图 5-8 所示。

图 5-8 批量替换办公楼的餐桌

（1）打开源文件中的"办公楼一层家具布置图"，如图 5-9 所示。

图 5-9 办公楼一层家具布置图

（2）单击"默认"选项卡"块"面板下拉列表中的"搜索和转换"按钮，选择需要替换的餐桌图块，按空格键，自动识别图纸中的餐桌，如图 5-10 所示，单击"转换"按钮，如图 5-11 所示。

图 5-10 餐桌

图 5-11 转换

（3）弹出"转换为块"对话框，单击"现有块"按钮和"从图形中选择"按钮 ，如图 5-12 所示。

（4）选择替代块，如图 5-13 所示，返回"转换为块"对话框，单击"转换"按钮，如图 5-14 所示。

图 5-12 "转换为块"对话框　　　　图 5-13 选择替代块　　　　图 5-14 转换

（6）在命令行中按 Enter 键确认，将批量替换餐桌图块，如图 5-15 所示。
命令行提示与操作如下。

```
命令：_BSEARCH
选择对象以查找要转换为块的匹配实例：找到 1 个
选择对象以查找要转换为块的匹配实例：
选择要删除/添加的实例：
接受放置或 [移动(M)/旋转(R)/缩放(S)/放弃(U)] <接受>：按 Enter 键
12 个块已转换。
```

图 5-15　餐桌批量替换

5.2　设计中心与工具选项板

使用 AutoCAD 2026 设计中心可以很容易地组织设计内容，并把它们拖动到当前图形中。工具选项板是"工具选项板"面板中选项卡形式的区域，提供组织、共享和放置块及填充图案的有效方法，也可以包含由第三方开发人员提供的自定义工具。另外，还可以利用设置中的组织内容，将其创建为工具选项板。设计中心与工具选项板的使用提高了绘图的效率。

5.2.1　设计中心

1. 启动设计中心

1）执行方式

☑　命令行：ADCENTER。

☑　菜单栏："工具"→"选项板"→"设计中心"。

☑　工具栏："标准"→"设计中心"▦。

☑　功能区："视图"→"选项板"→"设计中心"▦。

☑　快捷键：Ctrl+2。

2）操作步骤

执行上述命令，系统打开设计中心。第一次启动设计中心时，默认打开的选项卡为"文件夹"。内容显示区采用大图标显示，左边的资源管理器采用树形结构显示，在浏览资源的同时，在内容显示区将显示所浏览资源的有关细目或内容，如图 5-16 所示。另外，也可以搜索资源，方法与 Windows 资源管理器类似。

图 5-16　AutoCAD 2026 设计中心的资源管理器和内容显示区

2. 利用设计中心插入图形

设计中心的一个最大优点是可以将系统文件夹中的 DWG 图形当成图块插入当前图形中。

（1）从文件夹列表或查找结果列表框选择要插入的对象，拖动对象到打开的图形中。

（2）右击，从打开的快捷菜单中选择"缩放"和"旋转"等命令，如图 5-17 所示。

（3）在相应的命令行提示下输入缩放比例和旋转角度等数值。

被选择的对象根据指定的参数插入图形中。

5.2.2　工具选项板

1. 打开工具选项板

1）执行方式

☑　命令行：TOOLPALETTES。

☑　菜单栏："工具"→"选项板"→"工具选项板"。

☑　工具栏："标准"→"工具选项板窗口"。

☑　功能区："视图"→"选项板"→"工具选项板"。

☑　快捷键：Ctrl+3。

图 5-17　快捷菜单

2）操作步骤

执行上述命令，❶系统自动打开"工具选项板"，如图 5-18 所示。该工具选项板中有系统预设置的选项卡。❷可以右击，在打开的快捷菜单中选择"新建选项板"命令，如图 5-19 所示。❸系统新建一个空白选项卡，可以命名该选项卡，如图 5-20 所示。

2. 将设计中心内容添加到工具选项板

在 Mechanical Sample 文件夹上右击，❶在打开的快捷菜单中选择"创建块的工具选项板"命令，如图 5-21 所示。设计中心中储存的图元就出现在❷工具选项板中新建的❸Mechanical Sample 选项卡上，如图 5-22 所示。这样就可以将设计中心与工具选项板结合起来，建立一个快捷、方便的工具选项板。

3. 利用工具选项板绘图

只需要将工具选项板中的图形单元拖动到当前图形，该图形单元就会以图块的形式插入当前图形中。图 5-23 所示是将工具选项板"机械"选项卡中的"滚珠轴承-公制"图形单元拖到当前图形并填充绘制的滚珠轴承图。

图 5-18　工具选项板　　　　图 5-19　快捷菜单　　　　图 5-20　新建选项板

图 5-21　快捷菜单　　　　图 5-22　创建工具选项板　　图 5-23　滚珠轴承图

5.3 综合实例——绘制圆锥齿轮轴

本综合实例将介绍圆锥齿轮轴的绘制过程，由于圆锥齿轮轴是对称结构，因此，可以利用图形的对称性，先绘制图形的一半再进行镜像处理来完成，其绘制流程如图 5-24 所示。

图 5-24 圆锥齿轮轴

5.3.1 绘制主视图

（1）新建文件。

选择菜单栏中的"文件"→"新建"命令，打开"选择样板"对话框，单击"打开"按钮右侧的⊡按钮，选择"无样板打开-公制（毫米）"选项，创建一个新的图形文件。

（2）设置图层。

单击"默认"选项卡"图层"面板中的"图层特性"按钮，打开"图层特性管理器"选项板。在该选项板中依次创建"轮廓线""点画线""剖面线"3 个图层，并设置"轮廓线"图层的线宽为 0.50 mm，设置"点画线"图层的线型为 CENTER2。

（3）绘制轮廓线。

❶ 将"点画线"图层设置为当前图层，单击"默认"选项卡"绘图"面板中的"直线"按钮，沿水平方向绘制一条中心线，将"轮廓线"图层设置为当前图层，再次单击"默认"选项卡"绘图"面板中的"直线"按钮，沿竖直方向绘制一条直线，效果如图 5-25 所示。

❷ 单击"默认"选项卡"修改"面板中的"偏移"按钮，将竖直线依次向右偏移 72、132、167、231、276、336、437.389，效果如图 5-26 所示。

❸ 再次单击"默认"选项卡"修改"面板中的"偏移"按钮，将水平中心线向上偏移，偏移距离分别为 22.5、26、27.5、32.5、54.74，同时将偏移的直线转换到"轮廓线"图层，效果如图 5-27 所示。

❹ 单击"默认"选项卡"修改"面板中的"修剪"按钮，修剪多余的直线，效果如图 5-28 所示。

图 5-25　绘制定位直线　　　　图 5-26　偏移竖直直线　　　　图 5-27　偏移水平中心线

（4）绘制锥齿。

❶ 单击"默认"选项卡"绘图"面板中的"直线"按钮／，以图 5-28 中的 a 点为起点，绘制角度分别为 159.75°和 161.4°的斜线，并将角度为 161.4°的斜线转换到"点画线"图层，如图 5-29 所示。

图 5-28　修剪结果　　　　　　　　　　　图 5-29　绘制角度线

❷ 单击"默认"选项卡"绘图"面板中的"直线"按钮／，以图 5-29 中的 b 点为起点，绘制角度为 251.57°的斜线，如图 5-30 所示。

❸ 单击"默认"选项卡"修改"面板中的"修剪"按钮，修剪多余的直线，效果如图 5-31 所示。

图 5-30　绘制斜线　　　　　　　　　　　图 5-31　修剪结果

❹ 单击"默认"选项卡"修改"面板中的"镜像"按钮，镜像对象为图 5-31 中心线上方部分，以直线 ac 为镜像线，得到的结果如图 5-32 所示。

（5）绘制键槽。

❶ 单击"默认"选项卡"修改"面板中的"偏移"按钮，将水平中心线分别向上、下偏移，偏移距离均为 7，同时将偏移的直线转换到"轮廓线"图层，效果如图 5-33 所示。

图 5-32　镜像结果　　　　　　　　　　　图 5-33　偏移结果

❷ 单击"默认"选项卡"修改"面板中的"偏移"按钮，将图 5-33 中的直线 mn 向右偏移，偏移距离分别为 4、67，效果如图 5-34 所示。

❸ 单击"默认"选项卡"修改"面板中的"修剪"按钮，对图 5-34 中偏移的直线进行修剪，效果如图 5-35 所示。

图 5-34　偏移直线　　　　　　　　　　　图 5-35　修剪结果

❹ 单击"默认"选项卡"修改"面板中的"圆角"按钮⌒，对图 5-35 中角点 m、n、p、o 进行圆角处理，圆角半径为 7；单击"默认"选项卡"修改"面板中的"修剪"按钮¾和"删除"按钮⍆，修剪并删除多余的线条，图形效果如图 5-36 所示。

（6）绘制齿根线。

❶ 单击"默认"选项卡"绘图"面板中的"直线"按钮╱，以图 5-36 中的 a 点为起点，绘制角度为 196.25°的斜线，然后单击"默认"选项卡"修改"面板中的"修剪"按钮¾，修剪多余的直线，如图 5-37 所示。

图 5-36　圆角结果

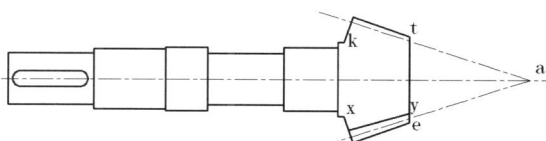

图 5-37　绘制角度线

❷ 单击"默认"选项卡"修改"面板中的"圆角"按钮⌒，对图 5-37 中的角点 k、x 进行圆角处理，圆角半径为 5，将"点画线"图层设置为当前图层，然后单击"默认"选项卡"绘图"面板中的"直线"按钮╱，连接图 5-37 中的 at、ae 和 ay，图形效果如图 5-38 所示。

（7）绘制局部剖面图。

❶ 将"剖面线"图层设置为当前图层，单击"默认"选项卡"绘图"面板中的"样条曲线拟合"按钮∿，绘制一条波浪线。然后单击"默认"选项卡"绘图"面板中的"图案填充"按钮▨，完成剖面线的绘制。最后单击"默认"选项卡"修改"面板中的"倒角"按钮⌒，倒角距离为 2，对图中相应位置进行倒角处理，绘制倒角线，这样就完成了主视图的绘制，效果如图 5-39 所示。

图 5-38　绘制圆角

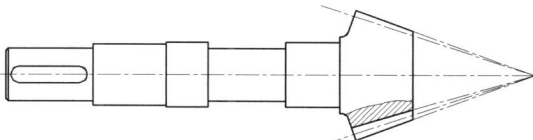

图 5-39　完成主视图

❷ 下面绘制键槽处的剖面图。将"点画线"图层设置为当前图层，单击"默认"选项卡"绘图"面板中的"直线"按钮╱，在对应的位置绘制中心线，然后将"轮廓线"图层设置为当前图层，单击"默认"选项卡"绘图"面板中的"圆"按钮⊙，以刚才绘制的中心线的交点为圆心，绘制半径为 22.5 的圆，效果如图 5-40 所示。

❸ 单击"默认"选项卡"修改"面板中的"偏移"按钮⊆，将直线 ab 向右偏移 17，将直线 cd 分别向上、下各偏移 7，将偏移后的直线转换到"轮廓线"图层，效果如图 5-41 所示。

图 5-40　绘制圆

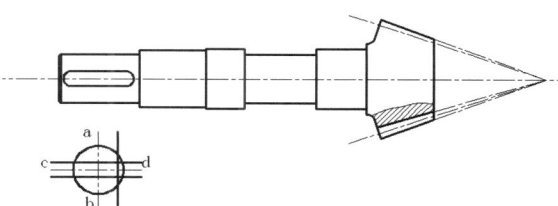

图 5-41　偏移结果

❹ 单击"默认"选项卡"修改"面板中的"修剪"按钮¾，修剪多余的直线，效果如图 5-42 所示。

❺ 将"剖面线"图层设置为当前图层，单击"默认"选项卡"绘图"面板中的"图案填充"按钮 ▨，完成剖面线的绘制，这样就完成了键槽剖面图的绘制，效果如图 5-43 所示。

图 5-42　修剪结果　　　　　　　　　　　　图 5-43　完成剖面图

❻ 单击"默认"选项卡"修改"面板中的"圆角"按钮 ⌐，对各个轴肩进行圆角处理。

注意：轴肩高度 h、圆角半径 R 及轴上零件的倒角 C_1 或圆角 R_1 要保证如下关系：$h > R_1 > R$ 或 $h > C_1$，如图 5-44 所示。轴径与圆角半径的关系如表 5-1 所示，如 $d = 50\,\text{mm}$，由表查得 $R = 1.6\,\text{mm}$，$C_1 = 2\,\text{mm}$，则 $h \approx 2.5 \sim 3.5\,\text{mm}$。

图 5-44　轴肩高度和圆角半径

表 5-1　零件倒圆和倒角的推荐值

直径 d	>10~18	>18~30	>30~50	>50~80	>80~120	>120~180	>180~250
R	0.8	1.0	1.6	2.0	2.5	3.0	4.0
C_1	1.2	1.6	2.0	2.5	3.0	4.0	5.0

注意：安装滚动轴承处的 R 和 R_1 可在轴承标准中查得。轴肩高度 h 除了应大于 R_1 外，还要小于轴承内圈厚度 h_1，以便拆卸轴承，如图 5-45（a）所示。如果有结构原因，必须使 $h \geqslant h_1$ 时，可采用轴槽结构，供拆卸轴承用，如图 5-45（b）所示。如果可以通过其他零件拆卸轴承，则 h 不受此限制。

（a）　　　　　　　　　　（b）

图 5-45　轴承的拆卸

5.3.2　添加标注

（1）标注轴向尺寸。

❶ 单击"默认"选项卡"注释"面板中的"标注样式"按钮 ⌐，创建"圆锥齿轮轴标注（不带偏差）"标注样式，进行相应的设置，完成后将其设置为当前标注样式。然后单击"默认"选项卡"注

释"面板中的"线性"按钮┌┐，对齿轮轴中不带偏差的轴向尺寸进行标注，效果如图 5-46 所示。

图 5-46　添加线性标注

❷ 单击"默认"选项卡"注释"面板中的"标注样式"按钮┣┫，打开"标注样式管理器"选项板。单击"新建"按钮，打开"创建新标注样式"对话框，输入新样式名"圆锥齿轮轴标注（带偏差）"。在"创建新标注样式"对话框中单击"继续"按钮，在打开的对话框中选择"公差"选项卡，在"公差格式"的"方式"中选择"极限偏差"，设置"精度"为 0.000，设置"垂直位置"为"中"，单击"确定"按钮完成标注样式的新建。将新建的标注样式置为当前标注，标注带有偏差的轴向尺寸，效果如图 5-47 所示。

图 5-47　添加带偏差标注

（2）标注径向尺寸。

❶ 将"圆锥齿轮轴标注（不带偏差）"标注样式设置为当前标注样式，使用线性标注对不带偏差的轴径尺寸进行标注，单击"默认"选项卡"注释"面板中的"线性"按钮┌┐，标注各个直径尺寸，然后双击标注的文字，在打开的"特性"选项板中修改标注文字。

❷ 将"圆锥齿轮轴标注（带偏差）"标注样式设置为当前标注样式，单击"默认"选项卡"注释"面板中的"标注样式"按钮┣┫，打开"标注样式管理器"选项板。单击"修改"按钮，打开"修改标注样式"对话框，选择"主单位"选项卡，在"线性标注"下的"前缀"中输入"%%C"，单击"确定"按钮完成标注样式的修改。标注带有偏差的径向尺寸，效果如图 5-48 所示。

（3）标注表面结构符号。

❶ 单击"默认"选项卡"绘图"面板中的"直线"按钮╱，绘制表面结构符号。然后单击"默认"选项卡"块"面板中的"创建"按钮┏┛，❶打开"块定义"对话框，如图 5-49 所示。❷单击"选择对象"按钮，回到绘图窗口，拖动鼠标选择绘制的表面结构符号，按 Enter 键，回到"块定义"对话框，❸在"名称"文本框中添加名称"表面结构符号"，❹选取基点，其他选项为默认设置，❺单击"确定"按钮，完成创建图块的操作。

图 5-48　标注径向尺寸

❷ 在命令行中输入"WBLOCK"后按 Enter 键，①打开"写块"对话框，如图 5-50 所示。②在"源"选项组中选择"块"模式，③从右侧的下拉列表框中选择"表面结构符号"选项。④在"目标"选项组中选择文件名和路径，完成表面结构符号块的保存。在以后使用表面结构符号时，可以直接以块的形式插入目标文件中。

图 5-49　"块定义"对话框

图 5-50　"写块"对话框

❸ 单击"默认"选项卡"块"面板中"插入"下拉菜单中的"最近使用的块"选项，系统打开"块"选项板，在"选项"面板中使用默认设置，在"最近使用的块"选项中单击"表面结构符号.dwg"插入图中合适位置。然后单击"默认"选项卡"注释"面板中的"多行文字"按钮A，查阅"轴的工作表面的表面粗糙度"推荐表中的数值，标注图中的表面结构符号，效果如图 5-51 所示。

（4）标注基准符号。单击"默认"选项卡"块"面板中"插入"下拉菜单中的"库中的块"选项，①打开"块"选项板，②单击"控制选项"面板中的"浏览块库"按钮，③加载"基准面符号"图块，④设置旋转角度为 0，如图 5-52 所示。单击"基准面符号"图块，在尺寸"Ø55"下边尺寸界线的左部适当位置拾取一点插入。完成基准符号的标注，如图 5-53 所示。

（5）标注形位公差。

❶ 在标注形位公差之前，首先需要设置引线的样式，在命令行中输入"QLEADER"命令，根据系统提示输入"S"后按 Enter 键。①AutoCAD 打开如图 5-53 所示的"引线设置"对话框，②在其中选中"公差"单选按钮，即把引线设置为公差类型，其他为默认设置。设置完毕后，③单击"确定"按钮，返回命令行，根据系统提示用鼠标指定引线的第一个点、第二个点和第三个点。

图 5-51　标注表面结构符号

图 5-52　"块"选项板

图 5-53　标注基准符号

图 5-54　"引线设置"对话框

❷ 此时，❶ AutoCAD 自动打开"形位公差"对话框，如图 5-55 所示，❷ 单击"符号"黑色方块，❸ AutoCAD 打开"特征符号"对话框，用户可以在其中选择需要的符号，如图 5-56 所示。

图 5-55　"形位公差"对话框

❸ 设置完"形位公差"对话框后，单击"确定"按钮，返回绘图区域，完成形位公差的标注，如图 5-57 所示。

（6）完成剩余表面结构符号的绘制，然后标注倒角；在命令行中输入"QLEADER"命令，对图中的倒角进行标注，至此便完成了主视图的标注。

（7）删除多余的标注，至此便完成了圆锥齿轮轴的绘制，如图 5-58 所示。

图 5-56　"特征符号"对话框

图 5-57　完成形位公差标注

图 5-58　圆锥齿轮轴完成图

5.4　实践与操作

通过前面的学习，读者对本章知识已经有了大体的了解，本节将通过两个实践操作练习帮助读者进一步掌握本章的知识要点。

5.4.1　定义"螺母"图块

1. 目的要求

本练习主要让读者掌握如何定义块，并比较"创建块"和 WBLOCK 命令的区别，如图 5-59 所示。

2. 操作提示

（1）利用"块定义"对话框进行适当设置，以定义块。

（2）利用 WBLOCK 命令进行适当设置，以保存块。

图 5-59　定义图块

5.4.2　利用设计中心绘制盘盖组装图

1．目的要求

本练习主要让读者掌握如何利用设计中心和工具选项板将所需的文件插入图形中，如图 5-60 所示。

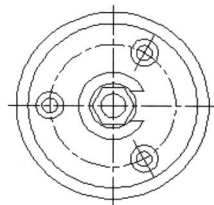

图 5-60　盘盖组装图

2．操作提示

（1）打开设计中心与工具选项板。

（2）建立一个新的工具选项板选项卡。

（3）在设计中心查找已经绘制好的常用机械零件图。

（4）将这些零件图拖入新建立的工具选项板选项卡中。

（5）打开一个新图形文件界面。

（6）将需要的图形文件模块从工具选项板中拖入当前图形中，并对其进行适当的缩放、移动、旋转等操作。

第6章

AI 赋能与 AutoCAD 智能开发

AI 赋能 AutoCAD 智能开发具有如下优势：提升设计效率（快速生成方案、自动处理常规任务）、提高质量（精准查错与优化）、增强协作（实时共享与知识复用）、激发创新（生成多元设计方案），且具备高效性、精准性、智能性等特点。

6.1　AI 技术如何赋能 AutoCAD

人工智能（AI）正在深刻改变设计行业，为传统设计流程带来革命性提升。从 MidJourney、DALL-E 等 AI 绘图工具根据文字描述生成惊艳的视觉作品，到 Adobe 的 AI 功能自动优化设计布局和配色，AI 技术已经渗透到设计的各个领域。在 CAD 设计领域，AI 同样开始发挥重要作用：它能自动优化图纸布局、智能识别和标注图形元素、检测设计冲突，甚至根据需求参数自动生成初步设计方案。

AI 在设计中的核心优势是显著提升工作效率。通过自动化处理重复性任务，如图形分类、尺寸标注、数据统计等，设计师可以将更多精力投入创造性工作。研究表明，使用 AI 工具的设计团队项目交付时间可缩短 40%～60%，操作错误率降低约 30%。同时，AI 的数据分析能力还能帮助设计师快速生成多种设计方案，为决策提供有力支持。

从发展趋势来看，未来人工智能将在设计领域进一步深化。预计 3～5 年内，会出现更专业的垂直领域设计 AI，这些 AI 能够理解特定行业的术语与规范，提供更为精准的设计辅助。同时，AR（增强现实）与 AI 的融合也将创造全新的设计媒介与体验形式，不断拓展设计的边界与可能性。

面对 AI 浪潮，设计师的角色正在转变。除了掌握传统 CAD 技能，学习如何利用 AI 工具也成为新的必修课，设计师需要懂得如何向 AI 提出正确的需求、判断 AI 输出内容的质量，使 AI 成为提升设计水平的得力助手。在 AI 时代，设计师的核心竞争力将更多体现在创新思维、问题解决和人机协作能力上。

AI 技术对 AutoCAD 使用方式的改变主要体现在以下几个方面。

1．生成式设计（generative design）

生成式设计利用 AI 的强大计算能力，彻底改变了传统设计流程。通过分析大量设计数据和约束条件，AI 能自动生成多种设计方案，帮助设计师探索创新可能性。这不仅提高了设计效率，还能优化产品性能和减少材料使用。

2. 设计自动化与优化

AI 能够自动生成和修改设计图纸，大幅提升工作效率。通过分析历史设计数据和用户输入的约束条件，AI 可以推荐最佳设计方案，减少设计师的重复劳动。此外，AI 还可以通过模拟和测试来评估设计的性能与可靠性，帮助设计师做出更科学的决策。

3. 多模态交互

最新的 AI 技术支持文本、图像和点云等多种模态的输入，使用户能够通过简单的指令或上传目标形状的图像，快速生成符合要求的 CAD 模型。这种多模态交互方式大大降低了非专业用户的使用门槛，激发了更多人对 CAD 设计的兴趣。

4. 实时环境分析与风险预测

Autodesk AI 在 AutoCAD 中集成了实时环境分析功能，可以帮助建筑师和工程师在设计过程中考虑环境因素，实现可持续设计。此外，AI 还可以预测和预防施工风险，改进决策，通过辅助工作流节约时间，并更快、更早地访问项目信息。

5. 人机交互与智能辅助

AI 技术提升了人机交互的效率，使设计师能够更快地完成设计任务。通过提供实时的建议和反馈，AI 能够帮助设计师解决设计问题，提高设计质量。例如，SolidWorks 已经实现了将 Open AI 大模型内置，通过简单对话快速实现产品建模。

6. 数据驱动与算法集成

AI 技术需要大量数据进行训练和优化，而 CAD 软件生成的设计数据可以作为 AI 训练的数据源。通过将 AI 算法与 CAD 算法集成，可以进一步提高设计效率和质量。例如，AutoCAD 2025 引入了 AI 机器学习技术，显著提升了设计和文档处理效率。

7. 创新设计工具

AI 技术为设计师提供了新的设计工具，如草稿生图和视频生成等。这些工具能够快速将设计师的想法转化为可视化图片或视频，以激发创意灵感，推动创新设计。

AI 技术在 AutoCAD 中的应用正在全面提升设计效率、优化设计质量和增强用户体验。通过生成式设计、设计自动化与优化、多模态交互、实时环境分析、人机交互与智能辅助、数据驱动与算法集成及创新设计工具等多方面的应用，AI 正在重塑 CAD 设计的未来，为设计师和工程师带来全新的工作方式和无限的创新可能性。

6.2　开发环境与工具

在 AutoCAD 开发中，选择合适的开发环境与开发工具至关重要。本章将深入探讨三种关键的开发途径：AutoLISP 与 Visual LISP 为传统用户提供了强大的自定义功能；Python 与 AutoCAD 的结合则通过现代编程语言的灵活性，拓展了开发的可能性；而加载和使用 AI 工具或插件则将前沿的人工智能技术融入设计流程，显著提升设计效率与创新能力。通过这些工具的运用，开发者能够更高效地定制和优化 AutoCAD，以满足多样化的设计需求。

6.2.1　AutoLISP、Visual LISP 开发环境

AutoLISP 和 Visual LISP 是 AutoCAD 二次开发中密切相关的两个程序语言，但它们的功能和定位

有所不同。

1. AutoLISP

AutoLISP 是 Autodesk 公司开发的一种 LISP（List Processor，表处理语言）程序语言，是一种解释型语言，与 Python、JavaScript、Matlab 等类似。AutoCAD 软件内置了 AutoLISP 语言解释器，因此只要安装了 AutoCAD，就可以直接运行 AutoLISP。

1）核心功能

（1）通过编写.lsp 脚本文件控制 AutoCAD 的操作，如创建图形、修改对象、自动化重复任务。

（2）提供与 AutoCAD 交互的 API，例如 command、entmake 等函数。

（3）语法简单，适合快速开发小型工具。

2）局限性

（1）早期版本功能有限，调试困难（依赖 print 语句）。

（2）没有现代集成开发环境（integrated development environment，IDE），代码编辑和调试依赖外部文本编辑器。

2. Visual LISP (VLISP)

Visual LISP 是 AutoLISP 的增强版本，由 Autodesk 在 AutoCAD R14 及更高版本中引入。它提供了 IDE，并扩展了 AutoLISP 的功能。

核心增强

（1）开发环境：包含代码编辑器、调试器（单步执行、断点）、语法检查、变量监视窗口等。

（2）编译支持：可将 .lsp 文件编译为 .fas 或 .vlx 二进制文件，提高执行效率和代码安全性。

（3）功能扩展：

❶ 支持 ActiveX/COM 对象（如操作 Excel 或访问其他 Windows 应用）。

❷ 新增函数库（如 vl-* 系列函数，例如 vlax-create-object）。

❸ 支持对复杂数据结构的操作（如列表、字典）。

（4）交互式控制台：提供即时执行代码的 REPL（read-eval-print loop）环境。

3. AutoLISP 与 Visual LISP 的核心区别

AutoLISP 与 Visual LISP 的核心区别如表 6-1 所示。

表 6-1

特性	AutoLISP	Visual LISP
开发环境	无内置 IDE，依赖外部编辑器（如记事本）	提供完整 IDE（代码调试、语法高亮、项目管理）
执行方式	解释执行（.lsp 文件）	支持编译（生成.fas 或.vlx 文件）
调试支持	手动调试（依赖 print）	图形化调试工具（断点、单步执行）
扩展功能	基础 API	支持 ActiveX、COM 接口，新增 vl-* 函数库
文件类型	.lsp	.lsp, .fas, .vlx, .prv（项目文件）
兼容性	所有 AutoCAD 版本	AutoCAD R14 及以上版本

4. 典型应用场景

1）AutoLISP

（1）简单脚本（如批量修改图形属性）。

（2）快速测试或小型工具开发。

（3）兼容性要求高的场景（需在旧版 AutoCAD 中运行）。

2）Visual LISP

（1）复杂项目开发（如参数化建模工具）。

（2）需要与其他 Windows 应用交互（如读写 Excel 数据）。

（3）需要保护代码（通过编译为 .vlx）。

5. 系统变量设置

启动 AutoCAD 后，VLISP 命令将根据 LISPSYS 系统变量的当前值启动以下编辑器之一。

（1）Visual LISP (VL) IDE - 在 LISPSYS 系统变量设置为 0 时启动，即在命令行输入"(setvar "LISPSYS" 0)"时启动。

（2）Visual Studio Code-在 LISPSYS 系统变量设置为 1 或 2 时启动，即在命令行输入"(setvar "LISPSYS" 1) 或 (setvar "LISPSYS" 2)"时启动。

> **注意**：LISPSYS 系统变量不仅控制要启动的默认编辑器，还控制用于评估 LSP 文件的开发环境以及保存或编译 LSP 文件所使用的文件格式。

如果 LISPSYS 设置为非零值，AutoCAD 将检查是否已安装 Visual Studio Code 和 AutoCAD AutoLISP Extension。如果未安装 Visual Studio Code，将弹出"AutoLISP-Visual Studio Code 环境不完整"对话框，如图 6-1 所示。单击"下载"按钮可下载安装 Visual Studio Code 和 AutoCAD AutoLISP Extension。

如果已安装 Visual Studio Code 但未安装 AutoCAD AutoLISP Extension，则 AutoCAD 将在启动 Visual Studio Code 之前自动下载安装该扩展。安装完成后，Visual Studio Code 启动时可能会提示是否允许 AutoCAD AutoLISP Extension 打开显示消息框所需的 URI 权限。常见提示为"Allow an extension to open this URI?"，如图 6-2 所示。单击 Open 按钮，则允许扩展显示信息性消息，单击 Cancel 按钮，则不允许消息显示。

图 6-1　"AutoLISP- Visual Studio Code 环境不完整"对话框

图 6-2　"Visual Studio Code"对话框

若 AutoCAD AutoLISP Extension 在 Visual Studio Code 中被禁用，则会弹出相应对话框，如图 6-3 所示。单击 Enable and Open 按钮可启用扩展并重启 Visual Studio Code，单击 Cancel 按钮，则不启用扩展并重新启动 Visual Studio Code。

6. 启动和退出 Visual LISP 集成开发环境

（1）启动步骤（菜单方式）。

☑　启动 AutoCAD。

☑　选择"工具"→"AutoLISP"→"Visual

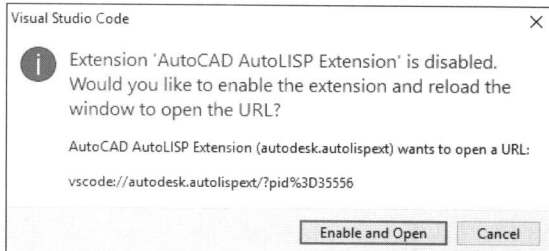

图 6-3　"Visual Studio Code"对话框

LISP 编辑器"命令或在命令行输入"vlisp"或"vlide"。

（2）退出方法。

☑　选择"文件"→"退出"命令。

6.2.2　实例——用 LISP 在 AutoCAD 中输出文字

本实例利用 Visual LISP 编辑器编辑 LISP 代码。

1. 编辑代码

单击"管理"选项卡"应用程序"面板中的"Visual LISP 编辑器"按钮，进入 Visual LISP 编辑器界面，输入以下代码，如图 6-4 所示。

```lisp
(defun c:welcome ()
  (setvar "cmdecho" 0)
  (command "text"
          (getpoint "\n指定文字位置: ")  ; 交互式获取插入点
          20  ; 文字高度
          0   ; 旋转角度
          "Welcome to Beijing! ")
  (setvar "cmdecho" 1)
  (princ)
)
```

图 6-4　输入代码

2. 保存代码

选择"File"→"Save As"命令，系统打开"Save As"对话框，文件名为"Welcome"，修改保存类型为"lisp（*.lsp）"，如图 6-5 所示。单击"保存"按钮进行保存。

3. 加载代码

单击"管理"选项卡"应用程序"面板中的"加载应用程序"按钮，系统打开"加载/卸载应用程序"对话框，选择保存的"Welcome.lsp"文件，如图 6-6 所示。单击"加载"按钮，系统打开警告对话框，如图 6-7 所示。单击"始终加载"按钮，此时，在"加载/卸载应用程序"对话框中显示"已成功加载 Welcome.lsp。" 如图 6-8 所示。然后关闭"加载/卸载应用程序"对话框。

图 6-5　保存代码

图 6-6　"加载/卸载应用程序"对话框

图 6-7　警告对话框

图 6-8　成功加载代码

4．执行代码

在 AutoCAD 的命令行中输入"WELCOME"，此时，显示已加载的代码名称，如图 6-9 所示。单击该代码，系统将自动执行代码，输出图形，如图 6-10 所示。

图 6-9　显示已加载的代码名称

Welcome to Beijing！

图 6-10　生成的文字

6.2.3　Python 与 AutoCAD 的结合

Python 是一种高级、通用的解释型编程语言，其以简洁易读的语法和强大的功能著称。该语言由荷兰程序员 Guido van Rossum 开发。Python 非常适合初学者学习，因为其语法清晰、易于上手。Python 解释器支持扩展，可以使用 C 语言、C++语言或其他能够通过 C 语言调用的程序扩展新的功能和数据类型。此外，Python 还常被用作可定制软件的扩展脚本语言。Python 拥有丰富的标准库，能够为主流操作系统平台提供源码或可执行文件，极大地方便了开发者的使用。

1. Python 的主要特点

（1）简单易学。

语法简洁明了，接近自然语言（如英语），减少了编程的复杂性，适合初学者入门。

示例：输出"Hello World"仅需一行代码：

```
print("Hello World")
```

（2）跨平台性。

可在 Windows、macOS、Linux 等主流操作系统上运行，且代码具有高度可移植性。

（3）解释型语言。

无需编译即可直接运行，开发效率高（对比编译型语言，如 C 语言/C++语言）。

（4）面向对象与函数式编程。

支持面向对象编程（类、继承、多态等）和函数式编程（Lambda 表达式、高阶函数等）。

（5）丰富的标准库与第三方库。

自带大量功能模块（如文件操作、网络编程、正则表达式等）。

社区生态活跃，拥有数十万第三方库（如 NumPy、Pandas 用于数据科学，Django、Flask 用于 Web 开发），可通过 pip 工具快速安装。

（6）动态类型。

变量无需预先声明类型，解释器会在运行时自动推断变量类型，非常灵活，但需要注意类型错误。

2. 下载安装 Python

Python 是免费开源的编程语言，可自由使用、修改及商业部署。其官方网站提供多种系统安装包，下载简单便捷。下面介绍下载和安装步骤。

1）下载 Python

首先，打开 Python 官方网站。在浏览器地址栏输入 Python 官网地址并访问。在首页单击 Downloads 按钮进入下载页面。页面会自动推荐最新的稳定版本（如 Python 3.13.3），只需单击 Python 3.13.3 按钮即可，如图 6-11 所示。对于 Windows 用户，一般建议选择 64 位版本，除非操作系统为 32 位。

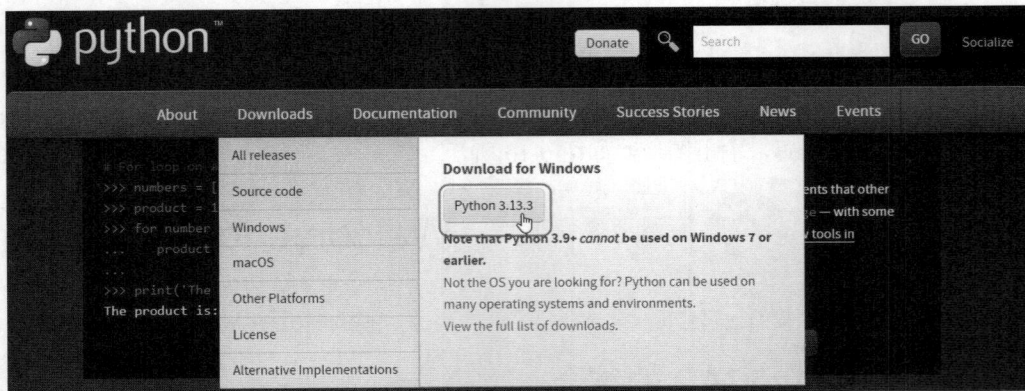

图 6-11 Python 软件下载

2）安装 Python

下载 python-3.13.3-amd64.exe 安装包后，双击运行。在安装向导界面，选中 Add Python to PATH 复选框，如图 6-12 所示。这样可以确保在命令提示符中直接使用 Python 命令。如果需要自定义安装路径或选择特定的安装组件，可以单击 Customize installation 按钮进行自定义设置。单击 Install Now 按钮开始安装。安装完成后，会显示安装完成的提示信息，如图 6-13 所示。单击 Close 按钮关闭安装向导。

图 6-12　安装向导 1

图 6-13　安装向导 2

3）启动程序

Python 安装完成后，会生成两个启动程序：IDLE (Python 3.13 64-bit) IDLE (Python 3.13 64-bit) 和 Python 3.13 (64-bit) Python 3.13 (64-bit)。

IDLE (Python 3.13 64-bit) 是 Python 自带的 IDE，适合初学者使用。它提供了一个交互式的命令行界面（REPL），如图 6-14 所示。可以在其中直接输入 Python 代码并运行。它还提供了一个代码编辑器，可以创建和编辑 Python 脚本文件（.py）。

图 6-14　IDLE (Python 3.13 64-bit)界面

Python 3.13 (64-bit)是 Python 解释器，它提供了一个交互式的命令行界面，如图 6-15 所示。用户可以在其中直接输入和执行 Python 代码，通常用于快速测试代码片段或学习 Python 语法。

3. 下载安装 PyCharm

1）下载 PyCharm

首先，打开浏览器并访问 PyCharm 官方网站。PyCharm 分为如下两个版本。

- 专业版（professional edition）：功能更全面，适合专业开发者使用，需要付费。
- 社区版（community edition）：免费，适合学习和个人项目，功能相对有限。

用户可根据自身需求选择合适的版本。对于初学者和个人项目，社区版通常已能满足需求。在 PyCharm Community Edition 下方单击 Download 按钮，下载 PyCharm 2025.1.1 版本，如图 6-16 所示。

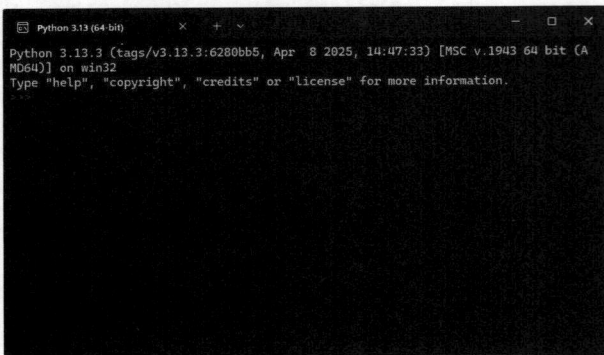

图 6-15　Python 3.13 (64-bit) 界面

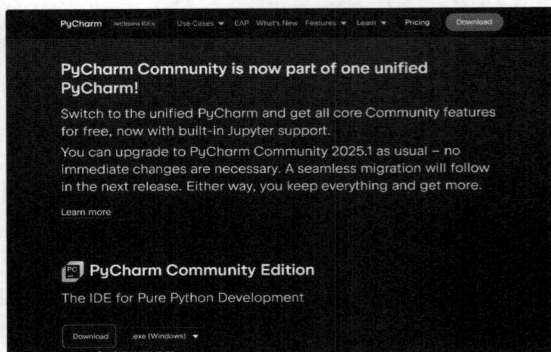

图 6-16　PyCharm Community Edition 官网下载地址

2）安装 PyCharm

下载完成后，双击 pycharm-community-2025.1.1.exe 文件，弹出安装界面，如图 6-17 所示。

单击"下一步"按钮，进入下一个对话框。在该对话框中，用户需要选择 PyCharm 的安装路径，用户可以通过单击"浏览"按钮，自定义安装路径，如图 6-18 所示。

图 6-17　安装界面

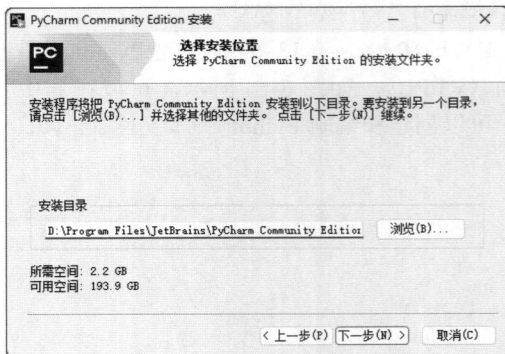

图 6-18　安装路径对话框

单击"下一步"按钮，出现安装选项信息的对话框，需要进行一些设置，如图 6-19 所示。

（1）PyCharm Community Edition：选中该复选框，可以在桌面创建快捷方式。

（2）将"bin"文件夹添加到 PATH：选中该复选框，会将 PyCharm 的启动目录添加到环境变量，执行该操作后，需要重启计算机。

（3）添加"将文件夹打开为项目"：选中该复选框，添加鼠标右键菜单，使用打开项目的方式打开此文件夹。

（4）.py：选中该复选框后，.py 文件就会用 PyCharm 打开。同时，PyCharm 每次打开的速度会比较慢。

单击"下一步"按钮，默认选择 360 安全中心\JetBrains，如图 6-20 所示，单击"安装"按钮，此时对话框内会显示安装进度，如图 6-21 所示，等待安装完毕。

图 6-19　安装选项设置对话框

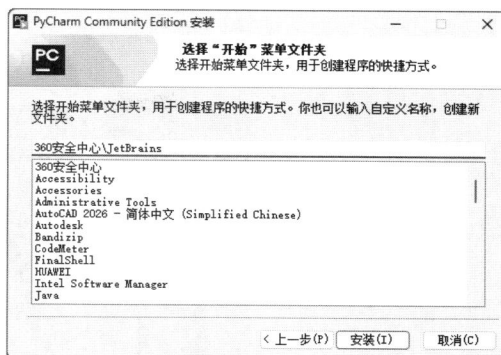

图 6-20　选择安装菜单文件

安装结束后会出现一个安装结束对话框，如图 6-22 所示。单击"完成"按钮即可完成 PyCharm 的安装。

图 6-21　安装过程

图 6-22 安装结束对话框

3）配置 PyCharm

双击运行桌面的 PyCharm 图标，激活 PyCharm 启动界面，然后跳转到"语言和区域"对话框，选择"Chinese（Simplified）中文语言包""中国大陆"选项，如图 6-23 所示。单击"下一个"按钮，进入"用户协议"对话框，选中"我确认我已阅读并接受此《用户协议》的条款"复选框。单击"继续"按钮，进入"数据共享"对话框，单击"不发送"按钮，然后关闭该对话框。

图 6-23　"语言和地区"设置界面

启动 PyCharm，单击"跳过导入"按钮，进入 PyCharm 欢迎界面。该界面包括项目、自定义、插件、学习四个选项卡。值得注意的是，此时界面的显示语言为中文，如图 6-24 所示。

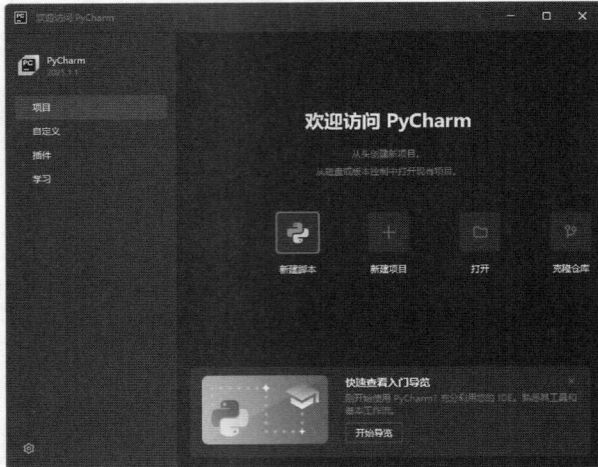

图 6-24　PyCharm 欢迎界面

单击"自定义"选项卡，如图 6-25 所示。设置编辑区颜色参数。在"主题"选项下拉列表中显示 5 个主题，可根据需要选择，此处我们选择"Light with Light Header（白色高亮主题）"，系统自动更新界面颜色，如图 6-26 所示。

- Dark：黑色主题，默认选择该项。
- Light：白色主题。
- Light with Light Header：白色高亮主题。本书后续的编辑器界面将采用白色主题进行讲解。
- High contrast：黑色高对比度主题。
- Darcula：黑色经典主题，比 Dark（黑色主题）颜色要浅。

图 6-25　"自定义"选项卡

图 6-26　Light with Light Header 主题

4）创建 PyCharm 项目文件

在"项目"选项卡中单击"新建项目"按钮，在弹出的"新建项目"对话框中选择项目路径，选择项目名称文件夹 Python_DataAnalysis，如图 6-27 所示。在"解释器类型"选项下选择"自定义环境"
选项，创建虚拟环境，在"基础 Python"下拉列表中选择解释器 Python 3.13。

图 6-27　"新建项目"对话框

　　单击"创建"按钮，系统将自动打开 PyCharm 编辑器界面，不仅新建了一个项目目录，而且配置
好了开发环境。在左侧的"项目"导航器中显示创建的项目，如图 6-28 所示。同时在 D 盘根目录下创
建文件夹 Python_DataAnalysis，其中包含.idea、.venv 两个文件，如图 6-29 所示。

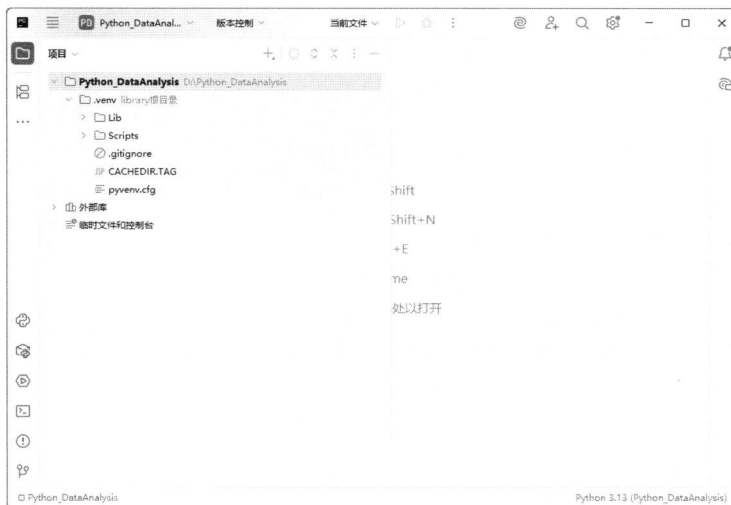

图 6-28　PyCharm 编辑器界面

　　5）新建目录文件

　　在左侧"项目"面板中选中项目文件 Python_DataAnalysis，单击菜单栏下拉按钮▤，选择"文件"
→"新建文件或目录"→"目录"命令，弹出"新建目录"对话框，输入"ch_01"，如图 6-30 所示。
按 Enter 键即可在当前项目文件下创建一个目录文件"ch_01"，如图 6-31 所示。

图 6-29　新建项目文件夹

图 6-30　"新建目录"对话框

图 6-31　新建目录文件

6）新建 Python 文件

在左侧"项目"面板中选中 ch_01 目录文件。单击菜单栏下拉按钮 ≡，选择"文件"→"新建文件或目录"→"Python 文件"命令，弹出"新建 Python 文件"对话框，在下面的选项中选择"Python 文件"，输入"example_01"，如图 6-32 所示。按 Enter 键即可在当前目录文件下创建一个名为"example_01.py"的 Python 文件，如图 6-33 所示。

图 6-32　"Python 文件"对话框

7）程序的编写和运行

在文件命令行窗口中编写如下程序：

```python
# 一个简单的 Python 文件
# 输出变量值
print('Python 3.13')
print('AutoCAD 2026 中文版从入门到精通（标准版）')
```

在命令行窗口顶部下拉列表中选择"当前文件"，单击"运行"按钮 ▷，即可打开"运行"面板，显示运行结果，如图 6-34 所示。

图 6-33　新建 Python 文件

图 6-34　运行结果

4．安装 PyAutoGUI 和 PyAutoCAD

PyAutoGUI 是一个用于 GUI 自动化操作的 Python 库，它能够模拟鼠标和键盘操作，实现跨平台（Windows、macOS、Linux）的自动化任务。在安装 PyAutoGUI 之前，用户首先需要确保在计算机上已经安装了 Python。

PyAutoGUI 库可以通过 Python 的包管理工具 pip 进行安装。pip 是一个 Python 包管理系统，用于安装和管理 Python 软件包。

1）更新 pip

启动 PyCharm，单击菜单栏下拉按钮☰，选择"文件"→"设置"命令，如图 6-35 所示。进入设置界面，选择"Python 解释器"如图 6-36 所示。单击"升级"按钮⬆，更新 pip 到最新版本，如图 6-37 所示。

图 6-35　选择命令

图 6-36　设置界面

图 6-37　更新 pip

2）安装 PyAutoGUI

单击如图 6-37 所示的按钮╋，进入"可用软件包"界面，搜索"PyAutoGUI"，如图 6-38 所示。单击"安装软件包"按钮，进行安装。安装完成后，单击"关闭"按钮，如图 6-39 所示。

图 6-38　"可用软件包"界面

图 6-39　安装完成

3）安装 PyAutoCAD

在"可用软件包"界面，搜索"PyAutoCAD"，如图 6-40 所示。单击"安装软件包"按钮，进行安装。安装完成后，单击"关闭"按钮，如图 6-41 所示。

图 6-40　搜索"PyAutoCAD"软件

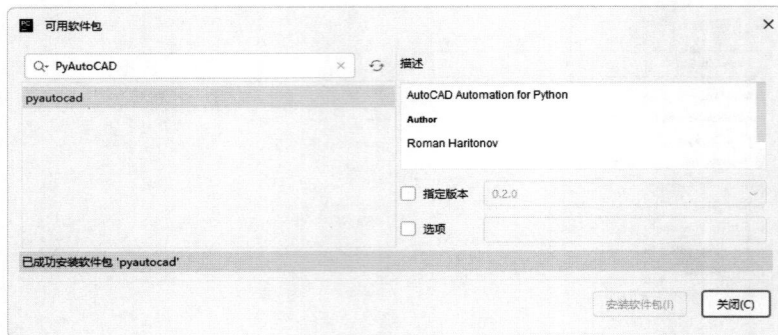

图 6-41　安装完成

4）建立接口

（1）启动 AutoCAD 2026，选择"文件"→"绘图仪管理器"命令，在打开的对话框中双击"添加绘图仪向导"图标，如图 6-42 所示。系统弹出"添加绘图仪-简介"对话框，如图 6-43 所示。

图 6-42　"添加绘图仪向导"图标

图 6-43　"添加绘图仪-简介"对话框

（2）连续单击"下一步"按钮，直至打开"添加绘图仪-端口"对话框，在端口下拉列表中选中"COM1"复选框，如图 6-44 所示。

（3）单击"下一步"按钮，打开"添加绘图仪-绘图仪名称"对话框，设置绘图仪名称，如图 6-45 所示。然后，单击"下一步"按钮，直至安装完成。此时，添加的绘图仪显示在对话框中，如图 6-46 所示。

图 6-44　"添加绘图仪-端口"对话框

图 6-45　设置绘图仪名称

图 6-46　添加的绘图仪

6.2.4　实例——用 Python 在 AutoCAD 中绘图

本节利用 Python 程序，在 AutoCAD 中绘制一个外接圆半径为 300，直线起点坐标为（500,500）的五角星。

（1）新建文件。启动 PyCharm，单击菜单栏下拉按钮 ≡，选择"文件"→"新建文件或目录"→"Python 文件"命令，系统弹出"新建 Python 文件"对话框，输入名称"2"，如图 6-47 所示。

（2）输入程序。在新建的文件中输入程序，如图 6-48 所示。

（3）运行程序。启动 AutoCAD 2026，单击"默认"选项卡"绘图"面板中的"直线"按钮 ╱，然后单击图 6-48 中的"运行"按钮 ▷，将光标移动到 AutoCAD 界面，系统将自动进行图形绘制，结果如图 6-49 所示。

图 6-47　"新建 Python 文件"对话框

```python
import pyautogui
import time
import math

# ====== 修复版配置参数 ======
RADIUS = 100
CENTER = "0,0"
DELAY = 1.2   # 增加延迟以确保输入完成


# ====== 正确计算五角星顶点 ======
def calculate_star_points():  1 个用法
    points = []
    # 修正角度计算（五角星正确角度间隔为144度）
    angles = [i * 144 for i in range(5)]  # 0°, 144°, 288°, 72°, 216°
    angles = [a - 90 for a in angles]  # 旋转使顶点朝上

    for angle in angles:
        rad = math.radians(angle)
        x = RADIUS * math.cos(rad)
        y = RADIUS * math.sin(rad)
        # 格式化为AutoCAD可识别的绝对坐标（保留两位小数）
        points.append(f"{x:.2f},{y:.2f}")
    return points


# ====== 改进的绘图流程 ======
```

D:\Python_DataAnalysis\.venv\Scripts\python.exe D:\Python_DataAnalysis\01.py

进程已结束，退出代码为 0

图 6-48　输入代码　　　　　　　　　　　　　　　　　　　　图 6-49　绘制五角星

📢 **注意：**

❶ 确保 AutoCAD 已打开并处于窗口模式。

❷ 将视图缩放到适合坐标系的范围（建议输入 ZOOM → E 显示全部）。

❸ 关闭动态输入功能（状态栏 DYN 按钮应为灰色）。

6.2.5　加载和使用 AI 工具或插件

人工智能（AI）工具在各个领域中的应用越来越广泛，它们能够帮助我们更高效地完成工作，提升生产力和创造力。以下是一些常见的 AI 工具及其主要功能。

1. DeepSeek

（1）注册与登录。

用户可直接在浏览器访问 DeepSeek 官方网站，进入 DeepSeek 页面。如图 6-50 所示。它支持多种终端（手机、计算机等），首次登录需使用手机号、微信或邮箱注册，随后单击"开始对话"，进入登录界面，如图 6-51 所示。登录完成即可进入对话界面，如图 6-52 所示。

（2）核心功能开关。

❶ 深度思考（R1）：高级推理模型，解决复杂问题时使用。进入该模式后，模型会展示思考的过程。

❷ 联网搜索：联网搜索实时最新的信息，需参考最新信息时使用。

❸ 附件上传：用户可以上传自己的文件，以做参考或者让 DeepSeek 对附件进行分析。

（3）高级功能。

❶ 跨文档处理：可同时上传 PDF+Excel+网页链接，输入指令进行对比分析。

图 6-50　DeepSeek 界面

图 6-51　登录界面

图 6-52　对话界面

❷ AI 代码生成：输入代码需求，DeepSeek 会自动生成代码。

❸ 数据分析可视化：上传数据文件，输入分析指令后，DeepSeek 会生成包含图表的报告。

（4）如何得到高质量回答？

❶ 角色+任务目标+具体要求：这是最基本的提问公式或模板。

❷ 角色：限定专家领域，让 DeepSeek 的回答聚焦于用户的问题领域。

❸ 任务目标：明确用户需要 DeepSeek 帮用户解决的问题。

❹ 具体要求：明确用户对回答的限定条件或需要强调的内容。

2．豆包

豆包是字节跳动公司自主研发的新一代人工智能对话助手。依托字节跳动在大数据、自然语言处理（natural language processing，NLP）、机器学习等领域的技术积累，豆包通过自然语言交互为用户提供高效、个性化的服务，覆盖生活、学习、工作等多种场景。其开发理念为"用技术连接人与信息，让智能服务更简单"，致力于成为用户身边的全能型智能伙伴。

（1）使用方式与入口。

❶ 官网访问（网页端）。

用户可直接在浏览器输入豆包官网网址，进入豆包页面。如图 6-53 所示。

操作流程：

☑ 首次使用需注册 / 登录字节跳动账号（支持手机号码、第三方社交账号等方式）。

登录后即可在对话框中输入文字发起交互，网页端支持历史对话记录保存、功能快捷按钮（如天气、翻译等）调用等功能。

图 6-53　豆包界面

❷ 计算机端客户端下载。

在豆包官网找到"下载计算机端"入口，支持 Windows 和 macOS 操作系统。下载安装包后，按提示完成安装，桌面会生成豆包快捷图标。

功能特性：

☑ 离线缓存：部分基础功能（如本地计算、常用知识库）支持离线使用，即使网络不稳定也能提供基础服务。

☑　多窗口管理：支持同时打开多个对话窗口，便于在不同场景下处理任务。

☑　快捷键适配：可自定义快捷键（如快速唤起对话框、切换功能模块），提升办公效率。

（2）核心功能与服务场景。

豆包的功能体系包括智能对话交互、内容生成与创作、实用工具与服务和垂直场景适配四大板块。

❶ 智能对话交互

☑　多模态交流：支持文字输入，未来计划拓展语音、图片等交互形式，实现更自然的沟通。

☑　场景化对话：在特定的场景（包括时间、地点、情境、人物关系等要素构成的环境）中提供符合该场景逻辑和特点的交流互动。

☑　日常聊天：闲聊、情感陪伴、话题讨论（如影视、科技、兴趣爱好等）。

☑　专业问答：解答科学知识、政策法规、生活常识等问题，例如 "如何缓解失眠？""相对论的基本原理是什么？"。

☑　逻辑推理：处理数学问题、逻辑谜题、方案规划等，如 "制定一周健身计划""分析投资风险"。

☑　个性化记忆：基于用户历史对话，优化回复风格，提供贴合需求的内容（如记住用户偏好的语言风格、关注领域等）。

❷ 内容生成与创作

豆包具备强大的文本生成能力，可满足多样化创作需求：

☑　营销类文案写作：商品推广文案、活动海报标语、短视频脚本。

☑　实用类文案写作：简历润色、邮件撰写、请假申请等职场文书。

☑　创意类文案写作：故事续写、诗歌创作、小说大纲设计（如 "生成一个科幻小说开头"）。

☑　翻译与润色：支持多语言互译（中、英、日、韩、法等），并可优化文本流畅度、调整文风（如将口语化内容转为正式书面语内容）。

☑　信息整理：对长文本进行总结提炼（如 "概括某篇论文核心观点"）或生成结构化笔记（如生成思维导图大纲）。

❸ 实用工具与服务

☑　信息查询：

实时数据：天气、新闻、股市行情、赛事结果等（如 "查询北京今日空气质量"）。

知识百科：历史事件、人物传记、科技原理等（如 "解释量子纠缠现象"）。

生活服务：周边美食推荐、旅游攻略、交通路线规划（如 "推荐上海迪士尼附近酒店"）。

☑　计算与工具：

数学计算：基础运算、方程求解、数据统计（支持调用 Godel 工具处理复杂计算）。

日程管理：提醒设置、时间规划建议（如"规划周末学习时间表"）。

代码辅助：解答简单编程问题、生成代码片段（如"用 Python 写一个冒泡排序算法"）。

娱乐功能：生成表情包文案、猜谜游戏、歌词接龙等。

❹ 垂直场景适配

豆包可根据不同领域需求提供定制化服务：

☑　教育场景：学科辅导（如数学题解析、英语语法讲解）、学习资源推荐（如 "推荐考研政治复习资料"）。

☑　办公场景：会议纪要整理、PPT 大纲生成、邮件批量处理建议。

☑　生活场景：健康咨询（非医疗建议）、菜谱推荐（如 "低卡减脂餐食谱"）、家居装修灵感。

☑　创作场景：新媒体运营支持（如 "生成小红书爆款标题"）、短视频脚本分镜设计。

（3）技术特性与优势

豆包的核心竞争力源于字节跳动的技术赋能，主要体现在以下方面：

❶ 先进的算法模型：基于深度学习框架，采用 Transformer 架构，支持上下文理解、多轮对话逻辑推理，提升回复准确性与连贯性。

❷ 数据驱动的优化：依托字节跳动生态（如抖音、今日头条等）的海量数据，持续训练模型，覆盖更多细分场景（如网络热词、新兴领域知识）。

❸ 低延迟与高并发：底层架构支持毫秒级响应，可同时服务海量用户，保证使用流畅性。

❹ 安全与隐私保护：遵循数据安全法规，用户对话内容加密存储，避免隐私泄露。

6.3　人工智能在 AutoCAD 的应用

人工智能正在推动 CAD 的变革。随着设计复杂度的提升和项目周期的缩短，传统 CAD 方法逐渐显现局限。AI 能提升设计效率，拓展创新空间。依托机器学习等技术，AI 能从大量数据中提取信息，为设计师提供智能建议，实现人机协同，促进设计创新。

6.3.1　在 2D 绘图中的应用

计算机辅助设计（Computer-aided design，CAD）作为依托计算机软硬件的数字化工具，已成为现代工程设计与制造的重要支撑技术。其核心功能涵盖二维制图、三维建模、工程仿真和可视化分析，广泛应用于建筑、机械、电子、航空航天等领域。然而，传统 CAD 系统在智能化方面存在明显局限：一是人工建模费时费力，复杂结构参数调整需多次试错；二是缺乏对大量历史设计数据的深度学习，难以自动化生成新设计；三是实时性能评估和多目标优化依赖人工经验，限制了创新效率。

本节将介绍 AI 在 CAD 中的核心应用，主要分为自动化设计、优化设计、辅助设计、评估设计 4个场景。

1. 自动化设计

利用人工智能进行 CAD 自动化设计可以显著提升设计效率和质量。实现自动化设计的基本步骤如下。

（1）选择 AI 工具。

根据需求和预算，选择合适的 AI 工具，如 DeepSeek、Trae、Cursor、AutoCAD 2025 或 BIM 360 等。

（2）安装与配置。

按照所选 AI 工具的官方指南完成 AI 工具的安装和配置。例如，在唯杰地图云端管理平台上为 DeepSeek 设置大模型的地址和名称。

（3）输入设计参数。

在 AI 工具中输入设计参数和要求，例如在 DeepSeek 的输入框中描述要绘制的内容，或直接输入相关数据。

（4）生成设计图纸。

AI 工具会根据输入的参数和要求，自动生成相应的设计图纸。例如，DeepSeek 能够根据描述自动生成 CAD 代码并执行，生成相应的 CAD 图形。

2．优化设计

利用人工智能进行 CAD 优化设计可以显著提升设计效率和质量，其基本步骤如下。

（1）数据准备。

收集并预处理现有 CAD 模型和设计数据，确保数据质量和一致性。

（2）模型训练。

选择合适的 AI 模型，如卷积神经网络（CNN）、生成对抗网络（GAN）、循环神经网络（RNN）等，并使用预处理后的数据对模型进行训练和优化。

（3）设计优化。

设定设计目标函数，利用 AI 模型生成初步设计，再通过优化算法（如遗传算法、粒子群优化等）逐步完善设计方案。

通过上述流程，AI 技术能够有效提升 CAD 设计的效率和质量。

3．辅助设计

利用人工智能进行 CAD 辅助设计，可以有效提升设计效率和创新能力。其主要应用如下。

（1）实时设计建议。

AI 能够根据设计师输入的参数和需求，结合丰富的设计知识库，实时生成多种设计方案，既能满足基本要求，也能带来创新灵感。

（2）自动化设计优化。

AI 能够自动分析设计方案，发现潜在问题和优化空间，并提出相应建议，帮助设计师高效调整设计方案，确保设计的合理性和可行性。

（3）智能标注和注释。

AI 可根据设计内容自动生成尺寸标注、材料说明、工艺要求等注释，减少人工工作量，提高设计的准确性和可读性。

（4）多学科协同设计。

AI 可以整合不同学科领域知识和工具，提供跨学科设计建议和解决方案，提升设计的综合性和创新性。

（5）知识管理与学习。

AI 能够持续学习和积累设计知识，将经验应用到后续设计任务中，为设计师提供持续成长的平台。

通过上述应用，AI 能够为设计师实时提供设计建议和反馈，帮助设计师高效解决设计问题，推动设计的创新与发展。

4．评估设计

利用人工智能进行 CAD 设计评估的主要步骤如下。

（1）数据准备。

❶ 数据收集：从现有 CAD 模型和设计数据中收集训练所需的数据，确保数据多样性和代表性。

❷ 数据预处理：对数据进行清洗和格式转换，保证数据质量和数据的一致性，将数据格式转换为适合 AI 模型输入的格式（如图像、点云、几何特征等）。

（2）模型训练。

❶ 选择 AI 模型：根据设计任务选择合适的 AI 模型（如卷积神经网络 CNN、生成对抗网络 GAN、循环神经网络 RNN 等）。

❷ 训练模型：使用预处理数据训练 AI 模型，调整模型的参数和结构，并通过交叉验证等方法优化模型性能。

（3）设计评估。

❶ 定义评估指标：根据设计需求设定评估标准（如性能、可靠性、成本等）。

❷ 模拟和测试：利用训练好的 AI 模型对设计进行模拟和测试，生成评估结果，找出并分析问题和改进空间。

（4）结果反馈和优化设计。

❶ 结果反馈：将评估结果反馈给设计师，帮助其发现设计的缺点，并提出改进建议。

❷ 优化设计：根据反馈和建议，对设计方案进行优化调整，以更好地满足设计要求并提升性能。

（5）实际验证。

最终设计方案需经过设计师复核，并通过实际工艺试验和试生产验证其可行性和性能。

（6）持续改进。

根据实际验证结果，将不合格的设计方案反馈给 AI 模型进一步调整和优化，持续迭代，直至满足所有设计要求和性能指标。

通过这些步骤，AI 能够提升 CAD 设计评估的效率和质量，为设计师提供更加准确的评估和优化建议。

6.3.2 实例——通过 AI 自动绘制零件图

本实例利用 AI 生成 Python 程序，然后利用程序绘制销轴零件图。如图 6-56 所示。

操作步骤：

1. 绘图准备

（1）启动 AutoCAD 2026，新建文件。单击"默认"选项卡"图层"面板中的"图层特性"按钮🖳，系统弹出"图层特性管理器"对话框，单击"新建图层"按钮🖳，新建一个图层，名称设置为 center，图层颜色设置为红色，线型设置为 CENTER2，设置完成后，关闭对话框。

（2）将当前层设置为 0 层，关闭状态栏中的"动态输入"和"正交"，并将输入法设置为英文状态。

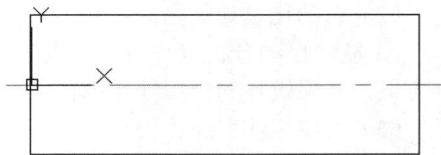

图 6-56　绘制销轴

2. 输入提示词

启动 DeepSeek，选择"深度思考（R1）"模式，输入图 6-57 所示的提示词。

生成一个Python程序，使用PyAutoGUI在AutoCAD中控制鼠标和键盘绘制图形。绘制的图形是销轴，首先，将当前图层切换为已经创建好的center层，使用line命令，以(-5,0)为起点绘制一条长度为90的水平线，然后将图层切换为已经创建好的0层，使用line命令，绘制轴，轴的直径为30，长度为80，轴的左端面中心点在(0,0)点。不用设置单位和图形界限。

🪄 深度思考 (R1)　🌐 联网搜索　　　　　📎 ⬆

图 6-57　输入提示词

3. 生成程序

单击"发送"按钮⬆，系统经过推理后生成的程序如下。

```python
import pyautogui
import time

# 配置参数
CENTER_START = (-5, 0)          # 中心线起点
CENTER_LENGTH = 90             # 中心线长度
AXIS_DIAMETER = 30            # 轴直径
AXIS_LENGTH = 80             # 轴长度
```

```
def autocad_focus():
    """激活 AutoCAD 窗口并初始化环境"""
    try:
        # 获取 AutoCAD 窗口对象
        win = pyautogui.getWindowsWithTitle("AutoCAD")[0]
        win.activate()
        time.sleep(3)                                    # 增加激活等待时间

        # 点击命令行区域确保焦点
        pyautogui.click(win.left + 100, win.top + win.height - 50)
        time.sleep(1)

        # 强制设置关键系统变量
        init_commands = [
            '(setvar "DYNMODE" 0)',                      # 关闭动态输入
            '(setvar "COORDS" 1)',                       # 绝对坐标模式
            '(setvar "CLAYER" "0")'                      # 重置当前图层
        ]
        ......
```

4. 运行程序

（1）新建文件后启动 PyCharm，单击"新建文件或目录"按钮 ，在弹出的下拉菜单中选择 "Python 文件"命令，系统弹出"新建 Python 文件"对话框，输入名称为"销轴"，如图 6-58 所示。

（2）复制程序。复制生成的程序，按 Ctrl+V 快捷键，将程序粘贴到"销轴"文件中，如图 6-59 所示。

图 6-58　"新建 Python 文件"对话框

图 6-59　粘贴程序

（3）运行程序。切换到 AutoCAD 界面。在 AutoCAD 的命令行单击，然后切换到 PyCharm 界面，单击图 6-59 中的"运行"按钮 ▷，将光标移动到 AutoCAD 界面，运行程序，系统提示如图 6-60 所示。

5. 修改程序

根据图 6-60 所示的错误提示，输入图 6-61 所示的提示词。

```
命令: _LINE
指定第一个点: #0.0,15.0
点无效。
指定第一个点: #80.0,15.0
点无效。
键入命令
```

图 6-60　错误提示

删除以上程序中坐标前面的#

深度思考 (R1)　　联网搜索

图 6-61　输入提示词

单击"发送"按钮❶，系统重新生成的程序如下。

```python
import pyautogui
import time

# 配置参数
CENTER_START = (-5, 0)                          # 中心线起点
CENTER_LENGTH = 90                              # 中心线长度
AXIS_DIAMETER = 30                              # 轴直径
AXIS_LENGTH = 80                                # 轴长度

def autocad_focus():
    """激活 AutoCAD 窗口并初始化环境"""
    try:
        # 获取 AutoCAD 窗口对象
        win = pyautogui.getWindowsWithTitle("AutoCAD")[0]
        win.activate()
        time.sleep(3)

        # 点击命令行区域确保焦点
        pyautogui.click(win.left + 100, win.top + win.height - 50)
        time.sleep(1)

        # 强制设置关键系统变量
        init_commands = [
            '(setvar "DYNMODE" 0)',             # 关闭动态输入
            '(setvar "COORDS" 1)',              # 绝对坐标模式
            '(setvar "CLAYER" "0")'             # 重置当前图层
        ]

        for cmd in init_commands:
            pyautogui.write(cmd, interval=0.15)
            pyautogui.press("enter")
            time.sleep(1)

    ……
```

6. 再次运行程序

按照前面的步骤将程序复制粘贴到 PyCharm 的"销轴"文件中，重新运行，结果如图 6-62 所示。

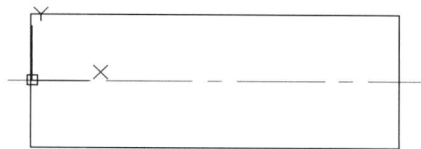

图 6-62　销轴

6.3.3　实例——AI 辅助标注和尺寸校核

本例我们对上面绘制的销轴进行尺寸标注。具体操作步骤如下。

1. 输入提示词

启动 DeepSeek，选择"深度思考（R1）"模式，输入 6.3.2 实例生成的 Python 程序和提示词，如图 6-63 所示。

图 6-63　输入程序和提示词

2. 生成程序

单击"发送"按钮 ⬆，系统经过推理后生成的程序如下。

```python
import pyautogui
import time

# 配置参数（与绘制代码保持一致）
CENTER_START = (-5, 0)              # 中心线起点
CENTER_LENGTH = 90                  # 中心线长度
AXIS_DIAMETER = 30                  # 轴直径
AXIS_LENGTH = 80                    # 轴长度

# 标注参数
DIM_OFFSET = 40                     # 标注线距离图形的偏移量
TEXT_HEIGHT = 3                     # 标注文字高度

def autocad_focus():
    """激活 AutoCAD 窗口并初始化环境"""
    try:
        # 获取 AutoCAD 窗口对象
```

```
win = pyautogui.getWindowsWithTitle("AutoCAD")[0]
win.activate()
time.sleep(3)

# 点击命令行区域确保焦点
pyautogui.click(win.left + 100, win.top + win.height - 50)
time.sleep(1)

# 强制设置关键系统变量
init_commands = [
    '(setvar "DYNMODE" 0)',                      # 关闭动态输入
    '(setvar "COORDS" 1)',                       # 绝对坐标模式
    '(setvar "CLAYER" "0")',                     # 重置当前图层
    f'(setvar "DIMTXT" {TEXT_HEIGHT})',          # 设置标注文字高度
    '(setvar "DIMSCALE" 1)',                     # 设置标注比例
    '(setvar "DIMASSOC" 2)'                      # 设置关联标注
]
......
```

3. 新建文件

复制以上程序。然后启动 PyCharm，单击"新建文件或目录"按钮 +，在弹出的下拉菜单中选择 "Python 文件"命令，弹出"新建 Python 文件"对话框，输入名称为"销轴尺寸标注"，如图 6-64 所示。

输入程序。按 Ctrl+V 快捷键粘贴程序，如图 6-65 所示。

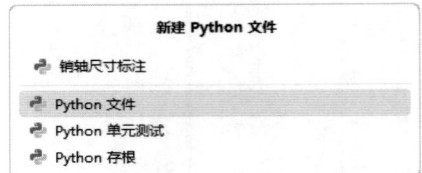

图 6-64 "新建 Python 文件"对话框

图 6-65 粘贴程序

4．打开销轴文件

切换到 AutoCAD 界面。单击快速访问工具栏中的"打开"按钮 📂，打开"销轴"文件。

5．运行程序

在 AutoCAD 的命令行单击，然后单击 PyCharm 界面中的"运行"按钮 ▷，再将光标移动到 AutoCAD 界面，运行程序，标注结果如图 6-66 所示。这并不是我们想要的结果，继续重复步骤（1）～（3）对程序进行优化。

6．修改程序

根据图 6-66 所示的标注结果，输入如图 6-67 所示的提示词。

图 6-66　标注结果

图 6-67　输入提示词

单击"发送"按钮 ⬆️，系统重新生成的程序如下。

```
import pyautogui
import time
# 配置参数（与绘制代码保持一致）
CENTER_START = (-5, 0)              # 中心线起点
CENTER_LENGTH = 90                 # 中心线长度
AXIS_DIAMETER = 30                 # 轴直径
AXIS_LENGTH = 80                   # 轴长度


# 标注参数
DIM_OFFSET = 40                    # 标注线距离图形的偏移量
TEXT_HEIGHT = 3                    # 标注文字高度



def autocad_focus():
    """激活 AutoCAD 窗口并初始化环境"""
    try:
        # 获取 AutoCAD 窗口对象
        win = pyautogui.getWindowsWithTitle("AutoCAD")[0]
        win.activate()
        time.sleep(3)

        # 点击命令行区域确保焦点
        pyautogui.click(win.left + 100, win.top + win.height - 50)
        time.sleep(1)
```

```
# 强制设置关键系统变量
init_commands = [
    '(setvar "DYNMODE" 0)',              # 关闭动态输入
    '(setvar "COORDS" 1)',               # 绝对坐标模式
    '(setvar "CLAYER" "0")',             # 重置当前图层
    f'(setvar "DIMTXT" {TEXT_HEIGHT})',  # 设置标注文字高度
    '(setvar "DIMSCALE" 1)',             # 设置标注比例
    '(setvar "DIMASSOC" 2)'              # 设置关联标注
]
……
```

7. 复制粘贴程序。

按照前面的步骤将程序复制粘贴到 PyCharm 的"销轴尺寸标注"文件中，重新运行，结果如图 6-68 所示。

8. 调整尺寸线放置位置

由图 6-68 可以看出，尺寸线距离图形有一点远，我们可以手动修改一下尺寸线的放置位置，代码如下。

```
DIM_OFFSET = 10  # 标注线距离图形的偏移量
```

重新运行程序，结果如图 6-69 所示。

图 6-68　销轴　　　　　　　　　图 6-69　调整尺寸线放置位置

6.3.4　图纸数据分析与优化

在数字化时代，传统图纸数据分析与优化效率低、误差大。AI 凭借强大的数据处理能力，为图纸数据分析与优化带来革新。本文将探讨如何利用 AI 进行图纸数据分析与优化。

1. 图纸数据提取与分析

（1）图像识别：用 CNN 等模型识别图纸元素，如建筑图纸中的房间、机械图纸中的零件，并分类标记。

（2）NLP 处理：提取图纸文字信息，获取项目名称、技术要求等关键内容，辅助分析管理。

（3）数据整合：关联图纸图像与文字信息，还能融合其他工程数据，实现协同共享。

2. 图纸优化

（1）布局优化：依设计要求自动调整图纸布局，如优化建筑房间、电路板元件排布。

（2）尺寸优化：基于设计规范控制尺寸比例，减少误差，降低成本、提升效率。

（3）方案优化：模拟设计方案性能，如建筑采光、产品受力等，提出优化建议。

3．图纸对比与版本管理

（1）智能对比：自动比对图纸版本差异，减轻人工审核工作量，提升效率。

（2）版本管理：记录图纸修改历史，预测变更方向，便于查询与追溯。

4．智能辅助与交互

智能助手：通过文字或语音指令，快速获取图纸相关数据信息。

6.3.5　实例——利用 AI 检测装配图中的冲突

本例我们需要对如图 6-70 所示的球阀装配体进行装配冲突检查。为避免数据太多，我们只对阀体和阀盖进行检测。

1．输入提示词

启动 DeepSeek，选择"深度思考（R1）"模式，输入如图 6-71 所示的提示词。

图 6-70　球阀装配体

我正在使用AutoCAD 2026绘制装配体，需要通过Python进行装配体的冲突检测。能否通过代码提取装配体中每条直线的信息？例如，我有一个由直线构成的简易装配体图纸，其中存在冲突（干涉）。你能否读取所有直线的坐标数据，并编写代码识别图中直线之间的相交情况？

⊗ 深度思考 (R1)　⊕ 联网搜索

图 6-71　输入提示词

2．生成程序

单击"发送"按钮❶，生成的程序如下。

```
import pyautocad
from pyautocad import Autocad, APoint

# 连接到 AutoCAD 实例
acad = Autocad(create_if_not_exists=True)

# 定义一个函数来检测两条直线是否相交
def do_lines_intersect(line1, line2):
    # 获取线段的起点和终点坐标
    x1, y1 = line1.StartPoint[0], line1.StartPoint[1]
    x2, y2 = line1.EndPoint[0], line1.EndPoint[1]
    x3, y3 = line2.StartPoint[0], line2.StartPoint[1]
    x4, y4 = line2.EndPoint[0], line2.EndPoint[1]

    # 计算线段的方向向量
    dx1, dy1 = x2 - x1, y2 - y1
    dx2, dy2 = x4 - x3, y4 - y3

    ……
```

3. 运行程序

（1）复制以上程序。然后启动 PyCharm，单击"新建文件或目录"按钮 +，在弹出的下拉菜单中选择 "Python 文件"命令，弹出"新建 Python 文件"对话框，输入名称为"球阀装配"，如图 6-72 所示。

（2）输入程序。按 Ctrl+V 快捷键粘贴程序，如图 6-73 所示。

图 6-72　"新建 Python 文件"对话框

图 6-73　粘贴程序

（3）程序运行

在 AutoCAD 2026 中打开"球阀装配"文件。在 AutoCAD 的命令行单击，然后切换到 PyCharm 界面，单击图 6-73 中的"运行"按钮 ▷，将光标移动到 AutoCAD 界面，运行程序，运行结果如图 6-74 所示。该结果并不是我们需要的，下面进一步优化程序。

4. 修改提示词

根据图 6-42 所示的标注结果，输入如图 6-75 所示的提示词。

图 6-74　运行结果

当识到线冲突的时候自动进行标注圆半径2，文字高度为2.5。当你识别完，自动根据我给你的参数进行标注。以上程序可以正确运行，我现在只需要标注两线段交叉相交的情况，不需要标注端点相交的情况，同一个相交点不需要重复标注，要判断相交的线段的在"粗实线"图层。

🔹 深度思考 (R1)　　⊕ 联网搜索

图 6-75　输入提示词

单击"发送"按钮 ⬆，系统重新生成的程序如下。

```python
import pyautocad
from pyautocad import Autocad, APoint

# 连接到 AutoCAD 实例
acad = Autocad(create_if_not_exists=True)

# 定义一个函数来检测两条直线是否交叉相交（排除端点相交）
def do_lines_cross_intersect(line1, line2):
    # 获取线段的起点和终点坐标
    x1, y1 = line1.StartPoint[0], line1.StartPoint[1]
    x2, y2 = line1.EndPoint[0], line1.EndPoint[1]
    x3, y3 = line2.StartPoint[0], line2.StartPoint[1]
    x4, y4 = line2.EndPoint[0], line2.EndPoint[1]

    # 计算线段的方向向量
    dx1, dy1 = x2 - x1, y2 - y1
    dx2, dy2 = x4 - x3, y4 - y3

    # 计算分母
    denominator = dx1 * dy2 - dy1 * dx2

    # 如果分母为零，则线段平行，不相交
    if denominator == 0:
        return False
......
```

5. 再次运行程序

按照前面的步骤将程序复制粘贴到 PyCharm 的"球阀装配"文件中，并重新运行，结果如图 6-76 所示。

图 6-76　运行结果

6.3.6　实例——统计零件图中的面积并生成报告

本例我们需要对如图 6-77 所示的端盖零件图的面积进行测量，并生成报告。

操作步骤：

1. 打开文件

启动 AutoCAD 2026 软件。单击快速访问工具栏中的"打开"按钮 ⌷，打开"端盖"文件。

2. 合并轮廓线

选择菜单栏中的"修改"→"对象"→"多段线"命令，命令行提示如下。

图 6-77　端盖

```
命令: _pedit
选择多段线或 [多条(M)]: m
选择对象: 找到 1 个
选择对象: 找到 1 个, 总计 2 个
选择对象: 找到 1 个, 总计 3 个
选择对象: 找到 1 个, 总计 4 个
选择对象: 找到 1 个, 总计 5 个
选择对象: 找到 1 个, 总计 6 个 (选择外轮廓所有对象)
选择对象:
是否将直线、圆弧和样条曲线转换为多段线? [是(Y)/否(N)]? <Y>
输入选项 [闭合(C)/打开(O)/合并(J)/宽度(W)/拟合(F)/样条曲线(S)/非曲线化(D)/线型生成(L)/反
转(R)/放弃(U)]: j
合并类型 = 延伸
输入模糊距离或 [合并类型(J)] <0.0000>:
多段线已增加 5 条线段
输入选项 [闭合(C)/打开(O)/合并(J)/宽度(W)/拟合(F)/样条曲线(S)/非曲线化(D)/线型生成(L)/反
转(R)/放弃(U)]: *取消*
```

3. 输入提示词

启动 DeepSeek，关闭"深度思考（R1）"模式，输入如图 6-78 所示的提示词。

图 6-78　输入提示词

4. 生成程序

单击"发送"按钮 ⬆，生成的程序如下。

```
import time
from pyautocad import Autocad, APoint
import math
from datetime import datetime
```

```
def main():
    print("程序启动中, 请将鼠标移动到 AutoCAD 窗口...")
    time.sleep(2)  # 等待 2 秒, 让用户切换到 AutoCAD 窗口

    try:
        # 连接到 AutoCAD
        acad = Autocad(create_if_not_exists=True)
        print(f"已连接到: {acad.app.Name}")

        # 获取当前文档和模型空间
        doc = acad.doc
        modelspace = acad.model

        # 自动计算所有图形的面积并生成报告
        generate_area_report(acad)

    ......
```

5. 运行程序

（1）复制以上程序。然后启动 PyCharm, 单击"新建文件或目录"按钮 ＋ , 在弹出的下拉菜单中选择 "Python 文件"命令, 弹出"新建 Python 文件"对话框, 输入名称为"端盖", 如图 6-79 所示。

（2）输入程序。按 Ctrl+V 快捷键, 粘贴程序, 如图 6-80 所示。

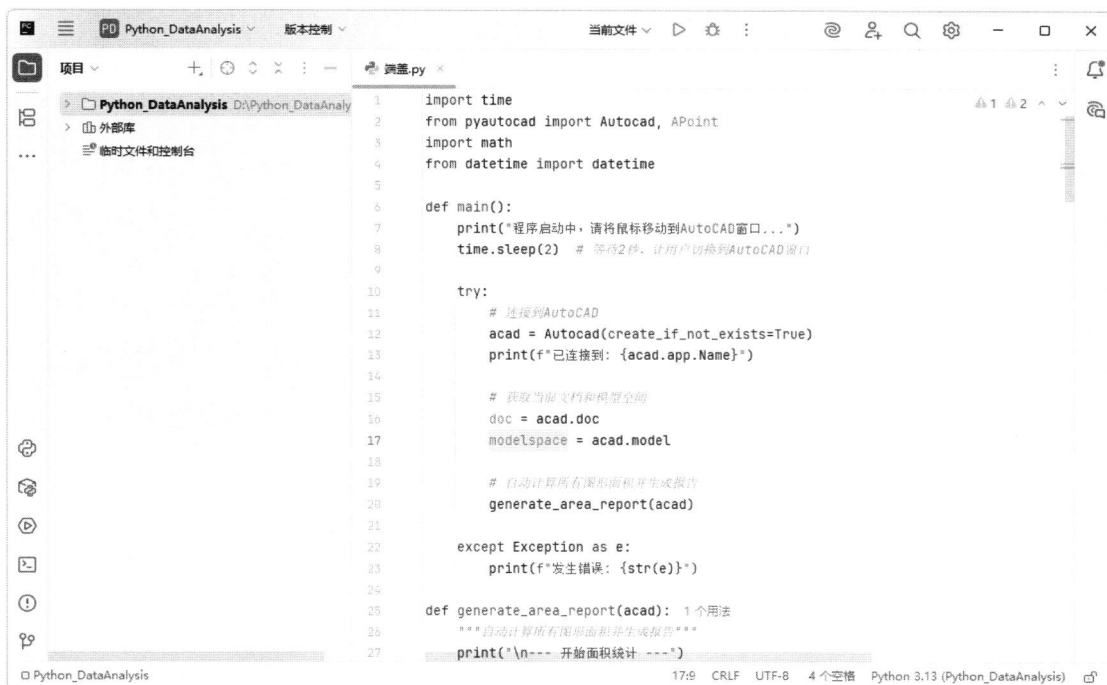

图 6-79　"新建 Python 文件"对话框

图 6-80　粘贴程序

（3）程序运行

在 AutoCAD 的命令行单击，然后切换到 PyCharm 界面，单击图 6-80 中的"运行"按钮 ▷，将光标移动到 AutoCAD 界面，运行程序，运行结果如图 6-81 所示。由结果可以看出，程序能够正确测量出绘图区图形的面积。同时在项目列表中生成统计报告，如图 6-82 所示。

```
D:\Python_DataAnalysis\.venv\Scripts\python.exe D:\Python_DataAnalysis\端盖.py
程序启动中，请将鼠标移动到AutoCAD窗口...
已连接到：AutoCAD

--- 自动计算所有图形面积 ---
对象 1：类型 = AcDbCircle，面积 = 5026.55 平方单位
对象 2：类型 = AcDbCircle，面积 = 314.16 平方单位
对象 3：类型 = AcDbCircle，面积 = 314.16 平方单位
对象 4：类型 = AcDbCircle，面积 = 314.16 平方单位
对象 5：类型 = AcDbPolyline，面积 = 35927.69 平方单位

总计 5 个可计算面积的对象
总面积：41896.71 平方单位

按类型统计：
AcDbCircle: 4 个对象，总面积 = 5969.03 平方单位
AcDbPolyline: 1 个对象，总面积 = 35927.69 平方单位

进程已结束，退出代码为 0
```

图 6-81　运行结果

图 6-82　统计报告

6.4　综合实例——利用 AI 统计装配图中的零件属性并输出明细表

本综合实例为球阀装配图创建明细表。如图 6-83 所示。

图 6-83　球阀装配图

操作步骤：

1. 打开源文件

单击快速访问工具栏中的"打开"按钮，打开"球阀装配图"源文件，如图 6-84 所示。

图 6-84　球阀装配图

2. 输入提示词和图

启动阶跃①（https://yuewen.cn/），选择"Step 2"模式，输入如图 6-85 所示的提示词，以及如图 6-86 和图 6-87 所示的图片。

图 6-85　输入提示词

7	阀杆	1	40Cr	
6	扳手	1	ZG25	
5	压紧套	1	35钢	
4	阀体	1	ZG25	
3	阀盖	1	ZG25	
2	密封圈	2	聚四氟乙烯	
1	阀芯	1	40Cr	
序号	名　称	数量	材　料	备注

图 6-86　输入的图 1

图 6-87　输入的图 2

3. 生成程序

单击"发送"按钮 ↑，生成的程序如下。

```python
from pyautocad import Autocad, APoint
from collections import Counter
import math
import time

def get_block_statistics(acad):
```

———————————
① DeepSeek 仅支持识别图片中的文字，不支持对图片进行分析，因此本例选择阶跃。

```
"""获取当前图纸中所有块的统计信息"""
block_counter = Counter()
block_order = []  # 记录块的出现顺序

# 遍历模型空间中的所有对象
for entity in acad.model:
    try:
        # 检查是否为块引用
        if entity.ObjectName == "AcDbBlockReference":
            block_name = entity.Name
            # 过滤系统块和标注块
            if not block_name.startswith("*") and not block_name.startswith("_"):
                if block_name not in block_counter:
                    block_order.append(block_name)
                block_counter[block_name] += 1
    except:
        continue

return block_counter, block_order

......
```

4. 运行程序

（1）复制以上程序。然后启动 PyCharm，单击"新建文件或目录"按钮 ⁺，在弹出的下拉菜单中选择 "Python 文件"命令，弹出"新建 Python 文件"对话框，输入名称为"明细表"，如图 6-88 所示。

（2）输入程序。按 **Ctrl+V** 快捷键，粘贴程序，如图 6-89 所示。

图 6-88　"新建 Python 文件"对话框

（3）程序运行

切换到 AutoCAD 2026 中的"球阀装配图"文件。在 AutoCAD 的命令行单击，然后切换到 PyCharm 界面，单击图 6-89 中的"运行"按钮 ▷，将光标移动到"球阀装配图"文件窗口，运行程序，运行结果如图 6-90 所示。由运行结果可以看出，该程序并不能提取图块的材料属性。

5. 输入提示词

现在我们需要编写一个 Python 程序来提取图块的属性信息，在阶跃输入框中输入提示词，如图 6-91 所示。

6. 生成代码

单击"发送"按钮⊙，生成的程序如下。

```
import win32com.client
import pythoncom
import sys
from typing import Dict, List, Any


class AutoCADBlockAttributeReader:
```

```python
def __init__(self):
    """初始化 AutoCAD 连接"""
    try:
        # 尝试连接到已运行的 AutoCAD 实例
        self.acad = win32com.client.Dispatch("AutoCAD.Application")
        self.doc = self.acad.ActiveDocument
        self.model_space = self.doc.ModelSpace
        print("成功连接到 AutoCAD!")
        print(f"当前文档: {self.doc.Name}")
    except Exception as e:
        print(f"连接 AutoCAD 失败: {e}")
        print("请确保 AutoCAD 已经运行并且已打开文档")
        sys.exit(1)


def get_all_block_references(self) -> List[Any]:
    """获取所有块引用"""
    block_refs = []
    try:
        # 遍历模型空间中的所有对象
        for entity in self.model_space:
            if entity.ObjectName == "AcDbBlockReference":
                block_refs.append(entity)
        ......
```

图 6-89　粘贴程序

1	阀体	1	待定	
2	阀盖	1	待定	
3	阀芯主视图	1	待定	
4	密封圈	2	待定	
5	阀杆	1	待定	
6	压紧套	1	待定	
7	扳手	1	待定	
序号	名称	数量	材料	备注

图 6-90　运行结果

我现在打算使用py 对autocad中的块的属性进行全部获取，你帮我写一份直接可用的代码，将获取每个块的每个属性进行直接显示。我尤其想要得到一个"增强属性编辑器"中的参数，这个"增强属性编辑器"在autocad中使用EATTEDIT命令进行操作。

🗐 深度思考·R1　　⊕ 搜索　　🖉 附件　　　　　　　　　⬆

图 6-91　输入提示词

7. 运行代码

将以上代码复制到 **PyCharm** 中运行，结果如图 6-92 所示。

提取信息　×

属性 #1:
　标记(Tag): 阀体
　值(Value): HT150
　提示(Prompt): N/A
　高度(Height): 4.0
　角度(Rotation): 0.0
　宽度因子(WidthFactor): 1.0
　倾斜角度(ObliqueAngle): 0.0
　文字样式(TextStyle): Standard
　对齐方式(Alignment): 左对齐
　插入点(InsertionPoint): (130.591, 226.048, 0.000)
　对齐点(AlignmentPoint): (0.000, 0.000, 0.000)
　图层(Layer): 0
　颜色(Color): 随块
　线型(Linetype): ByLayer
　可见(Visible): True

图 6-92　运行结果

8. 修改提示词

返回阶跃，在输入框中输入以下提示词。

只需要你生成提取下面输出中的值"value" 这一项的提取代码，其他都不需要。

9. 生成程序

单击"发送"按钮⬆，生成程序如下。

```python
import win32com.client

# 超简化版本 - 直接复制到您的代码中使用
def get_value(block_name, tag_name):
    """
    获取块属性值 - 超简化版本

    用法:
    value = get_value("阀盖", "阀盖")              # 返回: "HT200"
    """
    try:
        acad = win32com.client.Dispatch("AutoCAD.Application")
        for entity in acad.ActiveDocument.ModelSpace:
```

```
        if entity.ObjectName == "AcDbBlockReference" and entity.Name == block_name:
            for attr in entity.GetAttributes():
                if attr.TagString == tag_name:
                    return attr.TextString
    return "未找到"
    except:
        return "错误"


# 一行调用示例:
# material = get_value("阀盖", "阀盖")         # 获取阀盖的材料值: HT200
# core_value = get_value("阀芯", "阀芯")       # 获取阀芯的值: 45
```

10. 再次输入提示词

下面,我们继续给出如下提示词。

直接使用我给你的方法进行材料列的值的填写,修改明细表的总宽度为180,请将明细表中的序号从下向上依次递增。明细表的位置放置在(210,45)

```
import win32com.client


# 超简化版本 - 直接复制到您的代码中使用
def get_value(block_name, tag_name):
    """
    获取块属性值 - 超简化版本

    用法:
    value = get_value("阀盖", "阀盖")              # 返回: "HT200"
    """
    try:
        acad = win32com.client.Dispatch("AutoCAD.Application")
        for entity in acad.ActiveDocument.ModelSpace:
            if entity.ObjectName == "AcDbBlockReference" and entity.Name == block_name:
                for attr in entity.GetAttributes():
                    if attr.TagString == tag_name:
                        return attr.TextString
        return "未找到"
    except:
        return "错误"


# 一行调用示例:
# material = get_value("阀盖", "阀盖")         # 获取阀盖的材料值: HT200
# core_value = get_value("阀芯", "阀芯")       # 获取阀芯的材料值: 45
```

11. 生成程序

单击"发送"按钮❶,生成的程序如下。

```
from pyautocad import Autocad, APoint
from collections import Counter
import math
import time
```

```python
import win32com.client

def get_value(block_name, tag_name):
    """获取指定块的指定属性值"""
    try:
        acad = win32com.client.Dispatch("AutoCAD.Application")
        for entity in acad.ActiveDocument.ModelSpace:
            if entity.ObjectName == "AcDbBlockReference" and entity.Name == block_name:
                for attr in entity.GetAttributes():
                    if attr.TagString == tag_name:
                        return attr.TextString
        return "未找到"
    except:
        return "错误"


def get_block_statistics(acad):
    """获取当前图纸中所有块的统计信息和材料信息"""
    block_counter = Counter()
    block_order = []   # 记录块的出现顺序
    block_materials = {}   # 记录块的材料信息

    # 遍历模型空间中的所有对象
    for entity in acad.model:
        try:
            # 检查是否为块引用
            if entity.ObjectName == "AcDbBlockReference":
......
```

12. 运行程序

将以上代码复制到 PyCharm 中运行，结果如图 6-93 所示。

7	扳手	1	HT200	
6	压紧套	1	HT150	
5	阀杆	1	45	
4	密封圈	2	聚四氟乙烯	
3	阀芯主视图	1	未找到	
2	阀盖	1	HT200	
1	阀体	1	HT150	
序号	名称	数量	材料	备注

图 6-93 运行结果

13. 移动明细表

单击"默认"选项卡"修改"面板中的"移动"按钮✛，选中明细表，将其移动到标题栏上方，如图 6-94 所示。

图 6-94　移动明细表

14. 整理图纸

选中所有的图块并进行分解，删除多余的线和属性注释，结果如图 6-95 所示。

图 6-95　球阀装配图

6.5　实践与操作

通过本章的学习，读者对 AI AutoCAD 的应用已经有了大体的了解。本节通过两个练习帮助读者进一步掌握本章知识要点。

6.5.1　利用 AI 工具优化零件图

本例需要对如图 6-96 所示的阶梯轴零件图进行优化，删除重叠的线。图中有蓝色夹点的线是重叠线段。

图 6-96　阶梯轴

1．目的要求

（1）检查图形中是否有图线重叠的现象。

（2）将重叠的线删除。

2．操作提示

（1）输入提示词。打开 DeepSeek，复制 6.3.5 节生成的程序，本例我们要生成的 Python 程序是在该程序的基础上进行修改得到的。提示词如图 6-97 所示。

```
# 输出冲突总结
if conflicts:
    print(f"\n共检测到 {len(conflicts)} 处交叉相交，其中 {len(annotated_points)} 处已自动标注。")
else:
    print("\n未检测到交叉相交。")    修改以上程序，检查零件图中有没有两条或多条线重叠的现象，两条
线段只有一个交点的不用标记，我使用的是 AutoCAD 2026 的版本。
```

　　深度思考 (R1)　　　　⊕ 联网搜索

图 6-97　输入提示词

（2）生成程序。根据以上关键词生成程序。

（3）运行程序。将生成的程序复制到 PyCharm 中运行。如果存在错误，则将运行结果复制到 AI 中修改程序，然后重新运行，直至生成正确的程序。

6.5.2　通过 Python 程序生成机械零件模型

1．目的要求

本例我们通过 Python 程序生成如图 6-98 所示的垫片。

图 6-98　垫片

2. 操作提示

（1）在 AI 工具中输入如图 6-99 所示的提示词。

> 生成一个Python程序，使用PyAutoGUI在AutoCAD中控制鼠标和键盘绘制图形。绘制的图形为垫片，绘图命令为rectang，矩形1的长度为120，宽度为80，圆角为10，矩形的中心在（0,0）点。矩形2的长度为60，宽度为40，中心在（0,0）点。然后再分别以圆角的圆心为圆心绘制半径为6的圆。
>
> ⊗ 深度思考 (R1)　⊕ 联网搜索　　　　　　　　　　　　🔗 ⬆

图 6-99　输入提示词

（2）生成 Python 程序。

（3）将生成的程序复制粘贴到 PyCharm 中。

（3）运行程序，如有错误，修改提示词，重新生成程序，然后再运行，直至生成正确的程序。

机械零件工程图设计篇

　　减速器是工程实践中应用最广泛的机械部件，其结构紧凑，涵盖了机械设计中所有典型的零件，具有机械设计的典型代表性。几十年来，在各大、中专院校机械工程专业中，均把减速器设计作为典型的机械设计课堂教学范例和机械设计课程设计选题。

　　本篇将完整地介绍一级圆柱斜齿轮减速器的设计思路、理论依据和完整的 AutoCAD+AI 实现过程。通过本篇的学习，读者能掌握机械设计方法、理论及相应的 AutoCAD+AI 制图技巧。

第7章

常用机械零件设计

本章通过对传动件的绘制，讲解主视图与俯视图、左视图的相互投影，以及对应同步的绘制方法。同时，进一步深入讲解二维绘图和编辑命令。另外，本章还对工程制图的标注设置和属性修改进行了系统的介绍和实践指导。

7.1　实例——螺纹连接件的绘制

常用的螺纹连接件有螺栓、双头螺柱、螺钉、螺母和垫圈等。螺栓用于被连接零件允许钻成通孔的情况；双头螺柱用于被连接零件之一较厚或不允许钻成通孔的情况，故两端都有螺纹，一端螺纹用于旋入被连接零件的螺孔内；螺钉用于不经常拆开和受力较小的连接中，按其用途可分为连接螺钉和紧定螺钉；螺母与螺栓大多数已经标准化，其尺寸已经规范化，所以其设计工作主要是根据强度和尺寸需要选择合适的规格和型号的零件。在绘制过程中，一定要严格按相关标准规定的尺寸绘制。螺纹连接件的绘制流程如图 7-1 所示。

图 7-1　螺纹连接件的绘制流程

7.1.1 螺栓的绘制

以螺栓 GB/T 5782—2017-M10×80 为例，绘制螺栓的两个视图。

（1）图层设置。单击"默认"选项卡"图层"面板中的"图层特性"按钮，打开"图层特性管理器"选项板。在该选项板中依次创建"轮廓线""点画线""剖面线"3 个图层，并设置"轮廓线"图层的线宽为 0.30 mm，设置"点画线"图层的线型为 CENTER2。

（2）绘制中心线。将"点画线"图层设置为当前图层，单击"默认"选项卡"绘图"面板中的"直线"按钮，沿水平方向绘制一条长度为 120 的中心线，沿竖直方向绘制一条长度为 40 的中心线，效果如图 7-2 所示。

（3）绘制辅助线。单击"默认"选项卡"修改"面板中的"偏移"按钮，将图 7-2 中的水平中心线分别向上、下偏移，偏移距离分别为 5、10，并将偏移的直线转换到"轮廓线"图层，效果如图 7-3 所示。

（4）绘制螺栓左视图。

❶ 将"轮廓线"图层设置为当前图层，单击"默认"选项卡"绘图"面板中的"直线"按钮，以图 7-3 中的 a 点为起点，绘制角度为-150°的斜线，效果如图 7-4 所示。

图 7-2　绘制中心线　　　　　图 7-3　偏移中心线　　　　　图 7-4　绘制斜线

❷ 单击"默认"选项卡"绘图"面板中的"直线"按钮，以图 7-4 中的 b 点为起点，绘制一条长度为 5 的竖直直线。然后单击"默认"选项卡"修改"面板中的"修剪"按钮，修剪多余的线条，效果如图 7-5 所示。

❸ 单击"默认"选项卡"修改"面板中的"镜像"按钮，选择步骤❶和步骤❷中绘制的斜线和竖直直线为镜像对象，以水平中心线和竖直中心线为镜像线，镜像结果如图 7-6 所示。

❹ 单击"默认"选项卡"绘图"面板中的"圆"按钮，绘制图 7-6 中六边形的内切圆，效果如图 7-7 所示。

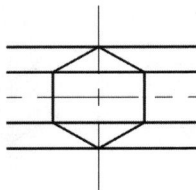

图 7-5　绘制直线　　　　　图 7-6　镜像结果　　　　　图 7-7　绘制圆

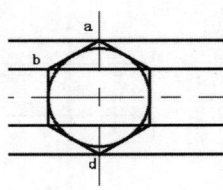

> 注意：根据简化画法，图 7-7 中 ad 的长度为两倍的螺栓大径的长度。此例中选用的螺栓型号为 M10，因此 ad 的长度为 20 mm。图 7-7 中圆的半径由图中的正六边形决定。

（5）绘制螺栓主视图。

❶ 单击"默认"选项卡"修改"面板中的"偏移"按钮，将图 7-7 中的竖直中心线向左偏移，偏移距离分别为 25、45、75、82，并将偏移的直线转换到"轮廓线"图层，效果如图 7-8 所示。

❷ 单击"默认"选项卡"修改"面板中的"修剪"按钮，修剪多余的直线，效果如图 7-9 所示。

❸ 单击"默认"选项卡"修改"面板中的"偏移"按钮，将图 7-9 中的水平中心线分别向上、

下偏移，偏移距离为 4.3，并将偏移的直线转换到"剖面线"图层，然后单击"默认"选项卡"修改"面板中的"修剪"按钮，修剪多余的线段，效果如图 7-10 所示。

图 7-8　偏移结果

图 7-9　修剪结果

❹ 单击"默认"选项卡"修改"面板中的"倒角"按钮，对螺栓进行距离为 0.7 的倒角。然后单击"默认"选项卡"绘图"面板中的"直线"按钮，绘制倒角线。最后单击"默认"选项卡"修改"面板中的"修剪"按钮，修剪多余的直线，效果如图 7-11 所示。

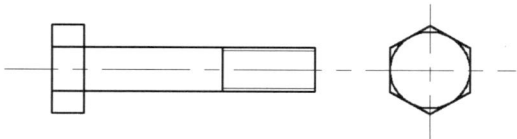

图 7-10　绘制螺纹小径

图 7-11　绘制倒角

注意： 根据简化画法，图 7-11 中的螺纹 ac 的长度为两倍的螺纹大径的长度，根据所选螺栓型号 M10 可得 ac 长度为 20 mm，螺栓的公称长度 bc 应大于被紧固零件的厚度 δ_1、δ_2，垫圈的厚度 h 和螺母厚度 m 的总和，并且要有一定的伸出长度 a（a 一般约为螺纹大径的 0.3～0.5 倍），因此螺栓的公称长度初算：$l' = \delta_1 + \delta_2 + h + m + a$。根据计算初值查阅相关手册，在螺栓公称长度系列中选取与计算初值最接近的标准值。

❺ 单击"默认"选项卡"修改"面板中的"偏移"按钮，将图 7-11 中的最左侧线段 dp 向右偏移，偏移距离为 15。然后单击"默认"选项卡"绘图"面板中的"圆"按钮，以刚偏移的直线与水平中心线交点为圆心，绘制一个半径为 15 的圆，效果如图 7-12 所示。

❻ 单击"默认"选项卡"绘图"面板中的"直线"按钮，以点 o 为起点，绘制一条长度为 5 的直线 om。然后单击"默认"选项卡"绘图"面板中的"圆"按钮，以 om 中点 r 为圆心，od 为半径绘制圆。最后单击"默认"选项卡"修改"面板中的"镜像"按钮，以刚绘制的圆为镜像对象，以水平中心线为镜像线进行镜像，效果如图 7-13 所示。

图 7-12　绘制圆

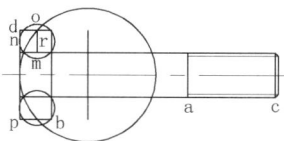

图 7-13　镜像结果

❼ 单击"默认"选项卡"修改"面板中的"修剪"按钮，修剪多余的直线，效果如图 7-14 所示。

注意： 根据简化画法，图 7-14 中 sk 的长度为 0.7 倍的螺纹公称直径，R 为 1.5 倍的螺纹公称半径，h 为 0.25 倍的螺纹公称直径，r 由作图决定。

至此，螺栓就绘制完成了，最终效果如图 7-15 所示。

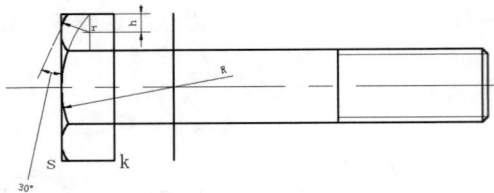

图 7-14　修剪结果

图 7-15　螺栓的最终效果

7.1.2　螺母的绘制

绘制螺母的两个视图如图 7-16 所示。

（1）绘图准备。启动 AutoCAD 2026，新建文件。

（2）输入提示词 1。启动 DeepSeek，关闭深度思考模式，输入以下提示词。

我现在需要创建 2 个图层。其中一个是 center 图层，线型为 CENTER，颜色为红色。另一个是 contour 层，线型为 continuous，线宽为 0.5mm，颜色为 7 号白色。将 center 图层设置为当前层，然后使用 line 命令绘制过（0,0）点正交的水平中心线和垂直中心线，水平中心线的长度为 50，中点在（0,0）点，垂直中心线的长度为 100，起点坐标为（0, -25）。

（3）生成程序 1。生成的程序如图 7-17 所示。

图 7-16　螺母

```python
import pyautogui
import time

def autocad_focus():
    """激活AutoCAD窗口并初始化环境"""
    try:
        # 获取AutoCAD窗口对象
        win = pyautogui.getWindowsWithTitle("AutoCAD")[0]
        win.activate()
        time.sleep(3)

        # 点击命令行区域确保焦点
        pyautogui.click(win.left + 100, win.top + win.height - 50)
        time.sleep(1)

        # 强制设置关键系统变量
        init_commands = [
            '(setvar "DYNMODE" 0)',  # 关闭动态输入
            '(setvar "COORDS" 1)',   # 绝对坐标模式
            '(setvar "CLAYER" "0")'  # 重置当前图层
        ]

        for cmd in init_commands:
            pyautogui.write(cmd, interval=0.15)
            pyautogui.press("enter")
            time.sleep(1)

        return True
    except Exception as e:
        print(f"初始化失败: {str(e)}")
        return False
```

图 7-17　程序 1

（4）运行程序。将以上程序复制粘贴到 PyCharm 中运行，根据运行结果进行程序的修改。

（5）重复以上步骤。将运行正确的代码和以下提示词一起输入 DeepSeek 的输入框中，继续生成代码。

❶　以上程序运行正确。下面我们需要将 contour 层设置为当前层。然后使用 circle 命令，以（0,0）为圆心绘制半径分别为 8 和 5 的圆，结束圆命令。使用的绘图命令为 polygon，正六边形的中心为（0,0），外切圆的半径为 8。

❷　下面，我需要将当前图层设置为 0 层，然后使用 arc 命令，绘制圆心在（0,0）点，半径为 5，起点坐标为（0,− 5），角度为逆时针 270°的圆弧。

❸　接下来绘制主视图。将当前图层设置为 contour，绘制左上角的倒角和右上角的倒角，第一条直线选择矩形的上边，倒角距离为 1.24，角度为 30°，左上角的倒角第二条直线选择矩形左侧边线，右上角的倒角第二条线选择矩形右侧的边线。使用 line 命令绘制投影线。绘制的投影线 1 的起点为（−4.62，60），终点为（−4.62,68.4）；投影线 2 的起点为（4.62，60），终点为（4.62,68.4）。

❹　接下绘制辅助线。使用 line 命令绘制直线，从点（−9.24,67.78）开始向右绘制一条长度为 4.62 的水平直线 1，使其与投影线 1 垂直相交，得到垂足 1，从点（9.24,67.78）开始向左绘制一条长度为 4.62 的水平直线，使其与投影线 2 垂直相交，得到垂足 2，然后使用 line 命令继续从这两条线的中点向矩形的顶边绘制垂直线得到交点 1 和交点 2，然后使用 arc 命令，捕捉左上角倒角的顶点，交点 1 和垂足 1 绘制圆弧 1，再使用 arc 命令，捕捉垂足 2、交点 1 和右上角倒角的顶点，绘制圆弧 2，再使用 arc 命令，捕捉垂足 1、竖直中心线与矩形顶边的交点和垂足 2，绘制圆弧 3。

（6）生成程序 2。生成的程序如图 7-18 所示。

```python
def draw_main_view_rectangle_with_chamfer():
    """绘制带角度倒角的主视图矩形"""
    left = -9.24
    right = 9.24
    bottom = 60
    top = 68.4
    chamfer_dist = 1.24
    chamfer_angle = 30

    angle_rad = math.radians(chamfer_angle)
    dx = chamfer_dist * math.cos(angle_rad)
    dy = chamfer_dist * math.sin(angle_rad)

    left_top_chamfer = (left + dx, top - dy)
    right_top_chamfer = (right - dx, top - dy)

    commands = [
        ('_line', 1),
        (f'{left},{bottom}', 1),
        (f'{left},{left_top_chamfer[1]}', 1),
        (f'{left_top_chamfer[0]},{top}', 1),
        (f'{right_top_chamfer[0]},{top}', 1),
        (f'{right},{right_top_chamfer[1]}', 1),
        (f'{right},{bottom}', 1),
        (f'{left},{bottom}', 1),
        ('', 1)
    ]

    print("正在绘制带倒角的主视图矩形...")
    for cmd, delay in commands:
        if not send_command(cmd, delay):
            print("绘制带倒角矩形失败！")
            return False
```

图 7-18　程序 2

（7）运行以上程序，将以上程序复制粘贴到 PyCharm 中运行，结果如图 7-19 所示。

（8）输入提示词。将运行正确的代码和以下提示词一起输入到
DeepSeek 的输入框中，继续生成代码。提示词如下：

❶ 以上程序运行正确。在绘制完成圆弧之后，我现在需要删除圆
弧 1 的起点和端点之间的水平直线和与水平直线垂直的垂直线，以及
圆弧 2 的起点和端点之间的水平直线和与水平直线垂直的垂直线。

❷ 使用 trim 命令修剪圆弧 1 的起点至中点的部分，修剪圆弧 2 的
中点至端点的部分。笔者建议使用 trim 中的窗交选项，然后选择点
（–8,28）作为第一个角点，然后选择点（–8.24,28.29）作为第二个角点
来修剪圆弧 1，用同样的方法，选择点（8.24,28）作为第一个角点，然
后选择点（8,28.29）作为第二个角点来修剪圆弧 2。结束修剪命令，使
用 zoom 命令显示所有图形。

❸ 显示/隐藏线宽的命令为 LWDISPLAY，输入 1，即可打开"显
示/隐藏线宽"按钮，请给我完整的代码。

（9）生成完整程序。经过多次运行和修改后，DeepSeek 生成了一
个完整的程序，部分程序如图 7-20 所示。

图 7-19　运行结果

```python
import pyautogui
import time
import math
from pyautogui import FailSafeException

# ==================== 基础功能 ====================
def autocad_focus():
    """激活AutoCAD窗口并初始化环境"""
    try:
        # 获取并激活AutoCAD窗口
        win = pyautogui.getWindowsWithTitle("AutoCAD")[0]
        win.activate()
        time.sleep(3)

        # 点击命令行区域保持焦点
        pyautogui.click(win.left + 100, win.top + win.height - 50)
        time.sleep(1)

        # 设置关键系统变量
        init_commands = [
            '(setvar "DYNMODE" 0)',   # 关闭动态输入
            '(setvar "COORDS" 1)',    # 绝对坐标模式
            '(setvar "CLAYER" "0")',  # 重置当前图层
            '(setvar "PICKAUTO" 1)'   # 启用自动选择
        ]
        for cmd in init_commands:
            pyautogui.write(cmd, interval=0.15)
            pyautogui.press("enter")
            time.sleep(1)
        return True
    except Exception as e:
```

图 7-20　程序 3

（10）运行程序。

❶ 启动 PyCharm，单击"新建文件或目录"按钮 +，在弹
出的下拉菜单中选择 "Python 文件"命令，系统弹出"新建
Python 文件"对话框，输入名称为螺母，如图 7-21 所示。

❷ 复制程序。复制生成的程序，按 Ctrl+V 组合键，将程序
粘贴到"螺母"文件中，如图 7-22 所示。

❸ 程序运行。切换到 AutoCAD 界面。将光标移动到

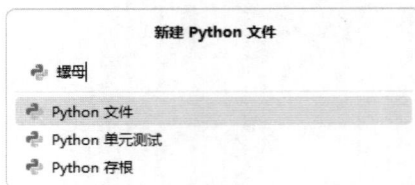

图 7-21　"新建 Python 文件"对话框

AutoCAD 的命令行并单击，然后切换到 PyCharm 界面，单击图 7-22 中的"运行"按钮▷，再将光标移动到 AutoCAD 界面，运行程序，结果如图 7-23 所示。

图 7-22　粘贴程序

图 7-23　运行结果

7.1.3　螺纹连接件的绘制

（1）绘制连接板。

❶ 单击"默认"选项卡"修改"面板中的"旋转"按钮↺，将图 7-15 中绘制的螺栓旋转 90°，效果如图 7-24 所示。

❷ 将"轮廓线"图层设置为当前图层，单击"默认"选项卡"绘图"面板中的"矩形"按钮▭，绘制一个长为 36、宽为 36 的矩形，效果如图 7-25 所示。

❸ 单击"默认"选项卡"绘图"面板中的"直线"按钮／，连接图 7-25 中的线段 ab、cd 的中点得到线段 mn，连接 ac 和 bd 的中点得到线段 op。然后单击"修改"工具栏中的"偏移"按钮⊆，将线段 op 向左、右偏移，偏移距离均为 5.5，效果如图 7-26 所示。

❹ 单击"默认"选项卡"修改"面板中的"删除"按钮✐，删除多余的直线。然后单击"默认"选项卡"修改"面板中的"移动"按钮✛，以图 7-26 中的 p 点为基点，图 7-24 中的 q 点为目标点，移动整个图形，效果如图 7-27 所示。

图 7-24　旋转螺栓　　　图 7-25　绘制矩形　　　图 7-26　绘制连接板　　　图 7-27　移动图形

❺ 单击"默认"选项卡"修改"面板中的"修剪"按钮▼，修剪多余的直线。

🔊 注意：被连接的两板孔径为 1.1d，d 为螺栓的公称直径。

（2）绘制剖面图。将"剖面线"图层设置为当前图层。单击"默认"选项卡"绘图"面板中的"图案填充"按钮▦，在打开的"图案填充创建"选项卡中选择填充图案为 ANSI31。单击"拾取点"按钮▨，选择主视图中的相关区域，单击"关闭图案填充创建"按钮，完成剖面线的绘制，效果如图 7-28 所示。

🔊 注意：被连接的两板要剖开。国家标准规定当剖切平面通过轴、销、螺栓等实心机件的轴线时，这些机件应按未剖切绘制，因此图中螺栓按未剖画出。在装配图中，相互邻接的金属零件，其剖面线的倾斜方向不同或方向一致而间距不等，如图 7-28 所示，被连接两板剖面线方向应相反。同一个零件在不同剖视图或断面图中的剖面线方向和间隔均要一致。

（3）绘制垫圈。将"轮廓线"图层设置为当前图层。单击"默认"选项卡"绘图"面板中的"矩形"按钮▭，绘制一个长为 22、宽为 2 的矩形；然后单击"默认"选项卡"修改"面板中的"移动"按钮✥，将绘制的矩形移动到图 7-28 中，效果如图 7-29 所示。

🔊 注意：垫圈为标准件，查国家标准 GB/T 95—2002 可得到其公称尺寸和厚度。在简化画法中，其公称尺寸为 2.2d，厚度为 0.2d（d 为螺栓公称直径）。

（4）绘制螺母。调用相关命令绘制螺母，并补画螺母的相贯线。然后单击"默认"选项卡"修改"面板中的"修剪"按钮▼，修剪多余的直线，效果如图 7-30 所示。

（5）绘制俯视图中的螺栓。单击"默认"选项卡"绘图"面板中的"圆"按钮⊙，在俯视图中绘制螺栓，效果如图 7-31 所示。

图 7-28　绘制剖面线　　图 7-29　绘制垫圈　　图 7-30　绘制螺母　　图 7-31　完成螺纹连接件的绘制

ⓘ知识详解——起盖螺钉的应用

为防止漏油，在箱体与箱盖接合面处常涂有密封胶或水玻璃，接合面被黏住不易分开。为便于开启箱盖，可在箱盖凸缘上装设 1～2 个起盖螺钉。拆卸箱盖时，可先拧动此螺钉顶起箱盖。起盖螺钉的直径一般等于凸缘连接螺栓直径，螺纹有效长度大于凸缘厚度。钉杆端部要做成圆形或半圆形，以免损伤螺纹，如图 7-32（a）所示。也可在箱座凸缘上绘制出起盖用螺纹孔，如图 7-32（b）所示。螺纹孔直径等于凸缘连接螺栓直径，这样必要时可用凸缘连接螺栓旋入螺纹孔顶起箱盖。

（a）　　　　（b）

图 7-32　起盖螺钉和起盖螺孔

7.2　实例——轴承零件的绘制：圆锥滚子轴承

圆锥滚子轴承的滚动体是截锥形滚子，内外圈滚道均有锥度，属于分离型轴承。这类轴承能同时承受较大的径向载荷和单向轴向载荷，但一般不用于承受纯径向载荷。圆锥滚子轴承应成对使用并反向安装在同一支点或两个支点上，适用于轴的刚性较大、两轴孔同轴度好的场景，其绘制流程如图 7-33 所示。

图 7-33　圆锥滚子轴承绘制流程

7.2.1　绘制主视图

（1）设置图层。单击"默认"选项卡"图层"面板中的"图层特性"按钮，打开"图层特性管理器"选项板。在该选项板中依次创建"轮廓线""点画线""剖面线"3 个图层，并设置"轮廓线"图层的线宽为 0.50 mm，设置"点画线"图层的线型为 CENTER2。

（2）绘制轮廓。

❶ 将"点画线"图层设置为当前图层，单击"默认"选项卡"绘图"面板中的"直线"按钮，沿水平方向绘制一条中心线。然后将"轮廓线"图层设置为当前图层，单击"默认"选项卡"绘图"面板中的"直线"按钮，绘制一条竖直线，效果如图 7-34 所示。

图 7-34　绘制中心线和竖直线

❷ 单击"默认"选项卡"修改"面板中的"偏移"按钮，将水平中心线依次向上偏移 17.5、22.125、26.75、36，并将偏移的直线转换到"轮廓线"图层；同理，将竖直线向右依次偏移 1.25、10.375、15、18.25，效果如图 7-35 所示。

❸ 单击"默认"选项卡"修改"面板中的"修剪"按钮，修剪多余的线条，效果如图 7-36 所示。

（3）绘制轴承滚道及滚动体。

❶ 将"点画线"图层设置为当前图层，单击"默认"选项卡"绘图"面板中的"直线"按钮，以图 7-36 中的 A 点为起点，绘制一条角度为 15°的斜线，效果如图 7-37 所示。

❷ 单击"默认"选项卡"修改"面板中的"延伸"按钮 ➙，将步骤❶中绘制的斜线延伸，效果如图 7-38 所示。

❸ 单击"默认"选项卡"绘图"面板中的"直线"按钮 ╱，通过图 7-38 中的 A 点绘制与斜线垂直的直线，效果如图 7-39 所示。

❹ 单击"默认"选项卡"修改"面板中的"偏移"按钮 ⊂，将图 7-39 中的直线 AC 向右偏移到 B 点，效果如图 7-40 所示。

图 7-35　偏移直线　　　　图 7-36　修剪结果　　　　图 7-37　绘制斜线　　　　图 7-38　延伸直线

❺ 单击"默认"选项卡"修改"面板中的"镜像"按钮 ⚠，以图 7-40 中的直线 BD 为镜像对象，直线 AC 为镜像线进行镜像，结果如图 7-41 所示。

❻ 单击"默认"选项卡"修改"面板中的"偏移"按钮 ⊂，将图 7-41 中的直线 AB 分别向上、向下偏移 4.625，效果如图 7-42 所示。

图 7-39　绘制直线　　　　图 7-40　偏移结果　　　　图 7-41　镜像结果　　　　图 7-42　偏移结果

❼ 单击"默认"选项卡"修改"面板中的"修剪"按钮 ✂，修剪多余的线条，并将相应的直线转换到"轮廓线"图层，效果如图 7-43 所示。

❽ 单击"默认"选项卡"修改"面板中的"倒角"按钮 ╱，对轴承进行倒角，倒角距离为 1。并将"轮廓线"图层设置为当前图层。单击"默认"选项卡"绘图"面板中的"直线"按钮 ╱，绘制倒角线，并进行修剪，结果如图 7-44 所示。

❾ 单击"默认"选项卡"修改"面板中的"镜像"按钮 ⚠，选择图 7-44 中中心线上部分为镜像对象，以中心线为镜像线，镜像轴承的另一半，效果如图 7-45 所示。

（4）绘制轴承的剖面图。将"剖面线"图层设置为当前图层，单击"默认"选项卡"绘图"面板中的"图案填充"按钮 ▨，完成剖面线的绘制。这样就完成了轴承的绘制，效果如图 7-46 所示。

图 7-43　修剪结果　　　　图 7-44　倒角并修剪结果　　　　图 7-45　对轴承进行镜像　　　　图 7-46　轴承绘制结果

🔊 **注意：** 轴承的内圈和外圈剖面线方向相反。

7.2.2　添加标注

（1）将"0"图层设置为当前图层。单击"默认"选项卡"注释"面板中的"文字样式"按钮 **A**，打开"文字样式"对话框。选择 Standard 标注样式，选择"仿宋"字体，高度为 5，其他为默认设置，单击"应用"按钮，关闭对话框。将标注样式设置为默认。

（2）单击"注释"选项卡"标注"面板中的"线性"按钮，对轴承中的线性尺寸进行标注，效果如图 7-47 所示。

（3）单击"注释"选项卡"标注"面板中的"线性"按钮，通过修改标注文字，实现使用线性标注来标注视图中的直径型尺寸，效果如图 7-48 所示。

（4）在命令行中输入"QLEADER"命令，按 Enter 键，然后输入"S"，按 Enter 键，打开"引线设置"对话框，选择"注释"选项卡中的"无"注释类型，其他为默认值，关闭对话框，对主视图中的倒角进行标注。至此，整幅图绘制完毕，效果如图 7-33 所示。

图 7-47　添加线性标注　　图 7-48　添加直径型尺寸

7.3　实例——带轮零件的绘制：腹板式带轮

带轮常用铸铁制造，有时也用钢或非金属材料（如塑料、木材等）制造。铸铁带轮允许的最大圆周速度为 25 m/s，速度更高时可采用铸铁或钢板冲压后焊接。塑料带轮的重量轻、摩擦系数大，常用于机床中。

带轮基准直径 d_d 较小时可采用实心式带轮；中等直径的带轮常采用腹板式带轮；当直径大于 350 mm 时，可采用轮辐式带轮，如图 7-49 所示。当采用轮辐式带轮时，轮辐的数目 Z_a 可根据带轮直径选取。当 $d_d \leqslant 500$ mm 时，$Z_a = 4$；当 500 mm $< d_d \leqslant 1600$ mm 时，$Z_a = 6$；当 1600 mm $< d_d \leqslant 3000$ mm 时，$Z_a = 8$。

（a）实心式　　　　　（b）腹板式　　　　　（c）轮辐式

$d_h = (1.8 \sim 2)d_s,\ d_o = \dfrac{d_h + d_r}{2}$

$L = (1.5 \sim 2)d_s$

$d_r = d_a - 2(h_c + \delta),\ h_c,\ \delta$ 如图 6-47（b）所示

$s = (0.2 \sim 0.3)B,\ s_1 \geqslant 1.5s,\ s_2 \geqslant 0.5s$

$h_1 = 290\sqrt[3]{\dfrac{P}{nA}}$

P——传递功率，kW

n——带轮转速，r/min

A——轮辐数

$h_2 = 0.8h_1$

$a_1 = 0.4h_1$

$a_2 = 0.8a_1$

$f_1 = f_2 = 0.2h_1$

图 7-49　V 带轮的结构

关于各种型号的 V 带轮的轮槽尺寸，可查阅机械设计手册，如图 7-50 所示。

参数及尺寸		V 带轮型号	参数及尺寸	V 带轮型号
		A		A
b_p		11	e	15
$h_{a\min}$		2.75	f	10
$h_{f\min}$		8.7	B	$B = (z-1)e + 2f$, z 为带根数
$\delta_{\min}$		6	d_a	$d_a = d_d + 2h_a$
ϕ	32°	对应的带轮基准直径 d_d		—
	34°			≤118
	36°			—
	38°			>118

图 7-50　V 带轮的轮槽尺寸

在本例中，d_s 为 20 mm，小带轮基准直径 d_d 为 125 mm，因此采用腹板式带轮（在此以 V 带轮为例），如图 7-51 所示。

📢 **注意**：d_s 为与带轮相配合的轴的直径，在绘制时应按国家相关标准取值。

腹板式带轮的结构尺寸由以下公式确定：

$$d_h = (1.8 \sim 2)d_s$$

$$d_o = \frac{d_h + d_r}{2}$$

$$d_r = d_a - 2(h_a + h_f + \delta)$$

$$s = (0.2 \sim 0.3)B$$

$$s_2 \geqslant 0.5s$$

$$L = (1.5 \sim 2)d_s$$

图 7-51　腹板式带轮

💡 **提示**：d_a、h_a、h_f 和 δ 通过图 7-50 得到。

根据图 7-50 可得：$b_p = 11$ mm，$h_{a\min} = 3$ mm，$h_{f\min} = 9$ mm，$\delta_{\min} = 6$ mm，$e = 15$ mm，$f = 10$ mm，∅ = 38°，$B = 35$ mm，$d_a = 131$ mm。将以上数据代入上述公式进行计算，可得 $L = 30$ mm，$s = 7$ mm，$s_2 = 4.12$ mm，$d_h = 40$ mm。得到以上数据即可绘制腹板式带轮。腹板式带轮的绘制流程如图 7-52 所示，其各个参数的尺寸均可由图 7-50 查出或由上述公式计算得出。

图 7-52　腹板式带轮

知识详解——带传动分类

带传动通过中间挠性件（带）传递运动和动力，适用于两轴中心距较大的场景。带传动具有结构简单、成本低廉等优点，因此得到广泛的应用。

带传动通常由主动轮 1、从动轮 2 和张紧在两轮上的环形带 3 组成，如图 7-53 所示。传动带按横截面形状可分为平带、V 带和特殊截面带（如多楔带、圆带等）三大类，如图 7-54 所示。

图 7-53　带传动结构图

（a）平带　　　（b）V 带　　　（c）多楔带　　　（d）圆带

图 7-54　传动带种类

7.3.1　绘制主视图

（1）单击"默认"选项卡"图层"面板中的"图层特性"按钮，打开"图层特性管理器"选项板。在该选项板中依次创建"点画线""轮廓线""剖面线"3 个图层，并设置"轮廓线"图层的线宽为 0.50mm，设置"点画线"图层的线型为 CENTER2。

（2）将"点画线"图层设置为当前图层，单击"默认"选项卡"绘图"面板中的"直线"按钮，沿水平和竖直方向绘制两条中心线，如图 7-55 所示。

（3）将"轮廓线"图层设置为当前图层，单击"默认"选项卡"修改"面板中的"偏移"按钮⊜，将水平中心线依次向上偏移 10、20、24、43.5、47.5、53.5、62.5、65.5；同理，将竖直中心线向左、右各偏移 3.5、15、17.5，如图 7-56 所示。

图 7-55　绘制中心线

（4）单击"默认"选项卡"修改"面板中的"修剪"按钮▓，修剪多余的线条，并将偏移的直线（水平中心线向上偏移距离 62.5 的线条除外）转换到"轮廓线"图层，效果如图 7-57 所示。

（5）再次单击"默认"选项卡"修改"面板中的"修剪"按钮▓，修剪多余线条，效果如图 7-58 所示。

图 7-56　偏移中心线　　　　　图 7-57　修剪并转换图层结果　　　　　图 7-58　修剪结果

（6）单击"默认"选项卡"修改"面板中的"偏移"按钮⊜，将最左边的竖直线向右偏移，偏移距离分别为 10 和 25，并将偏移的直线转换到"点画线"图层，效果如图 7-59 所示。

（7）再次单击"默认"选项卡"修改"面板中的"偏移"按钮⊜，将图 7-59 中的直线 ab 向左、右各偏移 5.5。然后以 c 为起点，单击"默认"选项卡"绘图"面板中的"直线"按钮⁄，绘制与竖直线成 289°的斜线，以 d 为起点，调用"直线"命令，绘制与竖直线成 251°的斜线，如图 7-60 所示。

（8）单击"默认"选项卡"修改"面板中的"延伸"按钮⇥，将步骤（7）绘制的两条斜线向上延伸，然后调用"修剪"命令修剪多余的线条，效果如图 7-61 所示。

图 7-59　偏移并转换图层结果　　　　　图 7-60　绘制斜线　　　　　图 7-61　修剪结果

（9）单击"默认"选项卡"修改"面板中的"镜像"按钮⚏，镜像对象为图 7-62 中的虚线部分，以直线 mn 为镜像线，镜像结果如图 7-63 所示。

（10）调用"直线"命令，分别以图 7-64 中的 o、p、q、t 点为起点，绘制 4 条角度分别为 177.7°、2.3°、-177.7°和-2.3°的角度线；然后单击"默认"选项卡"修改"面板中的"删除"按钮✎，删除多余的直线。或者单击"默认"选项卡"修改"面板中的"旋转"按钮↻，将直线旋转，用"延伸"命令，将其延伸，并用"修剪"命令，修剪多余线条，效果如图 7-64 所示。

（11）单击"默认"选项卡"修改"面板中的"倒角"按钮⌐，设置倒角距离为 0.7，命令行提示与操作如下：

```
命令：_chamfer
（“修剪”模式）当前倒角距离 1=0.0000，距离 2=0.0000
选择第一条直线或 [放弃(U)/多段线(P)/距离(D)/角度(A)/修剪(T)/方式(E)/多个(M)]：D✓
指定第一个倒角距离 <0.0000>：0.7✓
指定第二个倒角距离 <0.7000>：✓
选择第一条直线或 [放弃(U)/多段线(P)/距离(D)/角度(A)/修剪(T)/方式(E)/多个(M)]：T✓
输入修剪模式选项 [修剪(T)/不修剪(N)] <修剪>：N✓
选择第一条直线或 [放弃(U)/多段线(P)/距离(D)/角度(A)/修剪(T)/方式(E)/多个(M)]：（选择 图 7-
64 中的斜线 os）
选择第二条直线，或按住 Shift 键选择直线以应用角点或 [距离(D)/角度(A)/方法(M)]：（选择  图 7-64
中的直线 zs）
```

图 7-62　选择镜像对象　　　　图 7-63　镜像结果　　　　图 7-64　绘制角度线

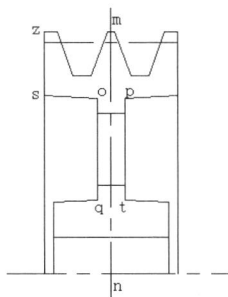

（12）再次单击"默认"选项卡"修改"面板中的"倒角"按钮　，将其他边进行倒角处理，并绘制键槽，效果如图 7-65 所示。

（13）单击"默认"选项卡"修改"面板中的"偏移"按钮　，将水平中心线向上偏移 11.3，并将其转换到"轮廓线"图层，然后用"修剪"命令，修剪多余的线条，效果如图 7-65 所示。

（14）单击"默认"选项卡"修改"面板中的"圆角"按钮　，对带轮进行圆角操作，设置半径为2，效果如图 7-66 所示。

（15）单击"默认"选项卡"修改"面板中的"镜像"按钮　，镜像对象为图 7-66 中直线 xy 以上部分，以直线 xy 为镜像线。然后在镜像结果中删除多余的直线，效果如图 7-67 所示。

（16）将"剖面线"图层设置为当前图层。单击"默认"选项卡"绘图"面板中的"图案填充"按钮　，打开"图案填充创建"选项卡，单击"图案"面板上的"图案填充图案"按钮　，打开"图案填充图案"下拉列表，选择 ANSI31 图案。在"特性"面板中，将"图案填充角度"设置为 0，"填充图案比例"设置为 1，其他为默认值。单击"拾取点"按钮　，在绘图窗口中选择主视图上的相关区域，单击"关闭图案填充创建"按钮，完成剖面线的绘制。这样就完成了主视图的绘制，效果如图 7-68 所示。

图 7-65　倒角结果　　　图 7-66　圆角结果　　　图 7-67　镜像结果　　　图 7-68　带轮主视图

7.3.2　绘制左视图

（1）将"轮廓线"图层设置为当前图层。单击"默认"选项卡"修改"面板中的"偏移"按钮
⊆，将主视图中的竖直中心线向右偏移，偏移距离为50。然后单击"默认"选项卡"绘图"面板中的
"圆"按钮⊙，绘制半径分别为10、10.7、48.03、48.76、65.5的同心圆。最后单击"默认"选项卡"修
改"面板中的"修剪"按钮₭，修剪左半个同心圆，结果如图7-69所示。

（2）单击"默认"选项卡"修改"面板中的"偏移"按钮⊆，将左视图中的竖直中心线向右偏
移，偏移距离为2。单击"默认"选项卡"绘图"面板中的"直线"按钮／，捕捉交点绘制水平直线，
使其与刚偏移的直线垂直相交，如图7-70所示。

（3）首先将步骤（2）中偏移的直线转换到"轮廓线"图层，然后单击"默认"选项卡"修改"面
板中的"修剪"按钮₭，修剪多余的线条，结果如图7-71所示。

图 7-69　绘制并修剪圆　　　　图 7-70　偏移直线　　　　图 7-71　修剪键槽

（4）将"点画线"图层设置为当前图层。单击"默认"选项卡"绘图"面板中的"圆"按钮⊙，
绘制半径为33.75的圆。然后单击"默认"选项卡"修改"面板中的"修剪"按钮₭，修剪左半个圆。
再单击"默认"选项卡"绘图"面板中的"直线"按钮／，绘制角度分别为45°和−45°的角度线，结果
如图7-72所示。

（5）将"轮廓线"图层设置为当前图层，单击"默认"选项卡"绘图"面板中的"圆"按钮⊙，
绘制半径为9.75的圆，如图7-73所示。

图 7-72　绘制辅助线　　　　图 7-73　完成左视图

7.3.3　添加标注

（1）添加线性标注。将"0"图层设置为当前图层，单击"默认"选项卡"注释"面板中的"线
性"按钮┝┥，对带轮中的线性尺寸进行标注，效果如图7-74所示。

（2）绘制多重引线。

❶ 单击"注释"选项卡"引线"面板中的"多重引线样式管理"按钮↘，❶打开"多重引线样式
管理器"对话框，如图7-75所示。❷单击"新建"按钮，❸打开"创建新多重引线样式"对话框，

❹输入新的多重引线样式的名称"引线标注"，如图 7-76 所示。

❷　❺单击图 7-76 中的"继续"按钮，❻打开"修改多重引线样式：引线标注"对话框，如图 7-77 所示。在各个选项卡中进行相应设置，❼然后单击"确定"按钮。返回"多重引线样式管理器"对话框后，将"引线标注"选项置为当前引线样式，然后单击"关闭"按钮。

图 7-74　添加线性标注

图 7-75　"多重引线样式管理器"对话框

图 7-76　"创建新多重引线样式"对话框

❸ 单击"注释"选项卡"引线"面板中的"多重引线"按钮，对倒角进行标注。

❹ 单击"默认"选项卡"绘图"面板中的"直线"按钮和"注释"面板中的"多行文字"按钮 A，对斜度进行标注，效果如图 7-78 所示。

（3）添加角度标注。单击"注释"选项卡"标注"面板中的"角度"按钮，对带槽的倾斜角度进行标注，效果如图 7-79 所示。

图 7-77　"修改多重引线样式：引线标注"对话框

图 7-78　标注倒角和斜度　图 7-79　标注角度

（4）添加半径标注。单击"注释"选项卡"标注"面板中的"半径"按钮，对图中的直径型尺寸进行标注。至此，整个零件图绘制完成，效果如图 7-52 所示。

7.4 实例——齿轮零件的绘制：轮辐式斜齿圆柱齿轮

齿轮是现代机械制造和仪表制造等工业中一类非常重要的传动零件，主要用于将主动轴的转动传送到从动轴上，以完成功率传递、变速及换向等。齿轮应用很广，类型也很多，主要包括圆柱齿轮、圆锥齿轮、齿条和蜗杆等，而最常用的是渐开线圆柱齿轮（包括直齿、斜齿和人字齿齿轮）。

齿轮的整体结构形式取决于齿轮直径的大小、毛坯种类、材料、制造工艺要求和经济性等因素。通常根据齿轮直径大小的不同，采用以下几种结构形式。

1. 齿轮轴

对于直径很小的钢齿轮，如果从齿根到键槽底部的距离 $x \leqslant 2.5m_n$（m_n 为齿轮的模数），则应将齿轮与轴做成一体，称为齿轮轴。齿轮轴的刚性大，但轴必须和齿轮使用同一种材料，损坏时将同时报废而造成浪费。因此，当 $x > 2.5m_n$ 时，一般应将齿轮与轴分开制造。但通用减速器已不受 $x > 2.5m_n$ 的限制，小齿轮与轴多做成一体，可取消孔加工及轴和轴毂的连接，增强刚度，避免套装使齿轮精度降低，如图 7-80 所示。

2. 实心式齿轮

为简化结构，减少加工工时，以及减少热处理变形，当齿顶圆直径 $d_a \leqslant 200\,\text{mm}$ 时，可采用实心式结构，如图 7-81 所示。

图 7-80 齿轮轴

3. 腹板式齿轮

当齿顶圆直径为 $200\,\text{mm} \leqslant d_a \leqslant 500\,\text{mm}$ 时，为了减轻重量和节约材料，通常采用腹板式结构，如图 7-82 所示。

4. 轮辐式齿轮

当齿顶圆直径为 $400\,\text{mm} \leqslant d_a \leqslant 1000\,\text{mm}$，且 $B \leqslant 200\,\text{mm}$ 时，由于受锻造设备能力的限制和结构要求，可做成轮辐式铸造式齿轮，如图 7-83 所示。

图 7-81 实心式齿轮　　　　图 7-82 腹板式齿轮　　　　图 7-83 轮辐式齿轮

本节将绘制轮辐式斜齿圆柱齿轮，其组成结构中的各部分尺寸可查表 7-1 得到。在表 7-1 中，d 的尺寸仍然由与之相配合的轴所决定，可查阅国家标准 GB/T 2822—2005 取标准值。

表 7-1　轮辐式齿轮结构各部分尺寸

齿　轮　结　构	各部分尺寸
	$d_a > 400$
	$d_2 = 1.6d$（钢），　$d_2 = 1.8d$（铸铁）
	$L = (1.2 \sim 1.5)d \geqslant B$
	$\delta = (2.5 \sim 4)m_n \geqslant 8\text{mm}$
	$D_2 = d_f - 2\delta_0$
	$n = 0.5m_n$
	$H = 0.8d$
	$H_1 = 0.8H$
	$C = 0.25H \geqslant 10\text{mm}$
	$C_1 = 0.8C$
	$S = 0.17H \geqslant 10\text{mm}$
	$e = 0.8\delta_0$
	n_1、r、R 由结构决定

轮辐式斜齿圆柱齿轮的绘制流程如图 7-84 所示。

图 7-84　轮辐式斜齿圆柱齿轮绘制流程

图 7-84　轮辐式斜齿圆柱齿轮绘制流程（续）

知识详解——齿轮结构分类

目前工程实践中大量应用各种齿轮零件，齿轮按不同的标准可以分为以下不同的种类。

1. 按齿轮轴线相对位置分类

按相互啮合的一对齿轮的轴线的相对位置不同，可以分为以下 3 种。

（1）轴线平行齿轮。

轴线平行齿轮是指相互啮合的两齿轮轴线平行。这种齿轮一般是圆柱齿轮，又可以按不同方式进行分类。

❶ 按齿形分类。

按轮齿齿形可以分为直齿齿轮、斜齿齿轮和人字形齿轮 3 种，如图 7-85 所示。

❷ 按啮合方式分类。

按啮合方式可以分为外啮合齿轮、内啮合齿轮和齿轮齿条 3 种，如图 7-86 所示。

（2）轴线相交齿轮。

轴线相交齿轮是指相互啮合的两齿轮轴线相交。这种齿轮一般是锥齿轮，又可以按齿形分为直齿锥齿轮和曲齿锥齿轮两种，如图 7-87 所示。

（3）轴线交错齿轮。

直齿齿轮　　　　斜齿齿轮　　　　人字形齿轮

图 7-85　按齿形分类

外啮合齿轮　　　内啮合齿轮　　　齿轮齿条

图 7-86　按啮合方式分类

轴线交错齿轮是指相互啮合的两齿轮轴线在空间交错。又可以按交错角不同分为蜗轮蜗杆和螺旋齿轮两种，蜗轮蜗杆一般垂直交错，螺旋齿轮一般不垂直交错，如图 7-88 所示。

直齿锥齿轮　　　　曲齿锥齿轮　　　　蜗轮蜗杆　　　　螺旋齿轮

图 7-87　轴线相交齿轮　　　　　　图 7-88　轴线交错齿轮

2. 按齿廓曲线分类

按齿廓曲线的不同，可以分为渐开线齿轮、摆线齿轮、圆弧齿轮和抛物线齿轮 4 种。其中，渐开线齿轮由于其优越的传动性能和简单的加工方法而在工业中大量应用；摆线齿轮和圆弧齿轮应用在某些特殊场合；抛物线齿轮是近年来才开始研究的一种齿轮，目前未见实际应用。

3. 按传动比分类

按传动比可以分为定传动比齿轮和变传动比齿轮两种。其中，绝大多数齿轮都属于定传动比齿轮，如上面介绍的所有齿轮都属于定传动比齿轮；而变传动比齿轮在某些特殊场合才会用到，其结构如图 7-89 所示。

图 7-89　变传动比齿轮

7.4.1　绘制左视图

（1）设置图层。单击"默认"选项卡"图层"面板中的"图层特性"按钮，打开"图层特性管理器"选项板。在该选项板中依次创建"轮廓线""点画线""剖面线" 3 个图层，并设置"轮廓线"图层的线宽为 0.50 mm，设置"点画线"图层的线型为 CENTER2。

（2）绘制中心线。将"点画线"图层设置为当前图层，单击"默认"选项卡"绘图"面板中的"直线"按钮，绘制一条水平中心线，两条竖直中心线，两条竖直中心线间的距离为 480，用来确定图形中各对象的位置，水平中心线的长度为 1000，竖直中心线的长度为 670，如图 7-90 所示。

（3）绘制轮廓。

❶ 将"轮廓线"图层设置为当前图层，单击"默认"选项卡"绘图"面板中的"圆"按钮，绘制半径分别为 60、64、91、95、117.5、257.5、280、284、307 和 310 的同心圆，然后把半径为 307 的圆转换到"点画线"图层，如图 7-91 所示。

❷ 单击"默认"选项卡"修改"面板中的"偏移"按钮，将竖直中心线分别向左、右偏移，偏移距离均为 12.5；将水平中心线向上偏移，偏移距离为 67.6。然后将偏移的直线转换到"轮廓线"图层，如图 7-92 所示。

图 7-90　绘制中心线　　　图 7-91　绘制圆　　　图 7-92　偏移直线

❸ 单击"默认"选项卡"修改"面板中的"修剪"按钮⌐和"删除"按钮⌐，对偏移的直线进行修剪，效果如图 7-93 所示。

（4）绘制轮辐。

❶ 单击"默认"选项卡"修改"面板中的"偏移"按钮⊂，将竖直中心线向左偏移，偏移距离分别为 8、12、35、45；然后将竖直中心线向右偏移，偏移距离分别为 8 和 12，同时将偏移的直线转换到"轮廓线"图层，如图 7-94 所示。

❷ 单击"默认"选项卡"绘图"面板中的"直线"按钮／，连接图 7-94 中的 a、b 两点。然后单击"默认"选项卡"修改"面板中的"修剪"按钮⌐和"删除"按钮⌐，修剪并删除其他不必要的直线，效果如图 7-95 所示。

图 7-93　修剪直线　　　　图 7-94　偏移直线　　　　图 7-95　修剪图形

❸ 单击"默认"选项卡"修改"面板中的"旋转"按钮○，旋转竖直中心线，命令行提示与操作如下：

```
命令：_rotate
UCS 当前的正角方向：ANGDIR=逆时针　ANGBASE=0
选择对象：（选择竖直中心线）
选择对象：✓
指定基点：（选择同心圆圆心）
指定旋转角度，或 [复制(C)/参照(R)] <0>：C✓
旋转一组选定对象。
指定旋转角度，或 [复制(C)/参照(R)] <0>：30✓
```

得到旋转后的直线 m，如图 7-96 所示。

❹ 单击"默认"选项卡"修改"面板中的"镜像"按钮⚠，选择图 7-96 中的直线 ab 为镜像对象，直线 m 为镜像线，镜像结果如图 7-97 所示。

图 7-96　旋转直线　　　　　　　图 7-97　镜像直线

❺ 单击"默认"选项卡"修改"面板中的"圆角"按钮⌐，对图形进行圆角处理，命令行提示与操作如下：

```
命令：_fillet
当前设置：模式=不修剪，半径=17.0000
选择第一个对象或 [放弃(U)/多段线(P)/半径(R)/修剪(T)/多个(M)]：T✓
输入修剪模式选项 [修剪(T)/不修剪(N)] <修剪>：N✓
选择第一个对象或 [放弃(U)/多段线(P)/半径(R)/修剪(T)/多个(M)]：R✓
```

指定圆角半径 <17.0000>：20✓
选择第一个对象或 [放弃(U)/多段线(P)/半径(R)/修剪(T)/多个(M)]：(选择图 7-96 中的直线 ab)
选择第二个对象，或按住 Shift 键选择对象以应用角点或 [半径(R)]：(选择 a 点所在的圆)

用同样的方法对图 7-97 中的角点 b、c、d 进行圆角处理，然后单击"默认"选项卡"修改"面板中的"修剪"按钮 ✄ 和"删除"按钮 ，修剪效果如图 7-98 所示。

❻ 再次单击"默认"选项卡"修改"面板中的"圆角"按钮 ，对图 7-98 中的角点 q、p、s、t、n、o、e、r 进行圆角处理，圆角半径为 16。然后单击"默认"选项卡"修改"面板中的"修剪"按钮 ✄，修剪多余线条，效果如图 7-99 所示。

图 7-98　绘制圆角 1

图 7-99　绘制圆角 2

（5）镜像齿轮。单击"默认"选项卡"修改"面板中的"环形阵列"按钮 ，设置阵列数目为 6，填充角度为 360°。选取同心圆的圆心为阵列中心点，选择图 7-100 中虚线部分作为阵列对象，完成图形的阵列。然后单击"默认"选项卡"修改"面板中的"修剪"按钮 ✄ 和"删除"按钮 ，修剪并删除多余的直线，效果如图 7-101 所示。

图 7-100　选择阵列对象

图 7-101　完成左视图

7.4.2　绘制主视图

（1）绘制主视图的轮廓线。

❶ 单击"默认"选项卡"修改"面板中的"偏移"按钮 ，将水平中心线向上偏移，偏移距离分别为 60、67.5、95、117.5、257.5、280、298.75、307、310，将左边竖直中心线依次向左偏移 10、54、70，然后将左边竖直中心线依次向右偏移 10、54、70，将偏移的直线转换到"轮廓线"图层，效果如图 7-102 所示。

❷ 单击"默认"选项卡"修改"面板中的"修剪"按钮 ✄ 和"删除"按钮 ，对主视图进行修剪，效果如图 7-103 所示。

❸ 单击"默认"选项卡"修改"面板中的"倒角"按钮 ，对齿轮的齿顶进行距离为 2 的倒角处理，对齿轮孔进行距离为 2.5 的倒角处理。然后单击"默认"选项卡"绘图"面板中的"直线"按钮 ，绘制倒角线。最后单击"默认"选项卡"修改"面板中的"修剪"按钮 ✄，修剪多余的直线，效果如图 7-104 所示。

图 7-102　偏移结果　　　　　　图 7-103　修剪结果　　　　　　图 7-104　绘制倒角

❹ 单击"默认"选项卡"修改"面板中的"圆角"按钮⌒，对图 7-105 中的角点 b、e、d、s 进行半径为 16 的圆角处理，对角点 a、g、c、t 进行半径为 10 的圆角处理，然后将图 7-105 中表示分度圆的中心线转换到"点画线"图层并将其拉长，效果如图 7-106 所示。

❺ 单击"默认"选项卡"修改"面板中的"镜像"按钮⚠，选择图 7-107 中的虚线部分为镜像对象，以水平中心线为镜像线，镜像结果如图 7-108 所示。

图 7-105　标识角点　　　图 7-106　绘制圆角　　　图 7-107　选择镜像对象　　　图 7-108　镜像结果

❻ 单击"默认"选项卡"绘图"面板中的"样条曲线拟合"按钮，绘制曲线。然后单击"默认"选项卡"修改"面板中的"修剪"按钮✂和"删除"按钮✎，修剪并删除多余的直线，结果如图 7-109 所示。

（2）绘制剖面线。

将"剖面线"图层设置为当前图层。单击"默认"选项卡"绘图"面板中的"图案填充"按钮▥，打开"图案填充创建"选项卡，然后单击"图案"面板中的"图案填充图案"按钮▦，打开"图案填充图案"列表，选择 ANSI31 图案。将"图案填充角度"设置为 0，"填充图案比例"设置为 1，其他为默认值。单击"拾取点"按钮▦，选择主视图上的相关区域，单击"关闭图案填充创建"按钮，完成剖面线的绘制，效果如图 7-110 所示。

（3）绘制螺旋线。

将"轮廓线"图层设置为当前图层，单击"默认"选项卡"绘图"面板中的"直线"按钮╱，在对应位置绘制斜齿轮齿形的螺旋角，螺旋角为 8°，效果如图 7-111 所示。至此，齿轮的主视图绘制完毕。

图 7-109　绘制样条曲线　　　图 7-110　图案填充结果　　　图 7-111　完成齿轮主视图

7.4.3　添加标注

（1）无公差尺寸标注。

❶ 设置标注样式。将"0"图层设置为当前图层，单击"默认"选项卡"注释"面板中的"标注样式"按钮，打开"标注样式管理器"对话框。单击"新建"按钮，在打开的"创建新标注样式"对话框中创建"斜齿圆柱齿轮尺寸标注"样式。然后单击"继续"按钮，打开"新建标注样式：斜齿圆柱齿轮尺寸标注"对话框。在"线"选项卡中，设置尺寸线和尺寸界线的"颜色"为 ByLayer，其他保持默认设置。在"符号和箭头"选项卡中，设置"箭头大小"为 10，其他保持默认设置。在"文字"选项卡中，设置字体为"仿宋"，设置"颜色"为 ByLayer，文字高度为 14，其他保持默认设置。在"主单位"选项卡中，设置"精度"为 0，"小数分隔符"为"句点"，其他参数保持默认设置。其他选项卡也保持默认设置。然后将"斜齿圆柱齿轮尺寸标注"样式设置为当前使用的标注样式。

❷ 标注无公差尺寸。

☑ 标注无公差线性尺寸：单击"注释"选项卡"标注"面板中的"线性"按钮，标注图中的线性尺寸，如图 7-112 所示。

☑ 标注无公差直径尺寸：单击"注释"选项卡"标注"面板中的"线性"按钮，对主视图中的直径型尺寸进行标注。使用特殊符号表示法，"%%C"表示"Ø"，如标注文字为"190"，双击标注的文字，打开"文字编辑器"选项卡，在尺寸中输入"%%C"，完成操作后，图中显示的标注文字就变成"Ø190"。用相同的方法标注主视图中其他的直径尺寸，最终效果如图 7-113 所示。

图 7-112　线性标注　　　　　　　　　　　　　　　图 7-113　标注直径

（2）带公差尺寸标注。

❶ 设置带公差标注样式。单击"默认"选项卡"注释"面板中的"标注样式"按钮，打开"标注样式管理器"对话框。单击"新建"按钮，在打开的"创建新标注样式"对话框中创建"斜齿圆柱齿轮尺寸标注（带公差）"样式，将基础样式设置为"斜齿圆柱齿轮尺寸标注"。单击"继续"按钮，在打开的"新建标注样式：斜齿圆柱齿轮尺寸标注（带公差）"对话框中选择"公差"选项卡，设置"方式"为"极限偏差"，"精度"为 0.000，"上偏差"为 0，"下偏差"为 0，"高度比列"为 0.7，"垂直位置"为"中"，其余为默认值，然后将"斜齿圆柱齿轮尺寸标注（带公差）"样式设置为当前使用的标注样式。

❷ 标注带公差尺寸。单击"注释"选项卡"标注"面板中的"线性"按钮，利用前文介绍的方法在图中标注带公差尺寸，如图 7-114 所示。

（3）形位公差标注。

❶ 基准符号。单击"默认"选项卡"绘图"面板中的"矩形"按钮、"多边形"按钮、"图

案填充"按钮▦、"直线"按钮╱和"注释"面板中的"多行文字"按钮A，绘制基准符号。

❷ 单击"注释"选项卡"标注"面板中的"公差"按钮▦，标注形位公差，效果如图 7-115 所示。

图 7-114 标注带公差尺寸

图 7-115 标注形位公差

（4）标注表面结构符号。

❶ 单击"默认"选项卡"块"面板中"插入"下拉菜单中的"最近使用的块"选项，将表面结构符号插入图中的合适位置。然后单击"默认"选项卡"修改"面板中的"缩放"按钮▢，将插入的表面结构符号放大到合适尺寸。最后单击"默认"选项卡"注释"面板中的"多行文字"按钮A，标注表面结构符号，最终效果如图 7-116 所示。

❷ 选择"斜齿圆柱齿轮尺寸标注"标注样式，然后单击"注释"选项卡"标注"面板中的"半径"按钮⟋，对图中的圆角进行标注，然后标注图中的倒角，效果如图 7-117 所示。

（5）标注参数表。

❶ 修改表格样式。单击"默认"选项卡"注释"面板中的"表格样式"按钮▦，在打开的"表格样式"对话框中单击"修改"按钮，打开"修改表格样式"对话框。在该对话框中进行如下设置：在"常规"选项卡中设置填充颜色为"无"，对齐方式为"正中"，水平页边距和垂直页边距均为 1.5；在"文字"选项卡中设置文字样式为 Standard，文字高度为 14，文字颜色为 ByBlock；在"边框"选项卡中，单击"特性"选项组中"颜色"选项所对应的下拉按钮，选择颜色为"洋红"，然后将表格方向设置为"向下"。设置好表格样式后，单击"确定"按钮退出。

❷ 创建并填写表格。单击"默认"选项卡"注释"面板中的"表格"按钮▦，创建表格，并将表格的列宽拉到合适的长度。然后双击单元格，打开多行文字编辑器，在各单元格中输入相应的文字或数据，并将多余的单元格合并，效果如图 7-118 所示。

图 7-116 标注表面结构符号

图 7-117 标注倒角和圆角

（6）标注技术要求。

单击"默认"选项卡"注释"面板中的"多行文字"按钮A，标注技术要求，如图 7-119 所示。

模数	m	3
齿数	z	79
压力角	a	20°
齿顶高系数	$ha*$	1
顶隙系数	$c*$	0.2500
螺旋角	β	8°
变位系数	x	0
旋向		右旋
精度等级		8-8-7HK
全齿高	h	6.5000
中心距及其偏差		480±0.485
配对齿轮	齿数	20

公差组	检验项目	代号	公差（极限偏差）
I	齿圈径向跳动公差	Fr	0.080
	公法线长度变动公差	F_w	0.063
II	齿距极限偏差	f_{pt}	±0.025
	齿形公差	f_f	0.025
III	齿向公差	F_β	0.034

图 7-118　参数表

技术要求

1. 其余倒角为 C2。

2. 未注圆角半径为 $R \approx 5mm$。

3. 调质处理 220～250HBS。

图 7-119　标注技术要求

（7）插入标题栏。

单击"默认"选项卡"块"面板中"插入"下拉菜单中的"最近使用的块"选项，将标题栏插入图中的合适位置。然后单击"默认"选项卡"注释"面板中的"多行文字"按钮A，填写相应的内容。至此，轮辐式斜齿圆柱齿轮绘制完毕，效果如图 7-84 所示。

7.5　实例——轴类零件的绘制：圆柱齿轮轴

轴类零件是机械中一种很常见的零件，其主要作用是支撑传动件，并通过传动件来实现旋转运动及传递转矩。

本节将介绍圆柱齿轮轴的绘制过程。齿轮轴是对称结构，可以利用基本的"直线"和"偏移"命令来完成图形的绘制；也可以利用图形的对称性，先绘制图形的一半，再进行镜像处理来完成。这里选择第一种方法，其绘制流程如图 7-120 所示。

图 7-120　圆柱齿轮轴绘制流程

图 7-120　圆柱齿轮轴绘制流程（续）

7.5.1　绘制主视图

（1）设置图层。单击"默认"选项卡"图层"面板中的"图层特性"按钮，打开"图层特性管理器"选项板。在该选项板中依次创建"轮廓线""点画线""剖面线"3 个图层，并设置"轮廓线"图层的线宽为 0.50 mm，设置"点画线"图层的线型为 CENTER2，颜色为红色。

（2）绘制定位线。将"点画线"图层设置为当前图层，单击"默认"选项卡"绘图"面板中的"直线"按钮，沿水平方向绘制一条中心线；将"轮廓线"图层设置为当前图层，单击"默认"选项卡"绘图"面板中的"直线"按钮，沿竖直方向绘制一条直线，效果如图 7-121 所示。

（3）绘制轮廓线。

❶ 单击"默认"选项卡"修改"面板中的"偏移"按钮，将水平中心线向上、下分别偏移 15、19、20、23.5、30.303、33.303。将偏移的直线转换到"轮廓线"图层，效果如图 7-122 所示。

图 7-121　绘制定位线

❷ 单击"默认"选项卡"修改"面板中的"偏移"按钮，将竖直中心线向右偏移，偏移距离分别为 55、107、140、150、215、225、255，效果如图 7-123 所示。

图 7-122　偏移水平直线

图 7-123　偏移竖直直线

❸ 单击"默认"选项卡"修改"面板中的"修剪"按钮，修剪多余的直线，效果如图 7-124 所示。

（4）绘制键槽。

❶ 单击"默认"选项卡"修改"面板中的"偏移"按钮，将水平中心线分别向上、下偏移，偏

移距离均为 4，同时将偏移的直线转换到"轮廓线"图层，效果如图 7-125 所示。

图 7-124　修剪结果

图 7-125　偏移结果

❷ 单击"默认"选项卡"修改"面板中的"偏移"按钮⊆，将图 7-125 中的直线 ab 向右偏移，偏移距离分别为 3、53，效果如图 7-126 所示。

❸ 单击"默认"选项卡"修改"面板中的"修剪"按钮▼和"删除"按钮✐，对图 7-126 中偏移的直线进行修剪，并删除多余的线条，效果如图 7-127 所示。

图 7-126　偏移直线

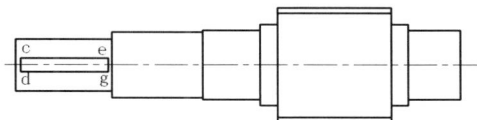

图 7-127　修剪结果

❹ 单击"默认"选项卡"修改"面板中的"圆角"按钮⌒，对图 7-127 中的角点 c、d、e、g 进行圆角处理，圆角半径为 4，结果如图 7-128 所示。

（5）绘制齿轮轴轮齿。

❶ 将图 7-128 中的直线 mn 和 st 转换到"点画线"图层，并将其延长，效果如图 7-129 所示。

图 7-128　圆角结果

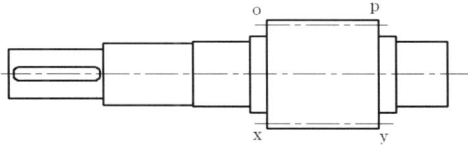

图 7-129　转换图层并延长直线

❷ 单击"默认"选项卡"修改"面板中的"偏移"按钮⊆，将图 7-129 中的直线 xy 向上偏移，偏移距离为 6.75。然后单击"默认"选项卡"修改"面板中的"倒角"按钮⌒，对图 7-129 中的角点 o、p、x、y 进行倒角处理，倒角距离为 2。接着单击"默认"选项卡"绘图"面板中的"直线"按钮╱，在倒角处绘制直线，效果如图 7-130 所示。

（6）绘制齿形处的剖面图。

❶ 将"剖面线"图层设置为当前图层，单击"默认"选项卡"绘图"面板中的"样条曲线拟合"按钮∿，绘制一条波浪线，效果如图 7-131 所示。

图 7-130　绘制倒角

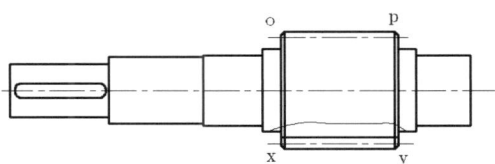

图 7-131　绘制波浪线

❷ 单击"默认"选项卡"修改"面板中的"修剪"按钮▼和"删除"按钮✐，修剪并删除多余的直线，效果如图 7-132 所示。

❸ 将"轮廓线"图层设置为当前图层，单击"默认"选项卡"修改"面板中的"倒角"按钮，对图 7-132 中的角点 k、h、r、j 进行倒角处理，倒角距离为 2。然后单击"默认"选项卡"绘图"面板中的"直线"按钮，在倒角处绘制直线，效果如图 7-133 所示。

图 7-132　修剪图形

图 7-133　绘制倒角

❹ 将"剖面线"图层设置为当前图层。单击"默认"选项卡"绘图"面板中的"图案填充"按钮，在打开的"图案填充创建"选项卡中选择填充图案为 ANSI31，将"图案填充角度"设置为 0，"填充图案比例"设置为 1，其他为默认值。单击"拾取点"按钮，选择主视图上的相关区域，单击"关闭图案填充创建"按钮，完成剖面线的绘制，效果如图 7-134 所示。

（7）绘制键槽处的剖面图。

❶ 将"点画线"图层设置为当前图层。单击"默认"选项卡"绘图"面板中的"直线"按钮，在对应的位置绘制中心线，效果如图 7-135 所示。

图 7-134　图案填充结果

图 7-135　绘制中心线

❷ 将"轮廓线"图层设置为当前图层，单击"默认"选项卡"绘图"面板中的"圆"按钮，以图 7-135 中的 o 点为圆心，绘制半径为 15 的圆，效果如图 7-136 所示。

❸ 单击"默认"选项卡"修改"面板中的"偏移"按钮，将图 7-136 中的 o 点所在的水平中心线分别向上、下偏移 4，将 o 点所在的竖直中心线向右偏移 11，并将偏移后的直线转换到"轮廓线"图层，效果如图 7-137 所示。

❹ 单击"默认"选项卡"修改"面板中的"修剪"按钮，修剪多余的直线，效果如图 7-138 所示。

❺ 将"剖面线"图层设置为当前图层，单击"默认"选项卡"绘图"面板中的"图案填充"按钮，完成剖面线的绘制。这样就完成了主视图的绘制，效果如图 7-139 所示。

图 7-136　绘制圆

图 7-137　偏移结果

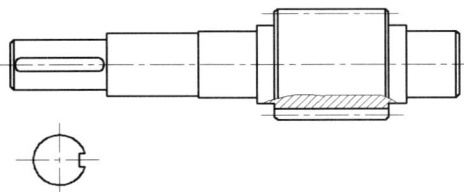

图 7-138　修剪图形　　　　　　　　　　图 7-139　主视图

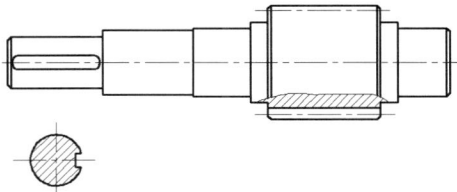

7.5.2　添加标注

（1）标注轴向尺寸。将"0"图层设置为当前图层，单击"默认"选项卡"注释"面板中的"标注样式"按钮，创建新的标注样式，并进行相应的设置，完成后将其设置为当前标注样式。然后单击"默认"选项卡"注释"面板中的"线性"按钮，对齿轮轴中的线性尺寸进行标注，效果如图 7-140 所示。

（2）标注径向尺寸。使用线性标注对直径尺寸进行标注。单击"默认"选项卡"注释"面板中的"线性"按钮，标注各个不带公差的直径尺寸。然后双击标注的文字，在打开的"特性"选项板中修改标注文字，完成标注。接下来，创建新的标注样式，标注带公差的尺寸，方法与 7.4.3 节介绍的相同，效果如图 7-141 所示。

图 7-140　添加线性标注　　　　　　　　图 7-141　标注径向尺寸

（3）标注表面粗糙度。

📣 **注意**：轴的所有表面都需要加工，在标注表面粗糙度时，应查阅推荐数值，如表 7-2 所示。在满足设计要求的前提下，应选取较大值。轴与标准件配合时，其表面粗糙度应按标准或选配零件安装要求确定。当安装密封件处的轴径表面相对滑动速度大于 5 m/s 时，表面粗糙度可取 0.2～0.8 μm。

表 7-2　轴的工作表面的表面粗糙度

（单位：μm）

加 工 表 面	R_a	加 工 表 面	R_a		
与传动件及联轴器轮毂相配合的表面	3.2～0.8		毡圈	橡胶油封	间隙及迷宫
与→P0 级滚动轴承相配合的表面	1.6～0.8		与轴接触处的圆周速度		
平键键槽的工作面	3.2～1.6	密封处的表面	≤3	>3～5	5～10	3.2～1.6
与传动件及联轴器轮毂相配合的轴肩端面	7.3～3.2				
与→P0 级滚动轴承相配合的轴肩端面	3.2		3.2～1.6	1.6～0.8	0.8～0.4
平键键槽表面	7.3				

按照表 7-2 标注轴工作表面的表面结构符号。单击"默认"选项卡"块"面板中"插入"下拉菜单中的"最近使用的块"选项，将"表面结构符号"图块插入图中的合适位置。然后单击"默认"选项卡"注释"面板中的"多行文字"按钮A，标注表面结构符号，最终效果如图 7-142 所示。

（4）标注形位公差。

❶ 基准符号。单击"默认"选项卡"绘图"面板中的"矩形"按钮▭、"多边形"按钮⬠、"图案填充"按钮▨、"直线"按钮╱和"注释"面板中的"多行文字"按钮A，绘制基准符号。

图 7-142　标注表面结构符号

注意：基准符号需要单独绘制，因为上个例子已经绘制了，所以这里可以拿过来直接插入。

❷ 单击"注释"选项卡"标注"面板中的"公差"按钮，打开"形位公差"对话框，如图 7-143 所示。选择所需的符号、基准，输入公差数值，单击"确定"按钮即可，标注结果如图 7-144 所示。

注意：齿轮轴的几何公差图表明了轴端面、齿轮轴段、键槽的形状及相互位置的基本要求，其数值按表面作用查阅相关推荐值。

图 7-143　"形位公差"对话框

❸ 在命令行中输入"QLEADER"命令，执行引线命令，对图中的倒角进行标注。

（5）标注参数表。

❶ 修改表格样式。单击"默认"选项卡"注释"面板中的"表格样式"按钮，在打开的"表格样式"对话框中单击"修改"按钮，打开"修改表格样式"对话框。在该对话框中进行如下设置：在"常规"选项卡中将填充颜色设置为"无"，对齐方式为"正中"，水平页边距和垂直页边距都为1.5；在"文字"选项卡中将文字样式设置为"文字"，文字高度为6，文字颜色为ByBlock；在"边框"选项卡的"特性"选项组中单击"颜色"选项所对应的下拉按钮，选择颜色为"洋红"，再将表格方向设置为"向下"。设置好表格样式后，单击"确定"按钮退出。

❷ 创建并填写表格：单击"默认"选项卡"注释"面板中的"表格"按钮，创建表格。然后双击单元格，打开多行文字编辑器，在各单元格中输入相应的文字或数据，并将多余的单元格合并；也可以将前面绘制的表格插入图中，然后进行修改，快速完成参数表的绘制，效果如图 7-145 所示。

（6）标注技术要求。单击"默认"选项卡"注释"面板中的"多行文字"按钮A，标注技术要求，如图 7-146 所示。

（7）插入标题栏。单击"默认"选项卡"块"面板中"插入"下拉菜单中的"最近使用的块"选项，将标题栏插入图中合适的位置。然后单击"默认"选项卡"注释"面板中的"多行文字"按钮A，填写相应的内容。至此圆柱齿轮轴绘制完毕，最终效果如图 7-120 所示。

图 7-144　标注形位公差　　　　　图 7-145　参数表　　　图 7-146　技术要求

7.6　实践与操作

通过前面的学习，读者对本章知识已经有了大体的了解，本节将通过 3 个实践操作练习帮助读者进一步掌握本章的知识要点。

7.6.1　绘制泵体

1. 目的要求

本练习通过绘制泵体主视图、剖视图，来充分体现多视图的投影对应关系，然后通过绘制辅助定位直线，让局部剖视图在泵体的绘制过程中也得到充分应用，如图 7-147 所示。

2. 操作提示

（1）利用"直线"和"圆"命令绘制销孔和螺栓孔。
（2）利用"偏移"和"修剪"命令绘制底座和出油管。
（3）利用"直线"和"圆"命令绘制剖视图轮廓线。
（4）对图形进行倒圆角处理并填充需要的图案。

7.6.2　绘制蜗轮

1. 目的要求

本练习首先利用"直线"和"圆"命令绘制左视图外轮廓，然后利用"镜像"和"图案填充"命令完成主视图的绘制。主视图与左视图的尺寸关系利用水平辅助线来确证，如图 7-148 所示。

2. 操作提示

（1）利用"直线"命令绘制中心线。
（2）利用"直线""圆""偏移""修剪"命令绘制左视图的外轮廓线。

图 7-147　泵体

（3）利用"直线""圆""镜像""修剪"命令绘制主视图轮廓线。

（4）利用"图案填充"命令填充主视图。

图 7-148　蜗轮

7.6.3　绘制齿轮轴

1. 目的要求

齿轮轴是机械中常用的一种典型零件，主视剖面图呈对称形状，主要由一系列同轴回转体构成，其上分布着孔和键槽等结构，如图 7-149 所示。

技术要求

1. $\phi 50 \pm 0.5$ 对应表面热处理硬度 HRC32～37。

2. 材料为 45# 钢材。

3. 为主倒角 C1。

4. $1.7_{0}^{+0.14}$ 的圆环槽用量规检查互换性。

图 7-149　齿轮轴

2. 操作提示

（1）利用"直线"命令绘制中心线。

（2）利用"直线"和"圆弧"命令，并结合"偏移""修剪""镜像"命令绘制剖切线的主视图。

（3）利用"图案填充"命令填充剖视图。

第8章

减速器设计工程实例

在机器制造业中，常遇到原动机转速比工作机转速高的情况，因此需要在原动机与工作机之间装设中间传动装置来降低转速。由封闭在箱体内的啮合传动组成，并且用以改变扭矩的转速和运转方向的独立装置称为减速器。

本章将简要介绍一级直齿圆柱齿轮减速器的主要技术要求和设计内容，提出设计方案，选定符合需要的电动机，并绘制传动方案简图。通过本章的学习，读者可以明确设计任务，建立设计方案，为后面的具体设计描绘出一个整体轮廓。

8.1 机械设计基本要求

机械设计是指规划和设计实现预期功能的新机械或改进原有机械的性能。

尽管机械的类型很多，但其设计的基本要求都大体相同，主要有以下几方面。

1. 实现预定的功能，满足运动和动力性能的要求

所谓功能，是指用户提出的需要满足的使用上的特性和能力，是机械设计最基本的出发点。在机械设计过程中，设计者一定要使所设计的机械实现功能的要求。为此，必须正确选择机械的工作原理、机构的类型并拟订机械传动系统方案，同时所选择的机构类型和拟订的机械传动系统方案能满足运动和动力性能的要求。

运动要求是指所设计的机械应保证实现规定的运动速度和运动规律，满足工作的平稳性、启动性、制动性能等要求。动力要求是指所设计的机械应具有足够的功率，以保证机械完成预定的功能。为此，要正确设计机械的零件，使其结构合理并满足强度、刚度、耐磨性和振动性等方面的要求。

2. 可靠性和安全性的要求

机械的可靠性是指机械在规定的使用条件下，在规定的时间内，完成规定任务的能力。安全可靠是机械的必备条件，为了满足这一要求，必须从机械系统的整体设计、零部件的结构设计、材料及热处理的选择、加工工艺的制定等方面加以控制。

3. 市场需要和经济性的要求

在产品设计中，自始至终都应把产品设计、制造及销售3个方面作为一个整体考虑。只有设计与市

场信息密切配合，在市场、设计、生产中寻求最佳关系，才能以最快的速度收回投资，获得令人满意的经济效益。

4. 机械零部件结构设计的要求

机械设计的成果都是以一定的结构形式表现出来的，且各种计算都要以一定的结构为基础，所以，在设计机械时，往往要事先选定某种结构形式，再通过各种计算得出结构尺寸，将这些结构尺寸和确定的几何形状画成零件工作图，最后按设计的工作图进行制造，并装配组成部件乃至整台机械，以满足机械的使用要求。

5. 工艺性及标准化、系列化、通用化的要求

机械及其零部件应具有良好的工艺性，即考虑零件的制造方便，加工精度及表面粗糙度适当，易于装拆。设计时，零件、部件和机器参数应尽可能标准化、通用化、系列化，以提高设计质量，降低制造成本，并且使设计者将主要精力用在关键零件的设计上。

6. 其他特殊要求

有些机械由于工作环境和要求的不同，而对设计提出某些特殊要求。例如，高级轿车的变速箱齿轮有低噪声的要求，机床有较长期保持精度的要求，食品、纺织机械有不得污染产品的要求等。

8.2　减速器设计概述

减速器的类型很多，可以满足各种机器的不同要求。按传动类型，可分为齿轮、蜗杆、蜗杆-齿轮和行星齿轮减速器；按传动的级数，可分为单级和多级减速器；按轴在空间的相对位置，可分为卧式和立式减速器；按传动的布置形式，可分为展开式、同轴线式和分流式减速器。

减速器设计是一个综合性的工程案例，几十年来，一直作为大、中专院校机械相关专业课程设计的题目，其目的有以下 3 个方面。

☑　培养学生综合运用机械设计课程及其他先修课程的理论知识和生产实际知识解决工程实际问题的能力，并通过实际设计训练使所学理论知识得以巩固和提高。

☑　学习和掌握一般机械设计的基本方法和程序。培养独立设计能力，为后续课程的学习和实际工作打好基础。

☑　进行机械设计工作基本技能的训练，包括训练计算、绘图能力及熟悉和运用设计资料（如标准、规范等）。

8.2.1　减速器设计的步骤

减速器的设计是一项较全面、较系统的机械设计训练，因此也应遵循机械设计过程的一般规律，大体上可以分为以下几个步骤。

（1）电动机的选择与计算。

（2）传动装置的总体设计。

（3）V 带的设计计算。

（4）齿轮传动的设计。

（5）轴的计算设计及校核。

（6）键的选择及连接强度校核。

（7）滚动轴承的选择计算。

（8）联轴器的选择。

（9）润滑和密封装置的选择。

（10）箱体及附件的结构设计和选择。

8.2.2 项目概述

图 8-1 所示为带式运输机传动方案简图，其工作条件如下：连续单向运转，工作时载荷平稳，每天工作 8 个小时，单班制工作，使用年限为 10 年，运输带速度允许误差为 ±5%。

具体数据：已知带式输送滚筒直径为 320 mm，转矩 $T = 130$ N·m，带速 $V = 1.6$ m/s，传动装置总效率为 $\eta = 84\%$。

工作时，电动机首先带动皮带转动，皮带带动主动轴转动，通过一对直齿圆柱齿轮的啮合，使从动轴旋转，从动轴的一端与工作机连接，通过齿轮的传动比达到减速的目的。

图 8-1 带式运输机传动方案简图

8.2.3 机械设计工程图的组成

机械设计工程图包括零件图和装配图。

1. 零件图的组成

零件图一般包括以下 4 个部分的内容。

（1）一组视图：表达零件各部分结构形状。

（2）尺寸标注：表达零件各部分结构大小。

（3）技术要求：用符号或文字表达零件在使用、制造和检验时应达到的一些技术要求，如公差与配合、形位公差、表面粗糙度、材料的热处理、表面处理等。

（4）标题栏：用规定的格式表达零件的名称、材料、数量、图的比例与编号、设计者与审定者签名及日期等。

总之，零件图应具备加工、检验和管理等方面的内容。

2. 装配图的组成

一般来讲，在设计装配体时，总是先绘制装配图，再依据装配图拆画零件图，所以装配图是用来表达装配体的工作原理、性能要求、零件间的装配和连接关系以及各零件的主要结构形状的图样。因此，装配图是表达设计思想和技术交流的重要图样，也是装配体进行装配、调试、检验、安装和维修的重要技术文件。

装配图一般包括以下 4 个方面的内容。

（1）一组视图。选用一组视图，将装配体的工作原理、传动路线、各零件间的装配和连接关系以及主要零件的主要结构等清楚、正确地表达出来。

（2）必要的尺寸。只标注与其工作性能、装配、安装和运输等有关的尺寸。

（3）编号、明细表、标题栏。为了便于生产的准备工作、编制其他技术文件和管理图样及零件，在装配图上要对每一种零件编一个号，并按一定的格式填入明细表中。

（4）技术要求。用简练的文件与规定的文字和规定符号说明装配体的规格、性能，调整的要求，验收条件，使用和维护等方面的要求。

8.3 电动机的选择与计算

电动机为系列化产品。机械设计中需要根据工作机的工作情况和运动特点，以及动力参数合理选择电动机的类型、结构形式、容量和转速，并提出具体的电动机型号。

1. 电动机类型和结构形式的选择

如无特殊需要，一般选用 Y 系列三相交流异步电动机。Y 系列电动机为一般用途的全封闭自扇冷式电动机，适用于无特殊要求的各种机械设备，如机床、鼓风机、运输机，以及农业机械和食品机械。对于频繁启动、制动和换向的机械（如起重机械），宜选用允许有较大振动和冲击、转动惯量小及过载能力大的 YZ 和 YZR 系列起重用三相异步电动机。

同一系列的电动机有不同的防护及安装形式，可根据具体要求选用。

2. 电动机容量的确定

在具体设计中，由于设计任务书所给工作机一般为稳定载荷连续运转的机械，而且传递功率较小，故只需要使电动机的额定功率 P_{ed} 大于或等于电动机的实际输出功率 P_d，即 $P_{ed} \geq P_d$ 即可，一般不需要对电动机进行热平衡计算和校核启动力矩。

（1）由已知条件计算驱动滚筒的转速 n_w，即

$$n_w = \frac{60 \times 1000 V}{\pi D} = \frac{60 \times 1000 \times 1.6}{320\pi} \approx 95.5 \ （r/min）$$

（2）滚筒输出功率 P_w 为

$$P_w = \frac{T \cdot n_w}{9550} = \frac{130 \times 95.5}{9550} = 1.3 \ （kW）$$

（3）电动机输出功率 P_d 为

$$P_d = \frac{P_w}{\eta} = \frac{1.3}{84\%} \approx 1.55 \ （kW）$$

传动装置总效率 η 可按下式计算

$$\eta = \eta_1 \eta_2 \cdots \eta_n$$

式中的 $\eta_1, \eta_2, \cdots, \eta_n$ 分别为传动装置中的每一传动副，如齿轮或带、每一对轴承及每一个联轴器的效率，查手册可得：V 带传动 $\eta_1 = 0.95$，滚动轴承 $\eta_2 = 0.98$，圆柱齿轮传动 $\eta_3 = 0.97$，弹性联轴器 $\eta_4 = 0.99$，滚筒轴滑动轴承 $\eta_5 = 0.94$。

（4）电动机额定功率 P_{ed}。

查机械设计课程设计手册，选取电动机额定功率 $P_{ed} = 2.2$ kW。

3. 电动机的转速

额定功率相同的同类型电动机有几种转速可供选择。例如，三相异步电动机就有 4 种常用的同步转速，即 3000 r/min、1500 r/min、1000 r/min、750 r/min。转速高的电动机极对数少、尺寸和质量小、价格也低，但传动装置的传动比大，从而使传动装置的结构尺寸增大，成本提高；选用低转速的电动机则相反。因此，应对电动机及传动装置做整体考虑，综合分析比较，以确定合理的电动机转速。一般来说，如无特殊要求，通常选用同步转速为 1500 r/min 或 1000 r/min 的电动机。

对于多级传动，为使各级传动机构设计合理，还可以根据工作机的转速及各级传动副的合理传动比，推算电动机转速的可选范围，查机械设计课程设计手册常用传动机构的性能和适用范围可得，V 带传动常用传动比范围为 $i_1 = 2 \sim 4$，单级圆柱齿轮传动比范围为 $i_2 = 3 \sim 5$，则电动机转速可选范围为 $n_d = n_w \cdot i_1 \cdot i_2 = 573 \sim 1910 \ \text{r/min}$。

表 8-1 所示为两种传动方案，由表中数据可知两个方案均可行，方案 1 价格相对便宜，但方案 2 的传动比较小，传动装置结构尺寸较小，整体结构更紧凑，价格也可下调，因此采用方案 2，选定电动机的型号为 Y112M-6。

表 8-1 两种传动方案

方 案	电动机型号	额定功率/kW	电动机转速/（r/min）		电动机质量/kg	传动装置的传动比		
			同步	满载		总传动比	V 带传动	单级减速器
1	Y100L8-4	2.2	1500	1420	34	14.87	3	4.96
2	Y112M-6	2.2	1000	940	45	9.84	2.5	3.94

4．电动机的技术数据和外形、安装尺寸

查机械设计课程设计手册可得 Y112M-6 型电动机的主要技术数据和外形、安装尺寸，并列表记录备用。

8.4 传动装置的总体设计

在进行传动装置的总体设计时，首先应该确定总传动比的大小，并对各级传动比进行分配，然后根据分配的各级传动比大小计算传动装置的运动和动力参数。

8.4.1 传动装置总传动比的确定及各级传动比的分配

1．传动装置总传动比的确定

根据电动机满载转速 n_m 及工作机转速 n_w，可得传动装置的总传动比为

$$i = \frac{n_m}{n_w} = \frac{940}{95.5} \approx 9.84$$

2．各级传动比的分配

由传动方案可知，传动装置的总传动比等于各级串联传动机构传动比的乘积，即

$$i_a = i_1 i_2 \cdots i_n$$

其中，$i_1, i_2, \cdots, i_n$ 为各级串联传动机构的传动比。

合理地分配各级传动比是传动装置总体设计中的一个重要问题，它将直接影响到传动装置的外轮廓尺寸、质量大小及润滑条件。

总传动比分配的一般原则如下。

（1）各级传动比都应在常用的合理范围内，以符合各种传动形式的工作特点，并使结构紧凑。

（2）使各级传动获得较小的外轮廓尺寸和较小的质量。

（3）在两级或多级齿轮减速器中，使各级传动大齿轮的浸油深度大致相等，以便于实现统一的浸油润滑。

（4）使所有传动零件安装方便。

（5）各种传动机构的传动比应按推荐的范围选取。如果设计标准减速器，则应按标准减速器的传动比选取；在设计非标准减速器时，传动比按上述原则自行分配。

根据上述原则分配传动比是一项较繁杂的工作，往往要经过多次测算，拟订多种方案进行比较，最后确定一个比较合理的方案。

取 V 带传动的传动比 $i_1 = 2.5$，则单级圆柱齿轮减速器传动比为

$$i_2 = \frac{i}{i_1} = \frac{9.84}{2.5} \approx 3.94$$

对于由减速器和外部传动机构组成的传动装置，要使减速器与外部传动机构的尺寸协调，结构匀称。如果外部传动机构为带传动，减速器为齿轮减速器，则其总传动比为

$$i = i_1 i_2$$

其中，i_1 为带传动的传动比，i_2 为齿轮减速器的传动比。

如果 i_1 过大，可能使大带轮的外圆半径大于减速器的中心高，造成安装困难，因此 i_1 不应过大。在此，取 $i_1 = 2.5$，所得 $i_2 = 3.94$ 符合一般圆柱齿轮传动和单级圆柱齿轮减速器传动比的常用范围。

此时应注意的是，以上传动比的分配只是初步的，待各级传动零件的参数确定后，还应该核算传动装置的实际传动比。对于一般机械，总传动比的实际值允许与设计任务书要求的有 ±3% ～ ±5% 的误差。

还应指出，合理分配传动比是设计传动装置应考虑的重要问题，但为了获得更为合理的结构，有时单从传动比分配这一点出发还不能得到令人满意的结果，此时还应采取调整其他参数（如齿宽系数等）或适当改变齿轮材料等办法，以满足预定的设计要求。

8.4.2 传动装置运动和动力参数的计算

为了进行传动零件的设计计算，应计算传动装置的运动和动力参数，即各轴的转速、功率和转矩。

1. 各轴转速

电动机轴为 0 轴，减速器高速轴为 I 轴，低速轴为 II 轴，各轴转速为

$$n_0 = n_m = 940（r/\min）$$
$$n_I = n_0/i_1 = 940/2.5 = 376（r/\min）$$
$$n_{II} = n_I/i_2 = 376/3.94 \approx 95.4（r/\min）$$

2. 各轴输入功率

按电动机额定功率 p_{ed} 计算各轴输入功率，即

$$P_0 = P_{ed} = 2.2（kW）$$
$$P_I = P_0\eta_1 = 2.2 \times 0.95 \approx 2.09（kW）$$
$$P_{II} = P_1\eta_2\eta_3 = 2.09 \times 0.98 \times 0.97 \approx 1.987（kW）$$

3. 各轴转矩

$$T_0 = 9550 \times 10^3 \times P_0/n_0 = 9550 \times 10^3 \times 2.2/940 \approx 22.35 \times 10^3（N·m）$$
$$T_I = 9550 \times 10^3 \times P_1/n_I = 9550 \times 10^3 \times 2.09/376 \approx 53.08 \times 10^3（N·m）$$
$$T_{II} = 9550 \times 10^3 \times P_{II}/n_{II} = 9550 \times 10^3 \times 1.987/95.4 \approx 198.9 \times 10^3（N·m）$$

8.5　V 带的设计计算

下面简要介绍带传动设计的有关事项。

1. 选择 V 带的型号

根据任务书说明，每天工作 8 个小时，载荷平稳，查表得工作情况系数 $K_A = 1.0$，则计算功率 P_c 为

$$P_c = K_A P_{ed} = 1.0 \times 2.2 = 2.2 \text{（kW）}$$

根据计算功率 P_c 和小带轮转速 $n_1 = 940$ r/min 查普通 V 带选型图如图 8-2 所示，确定选取 A 型普通 V 带。

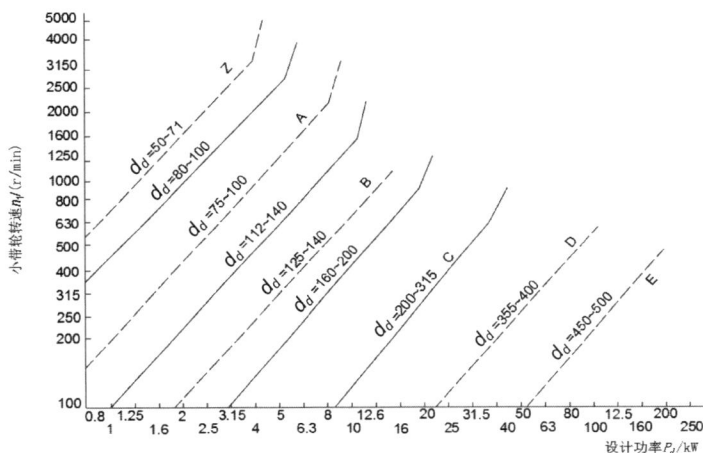

图 8-2　普通 V 带选型图

2. 确定带轮基准直径 D_1、D_2

普通 V 带传动的国家标准中规定了带轮的最小基准直径和带轮的基准直径系列，由普通 V 带选型图可得 A 型 V 带推荐小带轮直径 $D_1 = 112 \sim 140$ mm。考虑到带速不宜过低，否则带的根数将要增多，对传动不利，因此从标准系列中取值确定小带轮直径 $D_1 = 125$ mm，大带轮直径由公式 $D_2 = i \cdot D_1(1-\varepsilon)$（其中 $\varepsilon = 0.01 \sim 0.02$，在此取 0.02）得出，按标准系列值圆整取 $D_2 = 315$ mm。

3. 校核带速

若带速过高，则离心力大，使带与带轮间的正压力减小，传动能力下降，易打滑；若带速过低，则要求有效拉力过大，使带的根数过多。一般 V 带传动带速 v 在 $5 \sim 25$ m/s 范围内，V 带传动的带速计算公式为：$v = \pi D_1 n_1 / 60 \times 1000$（单位：m/s），计算可得 $v = 6.11$ m/s，取 $v = 6$ m/s，在 $5 \sim 25$ m/s 范围内，带速是合适的。

4. 确定带的中心距和基准长度

中心距 a_0 的大小直接关系到传动尺寸和带在单位时间内的绕转次数。若中心距 a_0 大，则传动尺寸大，但在单位时间内绕转次数减小，可增加带的疲劳寿命，同时使包角增大，提高传动能力。一般按下式初选中心距

$$0.7(D_1 + D_2) < a_0 < 2(D_1 + D_2)$$

初定中心距 $a_0 = 500\,\text{mm}$，依据公式计算带的近似长度 L_0 为

$$L_0 = 2a_0 + \frac{\pi}{2}(D_1 + D_2) + \frac{(D_1 - D_2)^2}{4a_0} \approx 1708.9\,(\text{mm})$$

根据带的近似长度查 GB/T 11544—2012 取带的基准长度 L_d 为 1800 mm，带长修正系数 $K_L = 1.01$，根据初定的近似长度 L_0 及带的基准长度 L_d，按以下公式近似计算所需的中心距

$$a \approx a_0 + \frac{L_d - L_0}{2} = 500 + \frac{1800 - 1708.9}{2} \approx 545.6\,(\text{mm})$$

5. 校核小带轮包角

$$\alpha_1 \approx 180° - \frac{(D_2 - D_1) \times 57.3°}{a} = 160°$$

一般应使 $\alpha_1 \geqslant 120°$，否则可以加大中心距或增设张紧轮。

6. 计算 V 带的根数 Z

V 带根数可按下式计算

$$Z = \frac{P_c}{(P_0 + \Delta P_0)K_\alpha K_L}$$

计算功率 $P_c = 2.2\,\text{kW}$，由小带轮基准直径和小带轮转速查表得单根普通 V 带的基本额定功率 $P_0 = 1.37$，额定功率增量 $\Delta P_0 = 0.11$，包角修正系数 $K_\alpha = 0.95$，带长修正系数 $K_L = 1.01$，计算得 $Z \approx 1.55$ 根，取 $Z = 2$ 根。

8.6　齿轮传动的设计

本节简要介绍齿轮结构分类和齿轮设计的相关理论依据。在齿轮设计过程中，无论是材料选择、结构设计还是尺寸确定，都必须遵循这些理论依据和准则。

8.6.1　选择材料

若转矩不大，可尝试选用碳素结构钢；若计算出的齿轮直径过大，则可选用合金结构钢。轮齿进行表面热处理可提高接触疲劳强度，因而使装置较紧凑，但表面热处理后轮齿会变形，要进行磨齿。表面渗氮齿形变化小，不用磨齿，但氮化层较薄。尺寸较大的齿轮可用铸钢，但生产批量小时，铸件较为经济，转矩小时，也可选用铸铁。在此确定齿轮的材料如下。

☑　小齿轮：45 钢，调质，HB1 = 240。
☑　大齿轮：45 钢，正火，HB2 = 190。

注意：当大小齿轮都是软齿面时，考虑到小齿轮齿根较薄，弯曲强度较低，且受载次数较多，故在选择材料时，一般使小齿轮轮齿面硬度比大齿轮高 30～50HBS。

8.6.2　计算许用应力

查机械设计课程设计手册得，小齿轮接触疲劳极限 $\sigma_{H\lim} = 620\,\text{MPa}$，弯曲疲劳极限 $\sigma_{FE} = 450\,\text{MPa}$，最

小安全系数 $S_H = 1.0$，$S_F = 1.25$，计算得小齿轮的接触许用应力 $[\sigma_H]$ 和弯曲许用应力 $[\sigma_F]$ 分别为

$$[\sigma_H] = \frac{\sigma_{H\lim}}{S_H} = \frac{620}{1.0} = 620 \text{（MP）}$$

$$[\sigma_F] = \frac{\sigma_{FE}}{S_F} = \frac{450}{1.25} = 360 \text{（MP）}$$

8.6.3　确定主要参数

查机械设计课程设计手册可得，载荷系数 $K = 1.1$，区域系数 $Z_H = 2.5$，弹性系数 $Z_E = 188$，齿宽系数 $\varphi_d = 0.8$，高速轴转矩 $T_1 = 53.08 \times 10^3$ N·m，将以上数据代入下列公式中

$$d_1 \geqslant \sqrt[3]{\frac{2KT_1}{\varphi_d} \times \frac{u+1}{u} \left(\frac{Z_E Z_H}{[\sigma_H]}\right)^2} = \sqrt[3]{\frac{2 \times 1.1 \times 53.08 \times 10^3}{0.8} \times \frac{4+1}{4} \times \left(\frac{188 \times 2.5}{620}\right)^2} = 47.23 \text{（mm）}$$

1. 齿数 Z

取小齿轮的齿数：$Z_1 = 24$，$Z_2 = i_2 \times Z_1 = 4 \times 24 = 96$。

2. 模数 m 和压力角 α

$m = \dfrac{d_1}{Z_1} = \dfrac{47.23}{24} \approx 1.97$（mm），取标准模数 $m = 2$，$\alpha = 20°$。

3. 齿顶高 h_a、齿根高 h_f、全齿高 h

$$h_a = h^* m = 1 \times 2 = 2 \text{（mm）}$$
$$h_f = (h^* + c^*)m = (1 + 0.25) \times 2 = 2.5 \text{（mm）}$$
$$h = h_a + h_f = 4.5 \text{（mm）}$$

4. 齿轮宽度 b

$b = \varphi_d \times d_1 = 0.8 \times 47.23 = 37.78$（mm），算出的 b 值应圆整，作为大齿轮的齿宽 b_2，而小齿轮的齿宽 $b_1 = b_2 + (5 \sim 10)$mm，以保证齿轮有足够的啮合宽度。所以大齿轮的齿宽：$b_2 = 40$ mm，$b_1 = 45$ mm。

5. 齿轮分度圆直径 d、齿顶圆直径 d_a、齿根圆直径 d_f

小齿轮
$$d_1 = mZ_1 = 2 \times 24 = 48 \text{（mm）}, \quad d_{a1} = d_1 + 2h_a = 52 \text{（mm）}, \quad d_{f1} = d_1 - 2h_f = 43 \text{（mm）}$$

大齿轮
$$d_2 = mZ_2 = 2 \times 96 = 192 \text{（mm）}, \quad d_{a1} = d_2 + 2h_a = 196 \text{（mm）}, \quad d_{f2} = d_2 - 2h_f = 187 \text{（mm）}$$

6. 中心距

$$a = m(Z_1 + Z_2)/2 = 2 \times (24 + 96)/2 = 120 \text{（mm）}$$

查阅"齿轮传动精度等级的选择与应用"相关表格，选取齿轮的精度等级为 8 级，通过验算齿根弯曲强度和齿轮的圆周速度可知以上选择是合适的。腹板式齿轮结构各部分尺寸如表 8-2 所示。

表 8-2　腹板式齿轮结构各部分尺寸

齿 轮 结 构	各部分尺寸
	$d_a \leqslant 500$
	$d_2 = 1.6d$（钢），$d_2 = 1.8d$（铸铁）
	$L = (1.2 \sim 1.5)d$
	$h = (5 \sim 7)m$
	$d_0 = (d_a - 2h + d_2) / 2$
	$d_1 = (d_a - 2h - d_2) / 4$
	$c = (0.2 \sim 0.3)b$
	$r \approx 5mm$

其中，$d = 40mm$，$d_2 = 1.6 \times 40 = 64$（mm），$L = 1.2 \times 40 = 48$（mm），$h = 6 \times 2 = 12$（mm），$d_a = mZ_2 + 2h \times m = 2 \times 96 + 2 \times 1 \times 2 = 196$（mm），$d_0 = (d_a - 2h + d_2) / 2 = (196 - 2 \times 12 + 64) / 2 = 118$（mm），$d_1 = (d_a - 2h - d_2) / 4 = (196 - 2 \times 12 - 64) / 4 = 27$（mm），$c = (0.2 \sim 0.3) \times 40 = 8 \sim 12$（mm）。

注意：d 的尺寸是由与它配合的轴径决定的，可按国家标准 GB/T 2822—2005 取值。

8.6.4　实例——绘制大齿轮零件图

下面将介绍大齿轮的绘制，其绘制流程如图 8-3 所示。

图 8-3　大齿轮绘制流程

图 8-3　大齿轮绘制流程（续）

操作步骤

（1）新建文件。选择菜单栏中的"文件"→"新建"命令，打开"选择样板"对话框，单击"打开"按钮，创建一个新的图形文件。

（2）设置图层。单击"默认"选项卡"图层"面板中的"图层特性"按钮，打开"图层特性管理器"选项板。在该选项板中依次创建"轮廓线""点画线""剖面线"3 个图层，并设置"轮廓线"图层的线宽为 0.50 mm，设置"点画线"图层的线型为 CENTER2，颜色为红色。

（3）绘制主视图。

❶ 将"点画线"图层设置为当前图层，单击"默认"选项卡"绘图"面板中的"直线"按钮，在适当位置绘制水平中心线与竖直中心线，结果如图 8-4 所示。

❷ 将"轮廓线"图层设置为当前图层，单击"默认"选项卡"绘图"面板中的"圆"按钮，以图 8-4 中的 K 点为圆心绘制半径分别为 20、22、32、59、86、96、98 的同心圆，并将半径分别为 59 和 96 的圆转换到"点画线"图层，如图 8-5 所示。

❸ 单击"默认"选项卡"修改"面板中的"偏移"按钮，将水平中心线向上偏移 23.3，竖直中心线分别向左、右偏移 6，并将偏移的直线转换到"轮廓线"图层，结果如图 8-6 所示。

图 8-4　绘制中心线　　　　图 8-5　绘制圆　　　　图 8-6　偏移直线

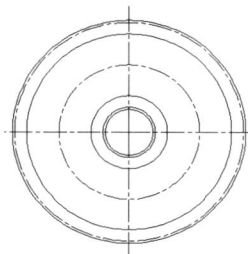

❹ 单击"默认"选项卡"修改"面板中的"修剪"按钮▼和"删除"按钮☑，修剪并删除多余的线条，效果如图 8-7 所示。

❺ 单击"默认"选项卡"绘图"面板中的"圆"按钮⊙，以图 8-7 中的 O 点为圆心，半径为 13.5，绘制一个圆，如图 8-8 所示。

❻ 单击"默认"选项卡"修改"面板中的"环形阵列"按钮❀，设置阵列总数为 6，填充角度为 360°，选取同心圆的圆心为中心点，选取步骤❺中绘制的半径为 13.5 的圆为阵列对象，效果如图 8-9 所示。

图 8-7　修剪结果　　　　　　　　图 8-8　绘制圆　　　　　　　　图 8-9　阵列圆

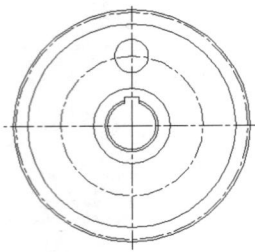

（4）绘制左视图。

❶ 单击"默认"选项卡"绘图"面板中的"直线"按钮╱，绘制辅助线，效果如图 8-10 所示。

❷ 首先将从上往下数第 5 根水平直线转换到"点画线"图层，然后单击"默认"选项卡"修改"面板中的"偏移"按钮⊑，将图 8-10 中左边竖直中心线向右偏移，偏移距离分别为 6、20，并将偏移的直线转换到"轮廓线"图层，效果如图 8-11 所示。

图 8-10　绘制辅助线　　　　　　　　　　图 8-11　偏移直线

❸ 单击"默认"选项卡"修改"面板中的"修剪"按钮▼和"删除"按钮☑，修剪并删除多余的线条，效果如图 8-12 所示。

❹ 单击"默认"选项卡"修改"面板中的"镜像"按钮⚖，将右侧图形以图 8-13 中的直线 np 为轴镜像，结果如图 8-14 所示。

图 8-12　修剪结果　　　　　　图 8-13　选择对象　　　　　　图 8-14　镜像结果

❺ 单击"默认"选项卡"修改"面板中的"倒角"按钮 ，对齿轮的齿顶进行倒角，倒角距离为 1.5，如图 8-15 所示。同理，对齿轮的轴径进行倒角，倒角距离为 1，并且单击"默认"选项卡"绘图"面板中的"直线"按钮 ，在倒角处绘制直线，然后单击"默认"选项卡"修改"面板中的"修剪"按钮 ，修剪多余的线条，图形效果如图 8-16 所示。

❻ 单击"默认"选项卡"修改"面板中的"圆角"按钮 ，对图形中的 a、b、c、d 角点进行圆角处理，圆角半径为 5。并且对图做进一步的修整，效果如图 8-17 所示。

❼ 单击"默认"选项卡"修改"面板中的"镜像"按钮 ，镜像对象为图 8-18 中被选中部分，镜像线为中心线 xy，镜像结果如图 8-19（a）所示。

图 8-15　齿顶倒角　　　　图 8-16　轴径倒角　　　　图 8-17　圆角结果　　　　图 8-18　选择镜像对象

❽ 单击"默认"选项卡"修改"面板中的"删除"按钮 ，删除图 8-19（a）中的选中部分。单击"默认"选项卡"绘图"面板中的"直线"按钮 ，绘制水平辅助线，如图 8-19（b）所示，修剪多余辅助线，并对下方齿轮的轴径进行倒角 C1，修剪倒角，并连接倒角线。单击"默认"选项卡"修改"面板中的"偏移"按钮 ，将图 8-19（c）中的直线 pq 和直线 os 向上偏移 116.8，向下偏移 70.2。单击"默认"选项卡"修改"面板中的"删除"按钮 ，删除图 8-19（c）中的线段 pq 和线段 os。

（a）　　　　　　　　　　　　（b）　　　　　　　　　　　　（c）

图 8-19　镜像结果

❾ 将"剖面线"图层设置为当前图层，单击"默认"选项卡"绘图"面板中的"图案填充"按钮 ，在打开的选项卡中选择填充图案为 ANSI31，将"图案填充角度"设置为 90°，将"填充图案比例"设置为 1，其他为默认值。单击"拾取点"按钮 ，在绘图窗口中选择主视图上相关区域，单击"关闭图案填充创建"按钮，完成剖面线的绘制，这样就完成了主视图的绘制，效果如图 8-20 所示，整幅图的效果如图 8-21 所示。

（5）无公差尺寸标注。

❶ 设置标注样式。单击"默认"选项卡"注释"面板中的"标注样式"按

图 8-20　完成主视图

钮 ，❶打开"标注样式管理器"对话框，如图 8-22 所示。利用该对话框可创建一个新的尺寸标注样式，❷单击"新建"按钮，❸系统打开"创建新标注样式"对话框，❹创建"齿轮标注"样式，如图 8-23 所示。

图 8-21　完成整幅图的绘制

图 8-22　"标注样式管理器"对话框

在"创建新标注样式"对话框中❺单击"继续"按钮，❻系统打开"新建标注样式：齿轮标注"对话框，如图 8-24 所示。其中，❼在"线"选项卡中，❽设置尺寸线和尺寸界线的"颜色"为 ByBlock，其他保持默认设置；在"符号和箭头"选项卡中，设置"箭头大小"为 5，其他保持默认设置；在"文字"选项卡中，设置"颜色"为 ByLayer，字体为仿宋，文字高度为 7，其他保持默认设置；在"主单位"选项卡中，设置"精度"为 0，"小数分隔符"为"句点"，其他保持默认设置。其他选项卡也保持默认设置。同时将"齿轮标注"样式设置为当前使用的样式。

图 8-24　"新建标注样式：齿轮标注"对话框

图 8-23　"创建新标注样式"对话框

❷ 标注无公差尺寸。

☑ 标注线性尺寸。单击"注释"选项卡"标注"面板中的"线性"按钮 ，进行线性标注，最终效果如图 8-25 所示。

☑ 标注直径尺寸。单击"默认"选项卡"注释"面板中的"直径"按钮 ，命令行提示与操作如下：

```
命令: _dimdiameter
选择圆弧或圆：(选择左视图中半径为 13.5 的圆)
标注文字=27
```

指定尺寸线位置或 [多行文字(M)/文字(T)/角度(A)]：M↙（按 Enter 键后打开多行文字编辑器，输入
"6×%%c27"）

指定尺寸线位置或 [多行文字(M)/文字(T)/角度(A)]：（指定尺寸线位置）↙

效果如图 8-26 所示。

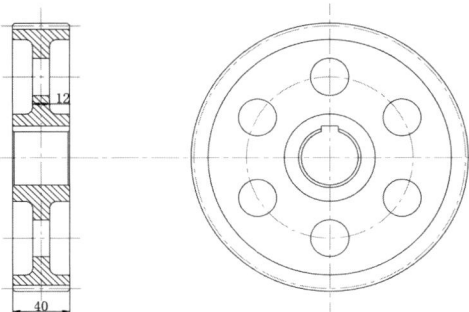

图 8-25　标注线性尺寸　　　　　　　　　　　　　　　图 8-26　标注直径尺寸

使用线性标注对圆进行标注，要通过修改标注文字来实现，单击"默认"选项卡"注释"面板中的
"线性"按钮├─┤，在主视图中标注分度圆尺寸，其大小为 192，双击标注的文字，打开"多行文字编辑
器"，在文字前面输入"%%C"。完成操作后，在图中显示的标注文字就变成了"Ø192"。用相同的
方法标注主视图中其他的直径尺寸，最终效果如图 8-27 所示。

（6）带公差尺寸标注。

❶ 设置带公差标注样式。

☑　单击"默认"选项卡"注释"面板中的"标注样式"按钮┡﹏，打开"标注样式管理器"对话
框，单击"新建"按钮，❶在打开的"创建新标注样式"对话框中❷创建"新样式名"为
"齿轮标注（带公差）"样式，❸设置"基础样式"为"齿轮标注"，如图 8-28 所示。

图 8-27　完成直径尺寸标注　　　　　　　　图 8-28　"创建新标注样式"对话框

☑　❹在"创建新标注样式"对话框中单击"继续"按钮，❺在打开的"新建标注样式：齿轮标
注（带公差）"对话框中❻选择"公差"选项卡，参数设置如图 8-29 所示。同时将"齿轮标注
（带公差）"样式设置为当前使用的标注样式。

❷ 标注带公差尺寸。

☑　单击"注释"选项卡"标注"面板中的"线性"按钮├─┤，在主视图中标注齿顶圆尺寸，如图 8-30
所示。然后单击"默认"选项卡"修改"面板中的"分解"按钮╗，分解带公差的尺寸标注。
分解完成后，双击图 8-30 中的标注文字"196"，将其修改为"%%C196"，完成操作后，在图
中显示的标注文字就变成了"Ø196"，然后修改极限偏差文字，最终效果如图 8-31 所示。标注

图中其他带公差尺寸，效果如图 8-32 所示。

图 8-29　"新建标注样式：齿轮标注（带公差）"对话框

图 8-30　标注齿顶圆

图 8-31　修改标注

图 8-32　标注带公差尺寸

> **注意**：公差尺寸的分解需要使用两次"分解"命令，第一次分解尺寸线与公差文字，第二次分解公差文字中的主尺寸文字与极限偏差文字。只有这样才能单独利用"编辑文字"命令对公差文字进行编辑。

（7）形位公差标注。

❶ 基准符号。单击"默认"选项卡"绘图"面板中的"矩形"按钮▭、"图案填充"按钮▨、"直线"按钮╱和"注释"面板中的"多行文字"按钮**A**，绘制基准符号，如图 8-33 所示。

❷ 标注几何公差。单击"注释"选项卡"标注"面板中的"公差"按钮⊞，❶系统打开"形位公差"对话框，如图 8-34 所示。❷单击"符号"下的黑色方块，❸系统打开"特征符号"对话框，如图 8-35 所示，选择一种几何公差符号。❹在"公差 1""公差 2""基准 1""基准 2""基准 3"文本框中输入公差值和基准面符号，如图 8-36 所示。然后单击"注释"选项卡"引线"面板中的"多重引线"按钮╱°，绘制相应引线，完成形位公差的标注。用相同的方法完成其他形位公差的标注，效果如图 8-37 所示。

图 8-33　基准符号　　　图 8-34　"形位公差"对话框　　　图 8-35　"特征符号"对话框

图 8-36　"形位公差"对话框

图 8-37　标注形位公差

（8）标注表面结构符号。

❶ 单击"默认"选项卡"绘图"面板中的"直线"按钮 ／，绘制表面结构符号，然后单击"默认"选项卡"块"面板中的"创建"按钮 ⬚，❶打开"块定义"对话框，如图 8-38 所示。❷单击"选择对象"按钮，回到绘图窗口，拖动鼠标选择绘制的表面结构符号，按 Enter 键，回到"块定义"对话框，❸在"名称"文本框中添加名称"表面结构符号"，❹选取基点，其他选项为默认设置，❺单击"确定"按钮，完成创建图块的操作。

❷ 在命令行中输入"WBLOCK"命令后按 Enter 键，❶打开"写块"对话框，如图 8-39 所示。❷在"源"选项组中选择"块"模式，❸从右侧的下拉列表框中选择"表面结构符号"选项，❹在"目标"选项组中选择文件名和路径，完成"表面结构符号"图块的保存。在以后使用表面结构符号时，可以直接以块的形式插入目标文件中。

图 8-38　"块定义"对话框

图 8-39　"写块"对话框

❸ 单击"默认"选项卡"块"面板中"插入"下拉菜单中的"库中的块"选项，❶系统打开

"块"选项板，如图 8-40 所示。❷ 单击"控制选项"面板中的"浏览块库"按钮⬚，打开"为块库选择文件夹或文件"对话框，选择"表面结构符号.dwg"，然后单击"打开"按钮。在"块"选项板中，缩放比例和旋转使用默认设置，❸ 单击"表面结构符号"图块，将粗糙度符号插入图中合适位置，然后单击"默认"选项卡"注释"面板中的"多行文字"按钮A，标注表面结构符号，效果如图 8-41 所示。

图 8-40　"块"选项板

图 8-41　标注表面结构

❹ 在命令行中输入"QLEADER"命令，对倒角进行标注，结果如图 8-3 所示。

（9）标注参数表。

❶ 修改表格样式。单击"默认"选项卡"注释"面板中的"表格样式"按钮⬚，❶系统打开"表格样式"对话框，如图 8-42 所示。❷ 单击"修改"按钮，❸打开"修改表格样式：Standard"对话框，如图 8-43 所示。在该对话框中进行如下设置：❹在"常规"选项卡中，❺设置"填充颜色"为"无"，❻"对齐"方式为"正中"，❼"水平"页边距和"垂直"页边距均为 1.5；在"文字"选项卡中，设置文字样式为 Standard，文字高度为 6，文字颜色为 ByBlock；在"边框"选项卡中，单击"特性"选项组中"颜色"选项所对应的下拉按钮，设置颜色为"洋红"，表格方向为"向下"。设置好表格样式后，单击"确定"按钮退出。

图 8-42　"表格样式"对话框

图 8-43　"修改表格样式"对话框

❷ 创建表格。单击"默认"选项卡"注释"面板中的"表格"按钮⬚，❶系统打开"插入表格"对话框，如图 8-44 所示。❷设置"插入方式"为"指定插入点"，❸行数和列数分别为 13 和 4，"列宽"为 8，"行高"为 1。❹将"第一行单元样式""第二行单元样式""所有其他行单元样式"都设置

为"数据"。❺单击"确定"按钮，在绘图平面指定插入点插入表格，如图 8-45 所示。

图 8-44　"插入表格"对话框　　　　　　　　　　　图 8-45　插入表格

❸ 编辑表格并输入文字。单击第一列某个表格，出现钳夹点，将右边钳夹点向右拉，将列宽拉到合适的长度，同样将其他 3 列的列宽拉到合适的长度，效果如图 8-46 所示。然后双击单元格，重新打开多行文字编辑器，在各单元格中输入相应的文字或数据，并将多余的单元格合并。另外，也可以将前面绘制的表格插入该图中，然后进行修改调整，最终完成参数表的绘制，效果如图 8-47 所示。

（10）标注技术要求。单击"默认"选项卡"注释"面板中的"多行文字"按钮A，标注技术要求，如图 8-48 所示。

模数	m	2
齿数	Z	96
压力角	α	20°
齿顶高系数	ha*	1
顶隙系数	c*	0.2500
精度等级	8-8-7HK	
全齿高	h	4.5000
中心距及其偏差	120±0.027	
配对齿轮	齿数	24

公差组	检验项目	代号	公差（极限偏差）
I	齿圈径向跳动公差	Fr	0.063
	公法线长度变动公差	Fw	0.050
II	齿距极限偏差	fpt	±0.016
	齿形公差	ff	0.014
III	齿向公差	Fβ	0.011

技术要求
1. 其余倒角为C2。
2. 未注圆角半径为R≈3mm。
3. 调质处理220~250HBS。

图 8-46　改变列宽　　　　　　图 8-47　参数表　　　　　　图 8-48　标注技术要求

（11）插入标题栏。单击"默认"选项卡"块"面板中"插入"下拉菜单的"最近使用的块"选项，打开"块"选项板，将标题栏插入图中合适位置。然后单击"默认"选项卡"注释"面板中的"多行文字"按钮A，填写相应的内容。至此，大齿轮零件图绘制完毕，最终效果如图 8-3 所示。

8.7　轴 的 设 计

本节将以减速箱中的低速轴为例讲解轴的设计。

8.7.1　选择材料

轴的材料常采用碳素钢或合金钢，35、45、50 等优质碳素结构钢因具有较高的综合力学性能，应用较为广泛，其中 45 号钢应用最广泛。此处低速轴的材料选择 45 号钢。

8.7.2 确定轴的各段轴径与长度

在确定各个轴段的尺寸之前，应先拟订轴上零件的装配方案，如图 8-49 所示。

图 8-49　轴零件装配方案

1. 轴段 1

首先估算轴的最小直径

$$d \geqslant \sqrt[3]{\frac{9.55 \times 10^6}{0.2[\tau]}} \sqrt[3]{\frac{p}{n}} \geqslant C\sqrt[3]{\frac{p}{n}} \tag{8-1}$$

其中，C 是由轴的材料和承载情况确定的常数，可由机械设计课程设计手册查得 $C = 110$，p 和 n 分别为低速轴的输出功率和转速，应用式（8-1）求出低速轴最小轴径 $d_1 \geqslant 110 \times \sqrt[3]{\frac{1.987}{95.5}} \approx 29.7$（mm）。因为轴端安装联轴器，联轴器选择 HL 型弹性柱销联轴器，型号为 HL3，轴孔直径为 30 mm，轴孔长度为 60 mm，因此 $d_1 = 30$ mm，轴段 1 长度 $L_1 = 60$ mm。

2. 轴段 2

因为轴段 2 为非定位轴肩，所以以取 $h = 1.5$ mm，$d_2 = 33$ mm。根据端盖的装拆及便于轴承添加润滑剂的要求，$B = (3.5 \sim 4)d_3$（d_3 为轴承端盖螺栓直径），取 $B = 30$ mm，轴承端盖宽度暂定为 20 mm，故取 $L_2 = 50$ mm。

3. 轴段 3

初选滚动轴承，型号为 30207 的圆锥滚子轴承，其尺寸为 $d(35) \times D(72) \times B(17)$，因此 $d_3 = 35$ mm。滚动轴承应距离箱体内边一段距离 S，取 $S = 5$ mm，取齿轮距箱体内壁之间的距离 $a = 12.5$ mm，为了保证套筒完全顶到齿轮上，要使轴的长度要增加 $3 \sim 4$ mm，所以 $L_3 = 17 + 5 + 12.5 + 3 = 37.5$（mm）。

4. 轴段 4

安装齿轮处的轴段直径应查机械设计课程设计手册，取标准值 $d_4 = 40$ mm，齿轮左端用套筒顶柱来定位，右端用轴肩定位，齿轮宽度为 40 mm，为了使套筒端面和齿轮轮毂端面紧贴以保证定位可靠，取 $L_4 = 36$ mm，略短于轮毂 $3 \sim 4$ mm。

5. 轴段 5

根据滚动轴承安装尺寸 $d_6 = 35$ mm，轴段 5 用来定位轴段 6 上的轴承，因此取 $d_5 = 48$ mm，取齿轮距箱体内壁之间的距离 $a = 12.5$ mm，滚动轴承应距离箱体内边一段距离 S，$S = 5$ mm，因此 $L_5 = 17.5$ mm。

6. 轴段 6

由于在轴段 6 上安装轴承，因此 d_6 大小应为轴承的孔径 35 mm，L_6 应为轴承的宽度 17 mm。

至此就完成了轴的结构设计，可按弯扭组合变形校核强度。

8.7.3　实例——绘制阶梯轴零件图

8.8.2 节中减速箱低速轴的各主要尺寸已经确定，本节将以此轴为例，介绍阶梯轴的绘制，其绘制流程如图 8-50 所示。

图 8-50　阶梯轴绘制流程

操作步骤

（1）新建文件。单击快速访问工具栏中的"新建"按钮□，打开"选择样板"对话框，选择"A3样板图"，单击"打开"按钮，创建一个新的图形文件。

（2）设置图层。单击"默认"选项卡"图层"面板中的"图层特性"按钮，打开"图层特性管理器"选项板。在该选项板中依次创建"轮廓线""点画线""剖面线"3 个图层，并设置"轮廓线"图层的线宽为 0.50 mm，设置"点画线"图层的线型为 CENTER2，颜色为红色。

（3）绘制主视图。

❶ 将"点画线"图层设置为当前图层，单击"默认"选项卡"绘图"面板中的"直线"按钮，沿水平方向绘制一条中心线，将"轮廓线"图层设置为当前图层，然后单击"默认"选项卡"绘图"面板中的"直线"按钮，沿竖直方向绘制一条直线，效果如图 8-51 所示。

❷ 单击"默认"选项卡"修改"面板中的"偏移"按钮 ⊆，将水平中心线依次向上偏移 15、16.5、17.5、20、24，同时将偏移的直线转换到"轮廓线"图层，效果如图 8-52 所示。

❸ 单击"默认"选项卡"修改"面板中的"偏移"按钮 ⊆，将竖直直线向右偏移，偏移距离分别为 60、110、147.5、183.5、201、218，效果如图 8-53 所示。

图 8-51　绘制定位直线　　　　图 8-52　偏移水平直线　　　　图 8-53　偏移竖直直线

❹ 单击"默认"选项卡"修改"面板中的"修剪"按钮 ￥，修剪多余的直线，图形效果如图 8-54 所示。

❺ 单击"默认"选项卡"修改"面板中的"镜像"按钮 ⚌，镜像对象为图 8-55 中被选中的部分，以直线 XY 为镜像线，得到的结果如图 8-56 所示。

图 8-54　修剪结果　　　　　　　　　　图 8-55　选择镜像对象

注意：轴上有轴、孔配合要求的直径，例如，安装联轴器和齿轮处的直径 d_1 和 d_4，一般应该取标准值，可查阅 GB/T 2822—2005。安装轴承及密封元件处的轴径、d_3、d_6 和 d_2 应与轴承及密封元件孔径的标准尺寸一致。当直径变化是为了固定轴上零件或承受轴向力时，其轴肩高度要大些，一般取 3～5 mm，例如，图 8-49 中的 d_1 和 d_2、d_4 和 d_5、d_5 和 d_6。如果是非定位轴肩，则一般取 1.5～2 mm，例如，图 8-49 中的 d_2 和 d_3、d_3 和 d_4。

❻ 单击"默认"选项卡"修改"面板中的"偏移"按钮 ⊆，将水平中心线分别向上、下偏移，偏移距离均为 4，同时将偏移的直线转换到"轮廓线"图层，效果如图 8-57 所示。

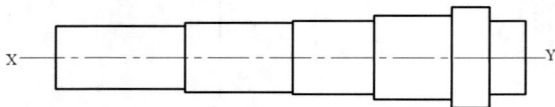

图 8-56　镜像结果　　　　　　　　　　图 8-57　偏移结果

❼ 再次单击"默认"选项卡"修改"面板中的"偏移"按钮 ⊆，将图 8-57 中的直线 mn 向右偏移，偏移距离分别为 3、53，效果如图 8-58 所示。

❽ 单击"默认"选项卡"修改"面板中的"修剪"按钮 ￥ 和"删除"按钮 ✎，对图 8-58 中偏移的直线进行修剪和删除，效果如图 8-59 所示。

❾ 单击"默认"选项卡"修改"面板中的"圆角"按钮 ⌐，对图 8-59 中的角点 r、s、p、t 进行圆角处理，圆角半径为 4，图形效果如图 8-60 所示。

图 8-58　偏移直线　　　　　　　　　　图 8-59　修剪结果

❿ 单击"默认"选项卡"修改"面板中的"偏移"按钮 ⊆，将图 8-60 中的水平中心线分别向上、

下偏移，偏移距离均为 6，同时将偏移的直线转换到"轮廓线"图层，效果如图 8-61 所示。

图 8-60　圆角结果

图 8-61　偏移结果

⑪ 再次单击"默认"选项卡"修改"面板中的"偏移"按钮，将图 8-61 中的直线 qz 向右偏移，偏移距离分别为 2、34，效果如图 8-62 所示。

⑫ 单击"默认"选项卡"修改"面板中的"修剪"按钮和"删除"按钮，修剪并删除多余的直线。然后单击"默认"选项卡"修改"面板中的"圆角"按钮，对相应的角点进行圆角处理，圆角半径为 6，这样就得到了另一个键槽。至此，阶梯轴的主视图绘制完成，效果如图 8-63 所示。

图 8-62　偏移结果

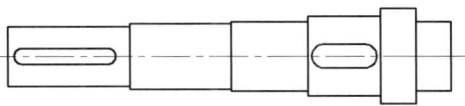

图 8-63　绘制键槽

注意：阶梯轴各段轴向尺寸由轴上直接安装的零件（如齿轮、轴承等）和相关零件（如箱体轴承座孔、轴承盖等）的轴向位置和尺寸确定。

☑ 由轴上安装零件确定的轴段长度：例如，图 8-49 中的 L_1、L_4 和 L_6 由联轴器的轮毂宽度、齿轮及轴承宽度确定。轴上零件靠套筒或轴端挡圈轴向固定时，轴段长度 l 应比轮毂宽度 l' 小 2～3 mm，以保证套筒或轴端挡圈与零件可靠接触，如图 8-64（a）所示为正确结构，如图 8-64（b）所示为错误结构。

☑ 由相关零件确定的轴段长度：例如，图 8-49 中的 L_2 与箱体轴承座孔的长度、轴承的宽度及其轴向位置、轴承盖的厚度及伸出轴承盖外部分的长度 l_B 有关，而 l_B 与伸出端安装的零件有关。在图 8-65 中，l_B 与端盖固定螺钉的装拆有关，可取 $B \geqslant (3.5 \sim 4)d_3$，此处 d_3 为轴承端盖固定螺钉直径。

图 8-64　轴上零件与轴段长度的关系

图 8-65　伸出长度

（4）绘制阶梯轴键槽处的剖面图。

❶ 将"点画线"图层设置为当前图层。单击"默认"选项卡"绘图"面板中的"直线"按钮，在对应的位置绘制中心线，效果如图 8-66 所示。

❷ 将"轮廓线"图层设置为当前图层。单击"默认"选项卡"绘图"面板中的"圆"按钮，分别以图 8-66 中的 O 点和 P 点为圆心绘制半径分别为 15 和 20 的圆，效果如图 8-67 所示。

❸ 单击"默认"选项卡"修改"面板中的"偏移"按钮，将图 8-67 中的直线 ab 向右偏移 11，

将直线 cd 分别向上、下偏移 4，将直线 st 向右偏移 15，将直线 mn 分别向上、下偏移 6，并将偏移后的直线转换到"轮廓线"图层，效果如图 8-68 所示。

❹ 单击"默认"选项卡"修改"面板中的"修剪"按钮，修剪多余的直线，效果如图 8-69 所示。

图 8-66　绘制中心线

图 8-67　绘制圆

图 8-68　偏移结果

图 8-69　修剪图形

❺ 将"剖面线"图层设置为当前图层，单击"默认"选项卡"绘图"面板中的"图案填充"按钮，在打开的选项卡中选择填充图案为 ANSI31，将角度设置为 0，将比例设置为 1，其他为默认值。单击"拾取点"按钮，暂时回到绘图窗口，选择主视图上的相关区域，单击"关闭图案填充创建"按钮，完成剖面线的绘制，效果如图 8-70 所示。

❻ 单击"默认"选项卡"修改"面板中的"倒角"按钮，设置倒角距离为 2，对阶梯轴进行倒角处理，然后将"轮廓线"图层设置为当前图层。单击"默认"选择卡"绘图"面板中的"直线"按钮，绘制倒角线，效果如图 8-71 所示。

图 8-70　图案填充结果

图 8-71　绘制倒角

（5）标注尺寸。将"0"图层设置为当前图层，单击"默认"选项卡"注释"面板中的"标注样式"按钮，创建新的标注样式，进行相应的设置。完成后将其设置为当前标注样式。然后单击"注释"选项卡"标注"面板中的"线性"按钮，对阶梯轴中的线性尺寸进行标注，效果如图 8-72 所示。

图 8-72　添加线性标注

📢 **注意：** 标注轴向尺寸时，应根据设计及工艺要求确定尺寸基准，通常有轴孔配合端面基准面及轴端基准面。应使尺寸标注反映加工工艺要求，同时满足装配尺寸链精度要求，不允许出现封闭尺寸链。如图 8-72 所示，基准面 1 是齿轮与轴的定位面，为主要基准，轴段长度 36 mm、183.5 mm、18.5 mm 都以基准面 1 作为基准尺寸。基准面 2 为辅助基准面，轴段长度 60 mm 由联轴器安装要求所确定，轴段长度 a 的加工误差不影响装配精度，因而取为封闭环，加工误差可积累在该轴段上，以保证主要尺寸的加工精度。

❶ 标注不带偏差的径向尺寸。单击"注释"选项卡"标注"面板中的"线性"按钮┣━┫，标注直径为 33 的圆，如图 8-73 所示。双击标注的文字，打开"文字编辑器"选项卡，在尺寸中输入"%%C"。完成操作后，图中显示的标注文字就变成了"Ø33"，如图 8-74 所示。

图 8-73　标注直径尺寸

图 8-74　修改标注

📢 **注意：** 标注径向尺寸时，凡有配合要求处，应标注尺寸及偏差值。

❷ 标注带偏差的径向尺寸。

☑ 单击"默认"选项卡"注释"面板中的"标注样式"按钮┗━┛，❶打开"标注样式管理器"对话框，如图 8-75 所示。❷单击"新建"按钮，❸打开"创建新标注样式"对话框，❹设置"新样式名"为"标注偏差"，如图 8-76 所示。

图 8-75　"标注样式管理器"对话框

图 8-76　"创建新标注样式"对话框

☑ ❺在"创建新标注样式"对话框中单击"继续"按钮，❻打开"新建标注样式：标注偏差"对话框。❼在该对话框中选择"公差"选项卡，❽在"公差格式"选项组的"方式"下拉列表框中选择"极限偏差"选项，❾在"精度"下拉列表框中选择"0"选项，❿在"垂直位置"下拉列表框中选择"中"选项，如图 8-77 所示。

☑ ⓫在"新建标注样式：标注偏差"对话框中选择"主单位"选项卡，⓬在"线性标注"选项组的"前缀"文本框中输入"%%C"，如图 8-78 所示。⓭单击"确定"按钮完成标注样式的新建。

图 8-77 "公差"选项卡

图 8-78 "主单位"选项卡

☑ 将新建的标注样式"标注偏差"置为当前标注样式，标注带有偏差的直径尺寸，如标注直径为 30 的轴段，效果如图 8-79 所示。然后右击标注尺寸"30_{-0}^{0}"，在打开的快捷菜单中选择"特性"命令，❶打开"特性"选项板，如图 8-80 所示，❷在"公差"选项卡中修改公差上、下偏差，效果如图 8-81 所示。

图 8-79 标注直径

图 8-80 "特性"选项板

用相同的方法标注其他带有偏差的直径尺寸，效果如图 8-82 所示。

（6）标注形位公差。

❶ 基准符号。单击"默认"选项卡"绘图"面板中的"矩形"按钮▭、"图案填充"按钮▨、"直线"按钮╱和"注释"面板中的"多行文字"按钮 A，绘制基准符号。

❷ 标注形位公差。在命令行中输入"QLEADER"命令，继续输入"S"，按 Enter 键，打开"引线设置"对话框，在"注释"选项卡中选择"公差"注释类型，其他为默认值，单击"确定"按钮，关闭对话框，标注形位公差，结果如图 8-83 所示。

（7）标注倒角。单击"注释"选项卡"引线"面板中的"多重引线"按钮，对图中的倒角进行标注，效果如图 8-84 所示。

图 8-81　标注偏差

图 8-82　完成径向尺寸标注

图 8-83　标注形位公差

图 8-84　标注倒角

（8）标注技术要求。单击"默认"选项卡"注释"面板中的"多行文字"按钮A，标注技术要求，如图 8-85 所示。

（9）填写标题栏。单击"默认"选项卡"注释"面板中的"多行文字"按钮A，填写相应的内容。至此阶梯轴绘制完毕，最终效果如图 8-50 所示。

技术要求
1. 未标公差尺寸的公差等级为GB/T1804-m。
2. 未注圆角半径为R≈1.6mm。
3. 调质处理220~250HBS。

图 8-85　标注技术要求

8.8　键的选用与绘制

键是一种常见的标准件，主要用于轴毂间的轴向固定并传递转矩，如轴与轴上的旋转零件（齿轮、蜗轮等）或摆动零件（摇臂等）的连接。其中有些类型的键还能够实现轴向固定或轴向动连接。

8.8.1 键的选择

键是标准件，分为平键、半圆键和楔键等。设计时应根据各类键的结构和应用特点进行选择。

1. 平键连接

平键的两侧面是工作面，上表面和轮毂槽底之间留有间隙。这种键定心性较好、装拆方便。常用的平键有普通平键和导向平键两种。

普通平键的端部形状可制成圆头、方头或单圆头。圆头键的轴槽用指形铣刀加工，键在槽中固定良好，但轴上键槽端部的应力集中较大；方头键用盘形铣刀加工，轴的应力集中较小；单圆头键常用于轴端。普通平键应用最广，如图 8-86 所示。

导向平键较长，须用螺钉固定在轴槽中，为了便于装拆，一般在键上制出起键螺纹孔。这种键能实现轴上零件的轴向移动，构成动态连接，如图 8-87 所示。

2. 半圆键连接

半圆键也是以两侧面为工作面，它与平键一样，具有定心性较好的优点。半圆键能在轴槽中摆动以适应毂槽底面，装配方便。其缺点是键槽对轴的削弱较大，只适用于轻载连接，如图 8-88 所示。

图 8-86　普通平键　　　　　图 8-87　导向平键　　　　　图 8-88　半圆键连接

3. 楔键连接

楔键的上下面是工作面，键的上表面有 1：100 的斜度，轮毂键槽的底面也有 1：100 的斜度，把楔键打入轴和轮毂内时，其工作面上产生很大的预紧力。工作时，主要靠摩擦力传递转矩，并能承受单方向的轴向力，如图 8-89 所示。

键连接的结构尺寸可按轴径 d 由机械设计课程设计手册查出，平键的长度应比键所在轴段的长度短一些，并使轴上的键槽靠近传动件装入一侧，以便于装配时轮毂上的键槽易与轴上的键对准，如图 8-90 所示，$\Delta=1\sim3\,\text{mm}$，若 Δ 值过大，则对准就会困难。选择完键后，需要对所选择的键进行强度校核，若经校核发现强度不够，当相差较小时，可适当增加键长；当相差较大时，可采用双键。

图 8-89　楔键连接　　　　　　图 8-90　轴上键槽位置与尺寸

注意： 当轴沿键长方向有多个键槽时，为便于一次装夹加工，各键槽应布置在同一直线上，图 8-91（a）正确，图 8-91（b）不正确。如轴径径向尺寸相差较小，各键槽断面可按直径较小的轴段取同一尺寸，以减少键槽加工时的换刀次数。

图 8-91　轴上键槽的位置

8.8.2　实例——利用 AI 工具绘制普通平键

平键的应用最为广泛，本节以 A6×6×20 普通平键为例，其绘制流程如图 8-92 所示。

图 8-92　普通平键绘制流程

操作步骤

（1）绘图准备。启动 AutoCAD 2026，新建文件。

（2）输入提示词。启动豆包，输入如图 8-93 所示的提示词：

我现在要一个可以在Autocad 2026中绘制图形的Python代码。我要绘制一个平键的主视图和俯视图。要求如下：

①依次创建"contour""center""hatching"3个图层，并设置"contour"图层的线宽为0.50 mm，设置"center"图层的线型为CENTER2，颜色为红色。

②使用LWDISPLAY命令，输入on，打开"显示/隐藏线宽"按钮。

③将"center"图层设置为当前图层。使用line命令绘制一条起点为（-5,0），终点为（30,0）的水平中心线。

④将"contour"图层设置为当前图层。使用pline命令绘制俯视图，多段线的起点坐标为（3,-3），向右绘制长度为14的水平线，然后绘制圆弧，选择角度选项，圆弧夹角为180°，端点坐标为（17,3），然后再向左绘制水平直线，长度为14，然后绘制圆弧，选择角度选项，圆弧夹角为180°，端点坐标为（3,-3）。

⑤使用rectang命令绘制矩形，选择倒角选项，第一个倒角距离和第二个倒角距离均为0.5，矩形的第一个角点坐标为（0，25），第二个角点的坐标为（@20，6），结束矩形命令。

⑥使用line命令绘制点（0，30.5）和点（20，30.5）的连线，以及点（0，25.5）和点（20，25.5）的连线。给我完整的代码。

图 8-93　输入提示词

（3）生成程序。单击"发送"按钮●，生成的代码如图 8-94 所示。

（4）运行程序。

❶ 新建文件然后启动 PyCharm，单击"新建文件或目录"按钮┼，在弹出的下拉菜单中选择"Python 文件"命令，系统弹出"新建 Python 文件"对话框，输入名称为"平键"，如图 8-95 所示。

❷ 复制程序。复制生成的程序，按 Ctrl+V 快捷键将程序粘贴到"平键"文件中，如图 8-96 所示。

❸ 程序运行。切换到 AutoCAD 界面。将光标置于 AutoCAD 的命令行，单击，然后切换到 PyCharm 界面，单击图 8-96 中的"运行"按钮▷，将光标移动到 AutoCAD 界面，运行程序，结果如图 8-97 所示。

```
python                                              复制   下载

import pyautogui
import time
import math
from pyautogui import FailSafeException

# ==================== 基础功能 ====================
def autocad_focus():
    """激活AutoCAD窗口并初始化环境"""
    try:
        # 获取并激活AutoCAD窗口
        win = pyautogui.getWindowsWithTitle("AutoCAD")[0]
        win.activate()
        time.sleep(3)

        # 点击命令行区域取焦点
        pyautogui.click(win.left + 100, win.top + win.height - 50)
        time.sleep(1)

        # 设置关键系统变量
        init_commands = [
            '(setvar "DYNMODE" 0)',    # 关闭动态输入
            '(setvar "COORDS" 1)',     # 绝对坐标模式
            '(setvar "CLAYER" "0")',   # 置当前图层
            '(setvar "PICKAUTO" 1)'    # 启用自动选择
        ]
        for cmd in init_commands:
            pyautogui.write(cmd, interval=0.15)
            pyautogui.press("enter")
            time.sleep(1)
        return True
    except Exception as e:
```

图 8-94　生成的程序

新建 Python 文件

平键
Python 文件
Python 单元测试
Python 存根

图 8-95　"新建 Python 文件"对话框

图 8-96　粘贴程序

图 8-97　运行结果

（5）输入标注尺寸的提示词。图形绘制完成后，我们需要对图形进行尺寸标注，在豆包中输入以下提示词。

以上程序运行正确。请在此基础上标注尺寸。

❶ 将 hatching 图层设置为当前层。

❷ 使用 dimlinear 命令标注主视图的高度尺寸，标注俯视图的长度和宽度尺寸。

❸ 下面我们需要标注倒角尺寸 C0.5，首先以（0.5,31）为起点绘制引线，引线的第二点的坐标为（@5,5），第三点的坐标为（@8,0）。

❹ 使用 TEXT 命令在水平段的上方输入文字 C0.5，文字高度为 2.5，文字的起点位置相对引线终点偏移（@-8,1），输入完成后退出所有命令。请给我完整的代码。

（6）生成尺寸标注程序。单击"发送"按钮⬆，生成的代码如图 8-98 所示。

```python
            print("标注俯视图长度尺寸失败！")
            return False
    print("✅ 成功标注俯视图长度尺寸（14）")

    # 明确结束dimlinear命令
    pyautogui.press('esc')
    time.sleep(0.5)

    # 标注俯视图的宽度尺寸
    commands = [
        ('_dimlinear', 2),  # 启动线性标注命令
        ('3,-3', 1),  # 第一个尺寸界线原点（左下角点）
        ('3,3', 1),  # 第二个尺寸界线原点（左上角点）
        ('@-8,0', 1),  # 尺寸线位置（左侧）
        ('', 1)  # 结束命令
    ]

    print("正在标注俯视图宽度尺寸...")
    for cmd, delay in commands:
        if not send_command(cmd, delay):
            print("标注俯视图宽度尺寸失败！")
            return False
    print("✅ 成功标注俯视图宽度尺寸（6）")

    # 明确结束dimlinear命令
    pyautogui.press('esc')
    time.sleep(0.5)

    return True


def add_chamfer_dimension():
```

图 8-98　生成尺寸标注程序

（7）复制程序。单击如图 8-98 所示的复制按钮📋，复制生成的程序，按 Ctrl+V 快捷键将程序粘贴到 PyCharm 的"平键"文件中，覆盖原有的文件，如图 8-99 所示。

图 8-99　复制程序

（8）运行程序。单击图 8-99 中的"运行"按钮 ▷，将光标移动到 AutoCAD 界面，运行程序，结果如图 8-100 所示。

图 8-100　标注尺寸结果

8.9　滚动轴承的选用与绘制

滚动轴承一般由内圈、外圈、滚动体和保持架组成。内圈装在轴上，外圈装在机座或零件的轴承孔内。内外圈上有滚道，当内外圈相对旋转时，滚动体将沿着滚道滚动。滚动体与内外圈的材料应具有较高的硬度和接触疲劳强度、良好的耐磨性和冲击韧性。一般用含铬合金钢制造，经热处理后硬度可达 61～65HRC，工作表面须经磨削和抛光处理。保持架一般用低碳钢板冲压制成，高速轴承的保持架的材料多为有色金属或塑料。

8.9.1　轴承的选择

为保证轴承正常工作，除正确确定轴承型号之外，还要正确设计轴承组合结构，包括轴系的固定、轴承的润滑和密封等。

1. 轴系部件的轴向固定

圆柱齿轮减速器轴承支点跨距较小，尤其是中、小型减速器，其支点跨距常小于 300 mm。同时，齿轮传动效率高，温升小，因此轴的热膨胀伸长量很小，所以轴系常采用两端固定方式，两端支点轴承在相反方向各限制轴系一个方向的移动。内圈的轴向固定常用轴肩或套筒，外圈在箱体轴承座孔中，常用轴承盖做轴向固定。

轴承盖与轴承外端面间装有由不同厚度的软钢片组成的一组调整垫片，用来补偿轴系零件轴向尺寸制造误差、调整轴承游隙和少量调整齿轮的轴向位置。

2. 轴承的润滑与密封

轴承选定脂润滑或油润滑后，要相应地设计出合理的轴承组合结构，保证润滑和密封。

1）润滑

（1）脂润滑。

当轴承采用脂润滑时，为防止箱内润滑油进入轴承，造成润滑脂稀释而流出，通常在箱体轴承座内端面一侧装设封油盘，其结构尺寸如图 8-101 所示。

（2）油润滑。

浸油齿轮会将油溅到箱体内壁上，轴承采用油润滑时（见图 8-102），为使箱盖内壁上的油进入轴承，要在上箱盖分箱面处制出坡口，在箱座分箱面上制出油沟，并在轴承盖上制出缺口和环形通路。

图 8-101　封油盘

图 8-102　飞溅润滑的油路

2）密封

轴承与外界间的密封装置分为接触式密封与非接触式密封两种。

（1）接触式密封。

☑　毡圈密封。毡圈密封结构简单，但磨损快，密封效果差，主要用于脂润滑和接触面速度不超过 5 m/s 的场合。

☑　橡胶圈密封。橡胶圈密封性能好，工作可靠，寿命长，可用于脂润滑或油润滑且轴接触表面圆周速度 $v \leq 7$ m/s 的场合。

（2）非接触式密封。

☑　油沟密封。利用轴与轴承盖孔之间的油沟和微小间隙充满润滑脂实现密封，其间隙越小，密封效果就越好。油沟式密封结构简单，但密封效果较差，适用于脂润滑及较清洁的场合。

☑　迷宫密封。利用固定在轴上的转动元件与轴承盖间构成的曲折而狭窄的缝隙中充满润滑脂来实现密封。迷宫式密封效果好，密封件不易磨损，可用于脂润滑和油润滑的密封，一般不受轴表面圆周速度的限制。

3. 轴承的选择

按照承受载荷的方向或公称接触角的不同，滚动轴承可分为向心轴承和推力轴承。向心轴承主要用于承受径向载荷，推力轴承主要承受轴向载荷。

按照滚动体形状，轴承可分为球轴承和滚子轴承。滚子又分为圆柱滚子、圆锥滚子、球面滚子和滚针。

📢 **注意：** 最常用的两种轴承是深沟球轴承和圆锥滚子轴承，其中，深沟球轴承能够承受径向力和少量轴向力，适合于高速传动；圆锥滚子轴承能够同时承受较大的径向力和轴向力，适合于中低速传动。在两者都可以选用的情况下，优先选用深沟球轴承，因为深沟球轴承加工更方便，造价也更低。

根据任务书上标明的条件：载荷平稳，由于采用直齿轮，轴承受到径向力和轻微的轴向力作用，所以选择深沟球轴承。

$$L_h = \frac{10^6}{60n} \left(\frac{f_t C}{f_p P} \right) \qquad (8\text{-}2)$$

式（8-2）是常用的轴承寿命计算公式，其中 f_t 为温度系数，f_p 为载荷系数，二者都可以通过查表得到。C 为基本额定动载荷，可在机械设计课程设计手册中查到。P 为当量动载荷，n 为轴的转速（r/min）。由此公式可确定轴承的寿命或型号。

8.9.2 实例——绘制深沟球轴承

深沟球轴承主要用于承受径向载荷，也可承受一定的轴向载荷。与外形相同的其他类型轴承相比，其摩擦因数小，允许极限转速高，价格低，故应用广泛，其绘制流程如图 8-103 所示。

图 8-103　深沟球轴承绘制流程

操作步骤

（1）新建文件。选择菜单栏中的"文件"→"新建"命令，打开"选择样板"对话框，选择"A3样板图"，单击"打开"按钮，创建一个新的图形文件。

（2）设置图层。单击"默认"选项卡"图层"面板中的"图层特性"按钮，打开"图层特性管理器"选项板。在该选项板中依次创建"轮廓线""点画线""剖面线"3 个图层，并设置"轮廓线"图层的线宽为 0.50 mm，设置"点画线"图层的线型为 CENTER2，颜色为红色。

（3）绘制中心线。将"点画线"图层设置为当前图层，单击"默认"选项卡"绘图"面板中的"直线"按钮，沿水平方向绘制一条长度为 140 的中心线，沿竖直方向绘制两条长度为 96 的中心线，并且使这两条中心线之间的距离为 64，效果如图 8-104 所示。

（4）绘制主视图。

❶ 单击"默认"选项卡"修改"面板中的"偏移"按钮，将图 8-104中的水平中心线向上偏移，偏移距离分别为 20、30、40，将图 8-105 中左边的竖直中心线分别向左、右偏移，偏移距离均为 9，并将偏移的直线（除偏移距离为 30 的水平线之外）转换到"轮廓线"图层，结果如图 8-105 所示。

图 8-104　绘制中心线

❷ 单击"默认"选项卡"修改"面板中的"修剪"按钮，修剪多余的线条，效果如图 8-106所示。

❸ 将"剖面线"图层设置为当前图层。单击"默认"选项卡"绘图"面板中的"直线"按钮，

以点 O 为起点，绘制角度为-30°的斜线，效果如图 8-107 所示。

❹ 将"轮廓线"图层设置为当前图层。单击"默认"选项卡"绘图"面板中的"圆"按钮⊙，以图 8-108 中的 O 点为圆心，绘制半径为 5 的圆，效果如图 8-108 所示。

图 8-105　偏移直线　　　图 8-106　修剪图形　　　图 8-107　绘制斜线　　　图 8-108　绘制圆

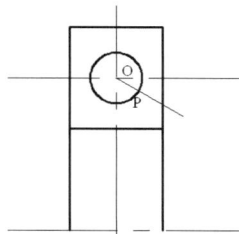

❺ 单击"默认"选项卡"绘图"面板中的"直线"按钮╱，过图 8-108 中的 P 点绘制水平直线，效果如图 8-109 所示。

❻ 单击"默认"选项卡"修改"面板中的"镜像"按钮⚖，选择步骤❺中绘制的水平直线为镜像对象，以中心线 OS 为镜像线，镜像结果如图 8-110 所示。

❼ 单击"默认"选项卡"修改"面板中的"修剪"按钮✂和"删除"按钮✍，修剪并删除多余的直线，效果如图 8-111 所示。

❽ 单击"默认"选项卡"修改"面板中的"镜像"按钮⚖，选择图 8-111 中的水平中心线 XY 为镜像线，镜像对象为中心线以上的部分（除斜线 OP 外），镜像结果如图 8-112 所示。

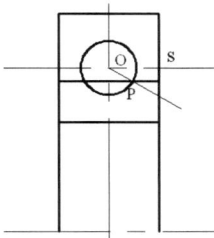

图 8-109　绘制直线　　　图 8-110　镜像结果　　　图 8-111　修剪结果　　　图 8-112　镜像结果

❾ 单击"默认"选项卡"修改"面板中的"倒角"按钮⌐，对轴承进行距离为 1 的倒角处理。然后调用"直线"命令绘制倒角线，最后单击"默认"选项卡"修改"面板中的"修剪"按钮✂，修剪多余的直线，效果如图 8-113 所示。

（5）绘制剖面线。将"剖面线"图层设置为当前图层。单击"默认"选项卡"绘图"面板中的"图案填充"按钮▨，系统打开"图案填充创建"选项卡，选择 ANSI31 图案，将"图案填充角度"设置为 0，设置"填充图案比例"为 1，其他为默认值。单击"拾取点"按钮▧，选择主视图上的相关区域，单击"关闭图案填充创建"按钮，完成剖面线的绘制，效果如图 8-114 所示。

（6）绘制左视图。

❶ 绘制左视图的轮廓线。将"轮廓线"图层设置为当前图层。单击"默认"选项卡"绘图"面板中的"圆"按钮⊙，以图 8-107 中点 e 为中心绘制半径分别为 20、21、27.5、30、32.5、40 的圆，并将半径为 30 的圆转换到"点画线"图层，效果如图 8-115 所示。

❷ 绘制滚动体。单击"默认"选项卡"绘图"面板中的"圆"按钮⊙，以图 8-115 中的点 o 为中心绘制半径为 5 的圆。然后单击"默认"选项卡"修改"面板中的"修剪"按钮✂，修剪多余的曲线，效果如图 8-116 所示。

图 8-113　绘制倒角　　　图 8-114　图案填充结果　　　图 8-115　绘制圆

❸ 阵列滚动体。单击"默认"选项卡"修改"面板中的"环形阵列"按钮❀，设置阵列数目为19，填充角度为 360°，选取中点 e 为阵列中心点，选择图 8-116 中的线段 ab、cd 为阵列对象，效果如图 8-117 所示。

图 8-116　修剪曲线　　　　　　　　　图 8-117　阵列结果

（7）添加标注。

❶ 添加线性标注。将"剖面线"图层设置为当前图层。单击"注释"选项卡"标注"面板中的"线性"按钮├┤，对轴承中线性尺寸进行标注，效果如图 8-118 所示。

❷ 添加直径标注。单击"注释"选项卡"标注"面板中的"线性"按钮├┤，对图中的直径型尺寸进行标注，效果如图 8-119 所示。

图 8-118　添加线性标注　　　　　　　图 8-119　添加直径标注

❸ 添加角度标注。单击"默认"选项卡"注释"面板中的"角度"按钮△，对图中的角度进行标注，效果如图 8-103 所示。完成深沟球轴承的绘制。

注意：由于滚动轴承是标准件，所以不必画出各个组成部分的零件图。在装配图中，可按国家标准**注意：**由于滚动轴承是标准件，所以不必画出各个组成部分的零件图。在装配图中，可按国家标准规定的滚动轴承的简化画法或规定画法来表示。减速器其余附件的选用及绘制在前面章节中均有提及，这里不再赘述。

8.10　实践与操作

通过前面的学习，读者对本章知识已经有了大体的了解，本节将通过两个实践操作练习帮助读者进一步掌握本章的知识要点。

8.10.1　绘制传动轴

1. 目的要求

传动轴是同轴回转体，是对称结构，可以利用"直线"和"偏移"命令来完成图形的绘制，也可以利用图形的对称性，只需绘制图形的一半，再利用"镜像"命令来完成绘制，如图 8-120 所示。

2. 操作提示

（1）利用"直线""圆""偏移""修剪"命令绘制传动轴主视图。

（2）利用"直线""偏移""修剪"命令绘制剖视图。

（3）利用"图案填充"命令填充图形。

（4）为传动轴标注尺寸并标注文字说明。

8.10.2　绘制内六角螺钉

1. 目的要求

内六角螺钉的结构比较简单，由主视图和俯视图组成，其主视图和俯视图都有很强的对称性，因此可以先绘制具有对称性的一部分，然后再镜像得到另一部分。但本练习直接绘制更为简单，因此本例没有使用镜像法，而是直接绘制，如图 8-121 所示。

2. 操作提示

（1）利用"直线""圆""多边形"命令绘制螺母的俯视图。

（2）利用"直线""圆""偏移""修剪"命令绘制主视图。

（3）为内六角螺钉标注尺寸和文字说明。

图 8-120　传动轴

图 8-121　内六角螺钉

第 9 章

减速器装配设计

表达机器或部件的图样称为装配图。在进行机器的设计、装配、调整、检验、安装、使用和维修时都需要装配图，它是设计部门提交给生产部门的重要技术文件。在设计或测绘机器时，首先要绘制装配图，然后再拆画零件图。装配图要反映设计者的意图，表达机器或部件的工作原理、性能要求、零件间的装配关系和零件的主要结构形状，以及在装配、检验、安装时所需要的尺寸数据和技术要求。

本章将介绍装配图的有关基本理论和减速器装配图的绘制思路与方法。

9.1 装配图概述

下面简要介绍装配图的内容以及装配图的一般表达方法。

9.1.1 装配图的内容

装配图一般包括以下 4 项内容。

（1）一组图形：用一组图形完整清晰地表达机器或部件的工作原理、各零件间的装配关系（包括配合关系、连接关系、相对位置及传动关系）和主要零件的结构形状。

（2）几种尺寸：根据装配图拆画零件图以及装配、检验、安装、使用机器的需要，在装配图中必须标注反映机器或部件的性能、规格、安装情况，部件或零件间的相对位置，配合要求和机器的总体大小尺寸。

（3）技术要求：用文字或符号注写机器或部件的质量、装配、检验、使用等方面的要求。

（4）标题栏、编号和明细表：根据生产组织和管理工作的需要，按一定的格式，对零部件进行编号，并填写明细表和标题栏。

9.1.2 机器或部件的装配表达方法

1. 规定画法

（1）剖面线的画法。

在装配图中，两个相邻金属零件的剖面线应画成倾斜方向相反或间隔不同的线，但同一零件在各剖视图和断面图中的剖面线倾斜方向和间隔应一致。对于视图上两条轮廓线间的距离不大于 2 mm 的剖面区域，其剖面符号涂黑表示，如垫片的剖面表示。

（2）标准件及实心件的表达方法。

在装配图中，对于标准件及轴、连杆、球、杆件等实心零件，若按纵向剖切且剖切平面通过其对称平面或轴线时，这些零件按不剖绘制。如果需要特别表明这些零件上的结构，如凹槽、键槽、销孔等，则可采用局部剖视表示。

（3）零件接触面与配合面的画法。

在装配图中，两个零件的接触表面和配合表面只画一条线，而不接触的表面或非配合表面之间则应画成两条线，分别表示它们的轮廓。

2．特殊画法

（1）拆卸画法。

当机器或部件上的某些零件在某一视图中遮住了其他需要表达的部分时，可假想沿零件的接合面剖切或假想将某些零件拆卸后再画出该视图。当采用沿零件的接合面剖切时，零件上的接合面不画剖面线，也可以不加标注。

（2）单个零件的表达方法。

当某个零件需要表达的结构形状在装配图中尚未表达清楚时，允许单独画出该零件的某个视图（或剖视图、断面图），并按向视图（或剖视图、断面图）的标注方法进行标注。

（3）夸大画法。

对于某些薄垫片、较小间隙、较小锥度等，按其实际尺寸画出不能表达清楚时，允许将尺寸适当放大后画出。

（4）假想投影画法。

❶ 对于有一定活动范围的运动零件，一般画出它们的一个极限位置，另一个极限位置可用双点画线画出。

❷ 用双点画线还可以画出与部件有安装、连接关系的其他零部件的假想投影。

3．简化画法

（1）对于装配图中若干相同的零件组，如螺纹紧固件等，可仅详细地画出一组或几组，其余只需用点画线表示其装配位置即可。

（2）对于零件的工艺结构，如小圆角、倒角、退刀槽等，可省略不画。

（3）当剖切平面通过某些部件的对称中心线或轴线时，该部件可按不剖绘制，只画其外形即可。

9.1.3　装配图的视图选择

1．选择主视图

（1）工作位置。

机器或部件工作时所处的位置称为工作位置。为了使装配工作更加方便、更加符合读图习惯，在选择主视图时应先确定机器或部件如何摆放。通常将机器或部件按工作位置摆放。有些机器或部件，如滑动轴承、阀类等，由于应用场合不同，可能有不同的工作位置，可将其常见或习惯放置的位置确定为摆放位置。

（2）部件特征。

反映机器或部件工作原理的结构、各零件间装配关系和主要零件结构形状等内容的称为部件特征。

在确定主视图的投射方向时，应考虑能清楚地显示机器或部件尽可能多的特征，特别是装配关系特征。通常，机器或部件中各零件是沿一条或几条轴线装配起来的，这些轴线称为装配干线。每一条装配干线反映了这条轴线上各零件间的装配关系。

2．选择其他视图

主视图确定之后，再根据装配图应表达的内容，检查还有哪些没有表达或尚未表达清楚的内容。根据此选择其他视图来表达这些内容。选择其他视图时，一般首先考虑左视图或俯视图，然后考虑其他视图。所选的每个视图都应有明确的表达目的。

9.1.4　装配图的尺寸

装配图与零件图在生产中的作用不同，对标注尺寸的要求也不相同。装配图只标注与机器或部件的规格、性能、装配、检验、安装、运输及使用等有关的尺寸。

1．特性尺寸

表示机器或部件规格或性能的尺寸称为特性尺寸。它是设计的主要参数，也是用户选用产品的依据。

2．装配尺寸

表示机器或部件中与装配有关的尺寸称为装配尺寸。它是装配工作的主要依据，是保证机器或部件的性能所必需的重要尺寸。装配尺寸一般包括配合尺寸、连接尺寸和重要的相对位置尺寸。

（1）配合尺寸。

配合尺寸是指相同基本尺寸的孔与轴有配合要求的尺寸，一般由基本尺寸和表示配合种类的配合代号组成。

（2）连接尺寸。

连接尺寸一般包括非标准件的螺纹连接尺寸及标准件的相对位置尺寸。对于螺纹紧固件，其连接部分的尺寸由明细表中的名称反映出来。

（3）相对位置尺寸。

❶ 主要轴线到安装基准面之间的距离。

❷ 主要平行轴之间的距离。

❸ 装配后两个零件之间必须保证的间隙。

3．外形尺寸

表示机器或部件的总长、总宽和总高的尺寸称为外形尺寸。它反映了机器或部件所占空间的大小，是包装、运输、安装以及厂房设计所需要的数据。

4．安装尺寸

表示机器或部件与其他零件、部件、机座间安装所需要的尺寸称为安装尺寸。

装配图中除上述尺寸之外，设计中通过计算确定的重要尺寸及运动件活动范围的极限尺寸等也需要标注。

9.1.5　装配图的零件序号、明细表和技术要求

1．序号

（1）零件序号注写在指引线的水平线上或圆内，序号字高比图中尺寸数字字高大一号或两号，同一

张装配图上零件序号的注写形式应一致。

（2）零件序号的指引线从零件的可见轮廓内用细实线引出，指引线在零件内末端画一个小圆点。小圆点的直径等于粗实线的宽度。若所指部分很薄或为涂黑的剖面而不便画圆点时，可在指引线末端画箭头指向该部分的轮廓。

（3）零件序号的指引线不能互相交叉。指引线通过剖面区域时，也不应与剖面线平行。必要时指引线可画成折线，但只可曲折一次。

（4）一组紧固件或装配关系清楚的零件组，可采用公共指引线进行编号。

（5）装配图中的序号应按水平或垂直方向排列，并按一定方向依次排列整齐。当在整个图上无法连续时，可只在每个水平或垂直方向依次排列。

2．明细表

明细表是说明零件序号、代号、名称、规格、数量、材料等内容的表格，画在标题栏的上方，外框为粗实线，内格为细实线，若空间不够，也可将明细表分段依次画在标题栏的左方。

3．技术要求

在装配图的空白处，用简明的文字说明对机器或部件的性能要求、装配要求、试验和验收要求、外观和包装要求、使用要求及执行标准等内容。

9.2   综合实例——减速器整体设计与装配图绘制

首先设计轴系部件。通过绘图设计轴的结构尺寸，确定轴承的位置。传动零件、轴和轴承是减速器的主要零件，其他零件的结构和尺寸随这些零件而定。绘制装配图时，要先画主要零件，后画次要零件；从箱内零件画起，逐步向外画；先画中心线和轮廓线，结构细节可先不画；以一个视图为主，兼顾其他视图，减速器整体设计与装配图的绘制流程如图 9-1 所示。

图 9-1   减速器整体设计与装配图绘制流程

图 9-1　减速器整体设计与装配图绘制流程（续）

操作步骤

（1）估算减速器的轮廓尺寸。估算减速器的轮廓尺寸（见表 9-1）可作为如图 9-2 所示视图布置（估算减速器轮廓尺寸的大小）的参考。

表 9-1 视图大小估算表

项 目	A	B	C
一级圆柱齿轮减速器	3a	2a	2a
二级圆柱齿轮减速器	4a	2a	2a
圆锥-圆柱齿轮减速器	4a	2a	2a
一级蜗杆减速器	2a	3a	2a

注：a 为传动中心距。对于二级传动，a 为低速级的中心距。

（2）确定齿轮中心线的位置。在大致估算了所设计减速器的长、宽、高外形尺寸后，考虑标题栏、明细表、技术要求、技术特性、零件编号、尺寸标注等所占幅面，确定 3 个视图的位置，画出各视图中传动件的中心线。中心线的位置直接影响视图布置的合理性，经审定适宜后再往下进行。

❶ 选择菜单栏中的"文件"→"新建"命令，打开"选择样板"对话框，选择"无样板打开-公制（毫米）"命令，创建一个新的图形文件。

❷ 单击"默认"选项卡"图层"面板中的"图层特性"按钮，打开"图层特性管理器"选项板。在该选项板中依次创建"轮廓线""点画线""剖面线"3 个图层，并设置"轮廓线"图层的线宽为 0.30 mm，"点画线"图层的线型为 CENTER2，颜色为红色，其他为默认设置。

❸ 将"点画线"图层设置为当前图层。单击"默认"选项卡"绘图"面板中的"直线"按钮，绘制主俯视图的中心线，其中，两条水平线的距离为 378，3 条竖直线之间的距离分别为 120 和 377，中心线的长度适当指定，如图 9-3 所示。

📢 **注意**：中心线的作用是确定减速器三视图的布置位置和主要结构的相对位置，长度不需要很精确，且可以根据需要随时调整其长度，相互之间的间距则要依据中心线所表示的具体含义来分别对待：不同视图间的中心线间距可以不那么精确，可以调节此间距来调节视图之间的距离。例如，图 9-3 中的两条水平线分别代表主视图和俯视图中的位置线，这个间距不需要很精确，而左边两条竖直线分别表示主视图中的两个齿轮轴之间的距离，这个间距数值要求很精确，否则设计出来的结构就会有问题。总结一句话就是：中心线是布图的骨架，视图之间的中心线之间的间距可以大略估计设置，但同一视图内的中心线之间的间距必须准确。

（3）画出齿轮的轮廓尺寸线。

❶ 单击"默认"选项卡"绘图"面板中的"圆"按钮，在主视图中绘制两个齿轮的分度圆，分度圆半径分别为 24 和 96，效果如图 9-4 所示。

图 9-2 视图布置参考图　　　　图 9-3 绘制中心线　　　图 9-4 在主视图中绘制齿轮

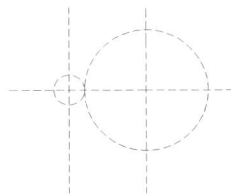

❷ 单击"默认"选项卡"修改"面板中的"偏移"按钮 ⊜，在俯视图中绘制各个齿轮的分度圆和齿顶圆以及齿轮的宽度并修剪其余的直线。其中，中心线和齿轮啮合线都要与主视图对齐，大齿轮齿顶线与分度圆线距离为 2，效果如图 9-5 所示。

📢 **注意：** 齿轮安装时，可能因轴的平行度偏差、轴承间隙、箱体加工误差等因素，导致两齿轮的轴线无法完全对准（出现轴向偏移）。小齿轮宽度略大（宽 5～8 mm），可抵消安装误差的影响，确保大齿轮的整个齿宽都能与小齿轮有效接触，避免"边缘接触"问题，保证传动的承载能力。

（4）确定箱体轴承座的位置。

❶ 单击"默认"选项卡"修改"面板中的"偏移"按钮 ⊜，在俯视图中绘制机体内壁线，效果如图 9-6 所示。此时根据大小齿轮的尺寸，设计的箱体内壁宽为 65，内壁右端到右边中心线距离为 107。至于内壁左边到左边中心线的距离，则不仅要考虑小齿轮齿顶到箱体内壁的距离，而且要使后面要设计的箱体与箱盖联结的螺孔不要受箱体上的轴承座孔干涉，所以箱体内壁左边可以先不绘制或大约设置为到左边中心线的距离为 60，如果不合适，则在后面再进行调整。

图 9-5　在俯视图中绘制齿轮　　　　　　图 9-6　绘制机体内壁

📢 **注意：** 为了避免齿轮与机体内壁相碰，齿轮与机体内壁间应留有一定的距离，一般取机体内壁与小齿轮端面的距离 $L_2 \geqslant$ 箱座壁厚，大齿轮顶圆与箱体内壁距离为 $L_1 \geqslant$ 箱座壁厚，这里箱座壁厚取值为 8 mm，所以取 L_1 为 9 mm，L_2 为 10 mm。

❷ 单击"默认"选项卡"修改"面板中的"偏移"按钮 ⊜，在俯视图中确定轴承座的位置，效果如图 9-7 所示。

📢 **注意：** 对于剖分式齿轮减速器，箱体轴承座内端面常为箱体内壁。轴承座的宽度 B 取决于壁厚 L、轴承旁连接螺栓 d_1 及其所需的扳手空间 c_1 和 c_2 的尺寸以及区分加工面与毛坯面所留出的尺寸（5～8 mm）。因此，轴承座宽度 $B = L + c_1 + c_2 + (5 \sim 8)$ mm，其中壁厚 $L = 0.025a + 1 \geqslant 8$ mm，在此取 8 mm，c_1 和 c_2 是由轴承旁连接螺栓决定的，连接螺栓选用 M12，查表可得，c_1 和 c_2 分别为 18 mm 和 16 mm，这样可得 B 为 50 mm。

❸ 将"轮廓线"图层设置为当前图层。首先利用"偏移"命令偏移直线，然后单击"默认"选项卡"绘图"面板中的"圆"按钮 ⊙ 和"直线"按钮 ╱，在主视图中确定箱体壁厚，效果如图 9-8 所示。

图 9-7　确定轴承座位置　　　　　　图 9-8　确定箱体壁厚

（5）确定轴的位置。阶梯轴径向尺寸在第 7 章中已经确定了，按照 6.5 节中绘制圆柱齿轮轴的方法绘制减速器中的齿轮轴,其各部分尺寸如图 9-9 所示。

注意:由于齿轮上方是剖开的,所以齿根圆、分度圆和齿顶圆轮廓线都应存在。下方没有剖开,因此只画出其外形即可,也就是说只需画出其齿顶圆轮廓线,用点画线表示分度圆直径。

最后将绘制的齿轮轴与第 7 章绘制的低速轴插入图 9-7 中,效果如图 9-10 所示。

图 9-9 齿轮轴

图 9-10 插入轴

注意:为了保证套筒完全顶到齿轮上,轴的长度应伸进齿轮宽度图线边界 3～4 mm,如图 9-10 所示。

(6)确定轴承与键的位置。

❶ 轴承选择的是深沟球轴承,其型号分别为 6205 和 6207。单击"默认"选项卡"块"面板中"插入"下拉菜单中的"最近使用的块"选项,打开"块"选项板,将两种型号的轴承插入图 9-10 中,效果如图 9-11 所示。

注意:在装配图中用规定画法绘制滚动轴承时,轴承的保持架及倒角等均省略不画。一般只在轴的一侧用规定画法表达轴承,在轴的另一侧按通用画法绘制,即在轴的两侧用粗实线矩形线框及位于线框中央的斜十字符号表示。

在用规定画法绘制轴承时,轴承的滚动体不画剖面线,其内外圈的剖面线应画成同方向、同间隔的。

另外,滚动轴承应与箱体内边保持一定距离,如图 9-11 所示。

❷ 根据轴径尺寸,查询得到高速轴与 V 带轮连接的键为:键 C8×30 GB/T 1096—2003;大齿轮与轴连接的键为:键 12×32 GB/T 1096—2003;低速轴与联轴器的键为:键 C8×50 GB/T 1096—2003。按各个键的尺寸绘制键,效果如图 9-12 所示。

(7)绘制轴承盖。轴承盖用于固定轴承、调整轴承间隙及承受轴向载荷,多用铸铁制造。凸缘式轴承盖的结构尺寸如图 9-13 所示。

图 9-11 插入轴承

图 9-12 插入键

图 9-13 凸缘式轴承盖结构尺寸

其中，$e = 1.2d_3$（d_3 为螺钉直径），$D_0 = D + (2 \sim 2.5)d_3$，$D$ 为轴承外径；$D_2 = D_0 + (2.5 \sim 3)d_3$；$D_4 = (0.85 \sim 0.9)D$；$D_5 = D_0 - (2.5 \sim 3)d_3$；$m_0$ 由结构确定。

下面以低速轴轴承端盖为例介绍其画法。

❶ 将"点画线"图层设置为当前图层，然后单击"默认"选项卡"绘图"面板中的"直线"按钮／，绘制水平中心线。

❷ 将"轮廓线"图层设置为当前图层，再次单击"默认"选项卡"绘图"面板中的"直线"按钮／，以步骤❶中绘制的水平中心线上适当一点为起点，依次输入坐标（@52.5<90）、（@7.2<0）、（@17.5<270）、（@1.75<0）、（@1<90）、（@9<0）、（@1<270）、（@6.45<0）、（@2.48<270）、（@17.2<180）和（@32.52<-90），结果如图 9-14 所示。

❸ 单击"默认"选项卡"修改"面板中的"偏移"按钮⊆，将图 9-14 中的线段 ab 向下偏移，偏移距离为 2，得到线段 cd，然后连接直线 bc，并单击"默认"选项卡"修改"面板中的"修剪"按钮⅄，修剪多余的直线，效果如图 9-15 所示。

❹ 单击"默认"选项卡"修改"面板中的"圆角"按钮⌒，对图 9-15 中的 c 点进行圆角处理，圆角半径为 7，效果如图 9-16 所示。

❺ 单击"默认"选项卡"修改"面板中的"镜像"按钮⚎，选择图 9-16 中的水平中心线以上部分为镜像对象，水平中心线为镜像线，镜像结果如图 9-17 所示。

❻ 单击"默认"选项卡"修改"面板中的"偏移"按钮⊆，将图 9-17 中的线段 ab 向右偏移，偏移距离为 1，将水平中心线向上、下偏移，偏移距离均为 35，并将其转换到"轮廓线"图层。单击"默认"选项卡"修改"面板中的"修剪"按钮⅄，修剪多余的线段，在相应的位置绘制圆角。将"剖面线"图层设置为当前图层，单击"默认"选项卡"绘图"面板中的"图案填充"按钮▨，选择图上相关区域，完成剖面线的绘制，效果如图 9-18 所示。

| 图 9-14 绘制直线 | 图 9-15 绘制斜线 | 图 9-16 绘制圆角 | 图 9-17 镜像结果 |

用相同的方法绘制高速轴上的轴承端盖，效果如图 9-19 所示。

❼ 单击"默认"选项卡"修改"面板中的"移动"按钮✛，将绘制的轴承端盖插入装配图中，效果如图 9-20 所示。

图 9-18 绘制剖面线　　　　图 9-19 高速轴轴承端盖　　　　图 9-20 插入轴端承盖

❽ 单击"默认"选项卡"绘图"面板中的"直线"按钮 ，绘制输油沟，并补画直线，效果如图 9-21 所示。

（8）插入大齿轮。

❶ 将第 7 章中绘制的大齿轮插入装配图中，效果如图 9-22 所示。

图 9-21　绘制输油沟　　　　　图 9-22　插入大齿轮

❷ 局部放大两齿轮啮合部分，并对啮合部分进行修改，删除多余的直线，同时改变大齿轮剖面线的方向，局部图形如图 9-23 所示。

图 9-23　齿轮啮合部分

注意：相邻两个零件的剖面线方向应相反。在剖切平面通过两啮合齿轮轴线的剖视图中，啮合区内的两节线重合（即点画线重合），两齿轮的齿根线均画成粗实线，一个齿轮的齿顶线画成粗实线，另一个齿轮的齿顶线被挡住，可以画成虚线或者不画，如图 9-23 所示。

（9）补画俯视图中的其他部分。

❶ 绘制油封毡圈。

注意：毡圈为标准件，其形式和尺寸应符合国家标准。如图 9-24 所示，使 D 稍大于 D_0，B 大于 b，将 d_1 稍小于轴径 d 的矩形截面浸油毡圈嵌入梯形槽中，对轴产生压紧作用，从而实现密封。

图 9-24　毡圈密封

查询机械设计课程设计手册得到与轴相配合的毡圈尺寸，将绘制的毡圈插入装配图中，局部效果如图 9-25 所示。

❷ 绘制套筒。单击"默认"选项卡"绘图"面板中的"直线"按钮 ，在低速轴上绘制套筒以固定齿轮与轴承。然后单击"默认"选项卡"修改"面板中的"修剪"按钮 ，修剪多余的直线。最后单击"默认"选项卡"绘图"面板中的"图案填充"按钮 ，将套筒进行图案填充。局部图形如图 9-26 所示，俯视图先绘制到此。

注意：套筒剖面线的方向一定要与大齿轮剖面线的方向相反。

（10）绘制主视图。

❶ 将"点画线"图层设置为当前图层，绘制轴与轴承端盖。单击"默认"选项卡"绘图"面板中的"直线"按钮✎，利用"对象捕捉"和"正交"功能从俯视图绘制投影定位线，如图 9-27 所示。

❷ 将"轮廓线"图层设置为当前图层，单击"默认"选项卡"绘图"面板中的"圆"按钮⊙，在主视图中分别以 O_1、O_2 为圆心，以 O_1a、O_1b、O_2c、O_2d、O_2e、O_2f、O_2g、O_2h 为半径绘制圆，从而得到轴与轴承端盖在主视图中的投影，效果如图 9-28 所示。

图 9-25　插入毡圈　　　　图 9-26　绘制套筒　　　　图 9-27　绘制投影定位线

❸ 绘制轴承端盖螺钉。调用相应命令绘制轴承端盖螺钉，每个轴承端盖上均布 4 个螺钉，并且将绘制的螺钉对应到俯视图中，局部图形如图 9-29 所示。

❹ 确定轴承座孔两侧螺栓位置。单击"默认"选项卡"修改"面板中的"偏移"按钮⊆，将左边的竖直中心线向左偏移 42.5，然后再向右偏移 60，将右边的竖直中心线向右偏移 52.5，作为凸台连接螺栓的位置，局部图形如图 9-30 所示。

图 9-28　在主视图中绘制轴与轴承端盖　　　图 9-29　绘制螺钉　　　图 9-30　确定螺栓位置

注意：轴承座孔两侧螺栓的距离既不宜过大也不宜过小，一般取凸缘式轴承盖的外圆直径。如果距离过大，则不设凸台轴承刚度差，如图 9-31 所示；如果距离过小，则螺栓孔既可能与轴承盖螺钉孔干涉，还可能与输油沟干涉，为保证扳手空间，将会加大凸台高度，如图 9-32 所示。

图 9-31　距离过大　　　　图 9-32　距离过小

❺ 确定凸台高度。将"轮廓线"图层设置为当前图层，单击"默认"选项卡"修改"面板中的"偏移"按钮 ⊆，将图 9-33 中的直线 ab 向右偏移 18，与轴承盖外径圆交于点 c，cd 即为凸台的高度，接着将直线 ab 向左偏移 16。然后单击"默认"选项卡"绘图"面板中的"直线"按钮 ╱，过 c 点作一条直线 m。最后单击"默认"选项卡"修改"面板中的"镜像"按钮 ⚠，以水平中心线为镜像线，对直线 m 做镜像处理，效果如图 9-33 所示。

图 9-33 确定凸台高度

📢 注意：凸台高度 h 由连接螺栓中心位置 s 值和保证装配时有足够扳手空间的 C_1 来确定，其确定过程如图 9-34 所示。为了使制造方便，各轴承座凸台高度应当一致。

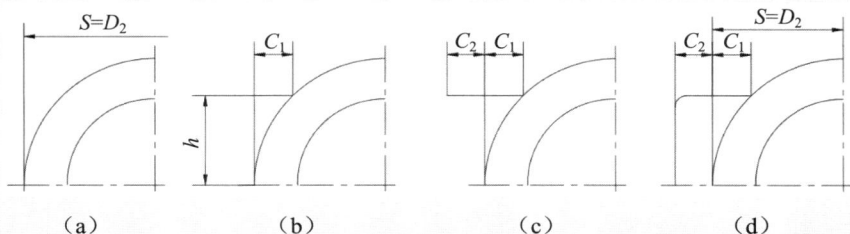

图 9-34 凸台高度的确定过程

❻ 确定凸缘厚度。单击"默认"选项卡"修改"面板中的"偏移"按钮 ⊆，将水平中心线向上、下偏移，偏移距离均为 12，并将偏移的直线转换到"轮廓线"图层。然后单击"默认"选项卡"绘图"面板中的"直线"按钮 ╱，补充绘制轮廓线。然后单击"默认"选项卡"修改"面板中的"修剪"按钮 ✂，修剪多余的直线，效果如图 9-35 所示。

📢 注意：为了保证箱盖与箱座的连接刚度，箱盖与箱座的连接凸缘应较箱壁厚度厚一些，约为 1.5 倍箱壁厚度。

❼ 绘制连接螺栓。螺栓连接装配图的具体画法在前面内容中已经介绍过，在此只需画出其中一个连接螺栓的剖视图，其余用点画线表示即可，如图 9-36 所示。

图 9-35 确定凸缘厚度

图 9-36 绘制连接螺栓

❽ 绘制箱上吊钩。单击"默认"选项卡"绘图"面板中的"直线"按钮 ╱ 和"圆"按钮 ⊙，绘制箱上的吊钩，效果如图 9-37 所示。

❾ 绘制视孔。在第 3 章中已经绘制过通气器。首先将箱体轮廓补充完成，单击"默认"选项卡"修改"面板中的"移动"按钮 ✛，将通气器移动到图示的位置，如图 9-38 所示。然后单击"默认"选项卡"修改"面板中的"旋转"按钮 ↻，将移动后的通气器旋转 7°，局部效果如图 9-39 所示。

图 9-37　绘制吊钩

图 9-38　移动通气器

单击"默认"选项卡"修改"面板中的"偏移"按钮⊂，将图 9-39 中的直线 mn 向上偏移，偏移距离为 4，并将其作为视孔盖的厚度，然后绘制连接螺钉，最后单击"默认"选项卡"修改"面板中的"修剪"按钮▼，修剪多余的直线，效果如图 9-40 所示。

❿ 插入油标和放油孔。在第 3 章中已经绘制过油标和放油孔，单击"默认"选项卡"修改"面板中的"移动"按钮✛，将油标和放油孔插入如图 9-41 所示的位置，也可以单击"默认"选项卡"块"面板中"插入"下拉菜单中的"最近使用的块"选项，打开"块"选项板，将需要的图块插入图中合适的位置，如图 9-41 所示。

图 9-39　旋转结果

图 9-40　绘制视孔

图 9-41　插入油标和放油孔

📢 **注意：** 在绘制油标孔位置和角度时，如果箱体挂钩在箱体中间部位油标孔的上方，要注意保证油标在插入和取下的过程中不与箱体的挂钩位置出现干涉。在绘制放油孔位置时，要使放油孔最下方的图线位置比箱体底部图线低，这样才能保证将箱体中的油放净。

⓫ 补画图形。调用相应的菜单命令补画主视图中的其他图形，如起盖螺钉、销等。效果如图 9-42 所示。

（11）补全俯视图。调用相关菜单命令，根据主视图补画俯视图。然后单击"默认"选项卡"修改"面板中的"修剪"按钮▼，修剪多余的线段。效果如图 9-43 所示。

（12）绘制左视图。

❶ 将"点画线"图层设置为当前图层，单击"默认"选项卡"绘图"面板中的"直线"按钮╱，绘制竖直中心线，如图 9-44 所示。

❷ 再次单击"默认"选项卡"绘图"面板中的"直线"按钮╱，利用"对象捕捉"和"正交"功能，从主视图绘制投影定位线。然后单击"默认"选项卡"修改"面板中的"偏移"按钮⊂，将图 9-44 中的竖直中心线向左、右偏移，偏移距离分别为 40.5、60、80、84.5、89.5，如图 9-45 所示。

❸ 单击"默认"选项卡"修改"面板中的"修剪"按钮▼，修剪多余的线段，并将修剪完留下的图形转换到"轮廓线"图层，效果如图 9-46 所示。

❹ 单击"默认"选项卡"修改"面板中的"偏移"按钮⊂，将图 9-46 中的竖直中心线 ab 向左、右偏移，偏移距离分别为 81.75 和 82.5，并将偏移的直线转换到"轮廓线"图层。然后单击"默认"选项卡"修改"面板中的"修剪"按钮▼，修剪多余的线段，效果如图 9-47 所示。

图 9-42　完成主视图

图 9-43　完成俯视图

图 9-44　绘制中心线

图 9-45　绘制左视图定位线

❺　单击"默认"选项卡"修改"面板中的"偏移"按钮⊜，在左视图中绘制凸台，将左视图中的水平中心线向上、下偏移 12，并将偏移的直线转换到"轮廓线"图层。单击"默认"选项卡"绘图"面板中的"直线"按钮╱和"修改"面板中的"修剪"按钮╲，绘制相应直线并修剪多余的线段，然后调用相应菜单命令，在左视图中绘制吊钩，效果如图 9-48 所示。

图 9-46　修剪图形

图 9-47　偏移直线

图 9-48　绘制凸台与吊钩

❻　单击"默认"选项卡"修改"面板中的"偏移"按钮⊜，将图 9-48 中的竖直中心线 ab 向左、右偏移，偏移距离均为 59.75，将其作为箱盖与箱座连接螺栓中心线位置，将偏移距离为 60 的定位线作为底座螺栓中心线位置。然后单击"默认"选项卡"修改"面板中的"偏移"按钮⊜，将水平中心线向上、下偏移，偏移距离分别为 20.3、30.4，根据主视图得到轴承端盖上螺钉中心线位置。最后单击"默认"选项卡"修改"面板中的"修剪"按钮╲，修剪多余的直线，效果如图 9-49 所示。

❼　单击"默认"选项卡"修改"面板中的"偏移"按钮⊜，将图 9-49 中的竖直中心线 ab 向左、右偏移，偏移距离分别为 51.1 和 30.6，分别为定位销和起盖螺钉的中心线位置，这两个距离是由俯视图中定位销和起盖螺钉位置决定的。然后单击"默认"选项卡"修改"面板中的"修剪"按钮╲，修剪多余的线段，定位销和起盖螺钉在前面已经绘制过。单击"默认"选项卡"修改"面板中的"移动"按

钮✛，将其移动到合适位置，并调用"样条曲线"和"图案填充"命令绘制剖面线，最终效果如图9-50所示。

❽ 单击"默认"选项卡"块"面板中"插入"下拉菜单中的"最近使用的块"选项，插入高速轴与低速轴在左视图中可见的部分，效果如图9-51所示。

图 9-49　绘制螺栓与螺钉中心线　　　图 9-50　定位销与起盖螺钉　　　图 9-51　插入轴

❾ 单击"默认"选项卡"绘图"面板中的"直线"按钮╱和"修改"面板中的"修剪"按钮▼，对应着主视图，在左视图中绘制视孔盖、箱盖和箱座连接螺栓，然后单击"默认"选项卡"绘图"面板中的"圆角"按钮⌒，将图中需要的部分进行圆角处理。至此，左视图绘制完毕，效果如图9-52所示。

（13）标注装配图。

❶ 设置标注样式。单击"默认"选项卡"注释"面板中的"标注样式"按钮◢，打开"标注样式管理器"对话框，创建"减速器标注（带公差）"样式，对其进行相应的设置，并将其设置为当前使用的标注样式。

❷ 标注零件号。单击"默认"选项卡"注释"面板中的"多重引线样式"按钮⟋♭，❶打开"多重引线样式管理器"对话框，如图9-53所示。

图 9-52　完成左视图　　　　　图 9-53　"多重引线样式管理器"对话框

❸ ❷单击"修改"按钮，❸打开"修改多重引线样式：Standard"对话框，对其中的❹"引线格式"和❺"引线结构"选项卡进行相应设置，如图9-54所示。然后标注各个零件的零件号，标注顺序从装配图右下角开始，沿装配图外表面依次为减速器各个零件进行编号，效果如图9-55和图9-56所示。

📢 **注意**：装配图中的所有零件和组件都必须编写序号。装配图中的一个零件或组件只编写一个序号，同一装配图中相同的零件编写相同的序号，而且一般只注出一次。另外，零件序号还应与明细栏中的序号一致。

图 9-54　"修改多重引线样式"对话框

图 9-55　视图标注零件号 1

图 9-56　视图标注零件号 2

❹ 标注带公差的配合尺寸。单击"注释"选项卡"标注"面板中的"线性"按钮，标注小齿轮轴与小轴承的配合尺寸、小轴承与箱体轴孔的配合尺寸、大齿轮轴与大齿轮的配合尺寸，以及大齿轮轴与大轴承的配合尺寸等，最后标注装配图中的其他尺寸，各视图的最终效果如图 9-57～图 9-59 所示。

图 9-57　完成主视图标注

图 9-58　完成俯视图标注

注意：在装配图中需要标注的尺寸通常有性能尺寸、装配尺寸、外形尺寸、安装尺寸以及其他重要尺寸。以上几种尺寸并不是在每张装配图上都有的，因此在标注装配图尺寸时，首先要对所表示的机器或部件进行具体分析，然后再标注尺寸。

（14）绘制标题栏和明细表。

❶ 绘制并填写标题栏。

☑ 单击"默认"选项卡"绘图"面板中的"直线"按钮／和"矩形"按钮▢，绘制标题栏。单击"默认"选项卡"块"面板中的"创建"按钮，❶打开"块定义"对话框，❷单击"选择对象"按钮，回到绘图窗口，拖动鼠标选择绘制的标题栏，按 Enter 键回到"块定义"对话框，如图 9-60 所示。❸在"名称"文本框中添加名称"标题栏"，❹单击"拾取点"按钮，选择基点，其他选项使用默认设置。❺单击"确定"按钮，完成创建"标题栏"图块的操作。

图 9-59　完成左视图标注　　　　图 9-60　"块定义"对话框

☑ 在命令行中输入"WBLOCK"命令后按 Enter 键，❶打开"写块"对话框，如图 9-61 所示。❷在"源"选项组中选择"块"模式，从其下拉列表框中选择"标题栏"选项，❸在"目标"选项组中选择文件名和路径，完成"标题栏"图块的保存。

☑ 单击"默认"选项卡"块"面板中"插入"下拉菜单中的"最近使用的块"选项，将标题栏插入装配图中的合适位置。

☑ 单击"默认"选项卡"注释"面板中的"文字样式"按钮，❶打开"文字样式"对话框，❷新建"标题栏"文字样式，❸在"字体名"下拉列表框中选择"仿宋"选项，❹设置"字体样式"为"常规"，❺在"高度"文本框中输入"5"，❻设置"宽度因子"为 0.8，其他为默认设置，如图 9-62 所示。❼完成后单击"置为当前"按钮，将其设置为当前使用的文字样式。

图 9-61　"写块"对话框　　　　图 9-62　"文字样式"对话框

☑ 单击"默认"选项卡"注释"面板中的"多行文字"按钮A，打开"文字编辑器"选项卡，依次填写标题栏中的各个项，效果如图 9-63 所示。

❷ 绘制并填写明细表。

☑ 单击"默认"选项卡"绘图"面板中的"矩形"按钮 ⬜，绘制长为 243、宽为 12 的矩形。然后单击"默认"选项卡"修改"面板中的"分解"按钮 🗗，分解刚绘制的矩形。最后单击"默认"选项卡"修改"面板中的"偏移"按钮 ⬳，向右偏移左侧竖直线，偏移距离依次为 23、83、104 和 140，效果如图 9-64 所示。

单级圆柱齿轮减速器	比例	1:1	图号	
	数量		重量	
设 计		2021年6月		
审 核		机械设计课程设计		

图 9-63　填写标题栏

图 9-64　绘制表格线

☑ 将"标题栏"文字样式置为当前样式，然后单击"默认"选项卡"注释"面板中的"多行文字"按钮 A，打开"文字编辑器"选项卡，依次填写明细表标题栏中的各个项，效果如图 9-65 所示。

☑ 单击"默认"选项卡"块"面板中的"创建"按钮 🗔，打开"块定义"对话框。单击"选择对象"按钮 🖳，回到绘图窗口，拖动鼠标选择绘制的明细表标题栏，按 Enter 键回到"块定义"对话框，在"名称"文本框中添加名称"明细表标题栏"，单击"拾取点"按钮，选择基点，其他选项使用默认设置。单击"确定"按钮，完成创建"明细表标题栏"图块的操作。

☑ 在命令行中输入"WBLOCK"命令后按 Enter 键，打开"写块"对话框。在"源"选项组中选择"块"模式，从其下拉列表框中选择"明细表标题栏"选项，在"目标"选项组中选择文件名和路径，完成"明细表标题栏"图块的保存。

☑ 单击"默认"选项卡"块"面板中"插入"下拉菜单中的"最近使用的块"选项，系统打开"块"选项板。单击"明细表标题栏"图块，将其插入图中合适的位置，如图 9-66 所示，重复上面的步骤，修改并填写明细表，完成明细表的绘制，如图 9-67 所示。

序号	零件名称	数量	材料	规格及标准代号

图 9-65　填写明细表标题栏

序号	零件名称	数量	材料	规格及标准代号	
单级圆柱齿轮减速器		比例	1:1	图号	
		数量		重量	
设 计		2006年6月			
审 核		机械设计课程设计			

图 9-66　插入"明细表标题栏"图块

注意： 明细表应位于标题栏的上方并与它相连。当标题栏上方位置不足以填写全部零件时，可将明细表分段依次画在标题栏的左边，如图 9-67 所示。明细表中的序号自下而上排列，这样排列便于填写增添的零件。在代号栏中填写零件所属部件图的图样代号，如果零件是标准件，则填写标准编号。

（15）标注技术要求。

❶ 设置文字标注格式。单击"默认"选项卡"注释"面板中的"文字样式"按钮 A，打开"文字样式"对话框，新建"技术要求"文字样式，在"字体名"下拉列表框中选择"仿宋"选项，设置"字体样式"为"常规"，"宽度因子"为 0.8，"高度"为 6，其他为默认设置。设置完成后，单击"置为当前"按钮，将其设置为当前使用的文字样式。

❷ 文字标注。单击"默认"选项卡"注释"面板中的"多行文字"按钮 A，打开"文字编辑器"选项卡，在其中填写技术要求，效果如图 9-68 所示。

序号	零件名称	数量	材料	规格及标准代号
25	圆柱销	2	35	销 GB117-86 B8x35
24	弹簧垫片	1	65Mn	垫圈GB93-87 8
23	螺母	1	Q235	GB6170-86 8
22	螺栓	1	Q235	GB5782-86 M8X40
21	油标尺			组合件
20	封油圈	1	石棉橡胶纸	
19	油塞	1	Q235	M14x1.5
18	大齿轮	1	45	m=2, z=96
17	深沟球轴承	2		6207 GB/T297-93
16	键	1	45	键 12X32 GB1096-79
15	轴承盖	1	HT150	
14	油封毡圈	1	半粗羊毛毡	毡圈 22 FZ/T92010-91
13	齿轮轴	1	45	m=2, Z=24
12	键	1	45	键C8X30 GB1096-79
11	轴承盖	1	HT150	
10	深沟球轴承	2		6205 GB/T297-93
9	螺钉	16	Q235	GB5783-86 M6X25
8	调整垫片	2组	08F	
7	轴套	1	45	
6	轴	1	45	
5	键	1	45	键C8X50 GB1096-79
4	油封毡圈	1	半粗羊毛毡	毡圈 32 FZ/T92010-91
3	轴承盖	1	HT150	
2	调整垫片	2组	08F	
1	箱座	1	QT500-7	

序号	零件名称	数量	材料	规格及标准代号
34	起盖螺钉	1	Q235	GB5783-86 M6x20
33	箱盖	1	QT500-7	
32	螺钉	4	Q235	GB5783-86 M6x20
31	通气器	1	Q235	
30	视孔盖	1	Q235	
29	垫片	1	软钢纸板	
28	弹簧垫圈	6	65Mn	垫圈GB93-87 10
27	螺母	6	Q235	GB6170-86 M10x80
26	螺栓	6	Q235	GB57822-86 M10x80

单级圆柱齿轮减速器　比例 1:1　图号
数量　重量
设计　2021年6月
审核　机械设计课程设计

图 9-67　完成明细表

技术要求

1. 装配前，滚动轴承用汽油清洗，其他零件用煤油清洗，箱体内不允许有任何杂物存在，箱体内壁涂耐蚀耐油油漆。
2. 齿轮副的侧隙用铅丝检验，侧隙值应不小于0.14mm；
3. 滚动轴承的轴向调整间隙均为0.05-0.1mm。
4. 齿轮装配后，用涂色法检验齿面接触斑点，沿齿高不小于45%，沿齿长不小于60%；
5. 减速器剖分面凸缘涂密封胶或水玻璃，不允许使用任何填料；
6. 减速器内装L-AN15 (GB443-89)，油量应达到规定高度；
7. 减速器外表面涂绿色油漆。

图 9-68　标注技术要求

（16）标注技术特性。

❶ 绘制矩形。单击"默认"选项卡"绘图"面板中的"矩形"按钮▭，绘制长为130、宽为40的矩形。然后单击"默认"选项卡"修改"面板中的"分解"按钮，将刚绘制的矩形分解，效果如图 9-69 所示。

❷ 偏移直线。单击"默认"选项卡"修改"面板中的"偏移"按钮，将图 9-69 中的直线 ab 向右偏移，偏移距离分别为 35、95，然后将图 9-69 中的直线 ac 向下偏移，偏移距离为 25，效果如图 9-70 所示。

图 9-69　绘制矩形

❸ 添加文字。将"技术要求"文字样式置为当前样式，单击"默认"选项卡"注释"面板中的"多行文字"按钮A，打开"文字编辑器"选项卡，在其中添加文字，效果如图 9-71 所示。

（17）绘制图框与标题栏。

❶ 单击"默认"选项卡"绘图"面板中的"矩形"按钮▭，绘制长为1189、宽为841的矩形，并且将矩形分解，如图 9-72 所示。

❷ 单击"默认"选项卡"修改"面板中的"偏移"按钮，将图 9-72 中的线段 ab 向右偏移，偏移距离为 25，将 ac 向下偏移 10，将 bd 向上偏移 10，将 cd 向左偏移 10，至此图框绘制完毕，如图 9-73 所示。最后单击"默认"选项卡"修改"面板中的"移动"按钮✛，将所绘制的三视图移动到图框中，至此整幅图绘制完毕，最终效果如图 9-74 所示。

图 9-70　偏移直线

技术特性

输入功率 kw	输入轴转速 r/min	传动比
2.079	376	4

图 9-71　技术特性

图 9-72　绘制矩形

图 9-73　绘制图框

图 9-74 减速器装配图

9.3 实践与操作

通过前面的学习，读者对本章知识已经有了大体的了解，本节将通过两个实践操作练习帮助读者进一步掌握本章的知识要点。

9.3.1 绘制箱体装配图

1. 目的要求

装配图是设计结果的最终体现。本练习首先利用块操作中的"块定义"命令制作图块，然后利用"插入块"命令将图块插入装配图中，再利用"分解""镜像""修剪""移动"命令完成图形的最后绘制，如图 9-75 所示。

2. 操作提示

（1）绘制轴承、轴、端盖并定义为块。

（2）利用"直线""偏移""修剪""圆角""图案填充"命令绘制箱体。

（3）将块插入箱体中。

图 9-75 箱体装配图

9.3.2 绘制齿轮泵装配图

1. 目的要求

装配图是用来表达部件或机械的工作原理，零件之间的装配关系和相互位置，以及装配、检验、安装所需的尺寸数据和技术的文件。一张完整的装配图应包括一组图样、必要的尺寸、技术要求、零件序号、标题栏和明细表 6 个基本部分。装配图中的各个零件一般都是组成图块后用"插入块"命令插入总装配图中的。齿轮泵装配图的绘制是 AutoCAD 应用的综合实例。具体绘制步骤为：首先绘制齿轮泵装配图形中的零件图并生成图块，然后将图块插入装配图中，再补全装配图中的其他零件，最后添加尺寸标注、标题栏等，完成齿轮泵总体设计，效果如图 9-76 所示。

2. 操作提示

（1）利用前面学习的二维绘图命令，绘制需要的齿轮泵零件并将其定义为块。

（2）将图块插入图中。

（3）利用"复制"和"镜像"命令绘制传动轴并细化销钉和螺钉。

（4）利用"直线"和"偏移"命令绘制轴套、密封圈和压紧螺母。

（5）为图形标注尺寸并标注文字说明。

图 9-76 齿轮泵装配图

第10章

由装配图拆画减速器零件图

在工程设计实践中，往往是先根据功能需要设计方案简图，然后根据功率、负载、扭矩等工况条件将方案简图细化成装配图，最后由装配图拆画零件图。

本章将介绍由装配图拆画零件图的一般思路与方法。

10.1 概　　述

在设计部件时，需要根据装配图拆画零件图，简称拆图。拆图时应对所拆零件的作用进行分析，然后分离该零件（即把零件从与其组装的其他零件中分离出来）。具体方法是在各视图的投影轮廓中划出该零件的范围，结合分析，补齐所缺的轮廓线。有时还需要根据零件图的视图表达要求重新安排视图。选定和画出视图以后，应按零件图的要求，注写尺寸及技术要求。此处仅对拆画零件图提出几个需要注意的问题。

1. 对拆画零件图的要求

（1）画图前，必须认真阅读装配图，全面深入地了解设计意图，弄清楚工作原理、装配关系、技术要求和每个零件的结构形状。

（2）画图时，不但要从设计方面考虑零件的作用和要求，而且还要从工艺方面考虑零件的制造和装配，应使所画的零件图符合设计要求和工艺要求。

2. 拆画零件图要处理的几个问题

（1）零件分类。

按照对零件的要求，可将零件分成4类。

☑ 标准零件：标准零件大多数属于外购件，因此不需要画出零件图，只要按照标准件的规定标记代号并列出标准件的汇总表即可。

☑ 借用零件：借用零件是借用定型产品上的零件。对于这类零件，可利用已有的图样，而不必另行画图。

- ☑ 特殊零件：特殊零件是设计时所确定下来的重要零件，在设计说明书中都附有这类零件的图样或重要数据，如汽轮机的叶片、喷嘴等。对于这类零件，应按给出的图样或数据绘制零件图。
- ☑ 一般零件：这类零件基本上是按照装配图所体现的形状、大小和有关的技术要求来画图，是拆画零件图的主要对象。

（2）对表达方案的处理。

拆画零件图时，零件的表达方案是根据零件的结构形状特点考虑的，不强求与装配图一致。在多数情况下，壳体、箱座类零件主视图所选的位置可以与装配图一致。这样做的好处是装配机器时便于对照，如减速器箱座。对于轴套类零件，一般按加工位置选取主视图。

（3）对零件结构形状的处理。

在装配图中，零件上的某些局部结构往往未完全给出，零件上的某些标准结构（如倒角、倒圆、退刀槽等）也未完全表达。拆画零件图时，应结合考虑设计和工艺的要求补画这些结构。如果零件上某部分需要与某零件装配时一起加工，则应在零件图上注明。

（4）对零件图上尺寸的处理。

装配图上的尺寸不是很多，各零件结构形状的大小已经过设计人员的考虑，虽未注明尺寸数字，但基本上是合适的。因此，根据装配图拆画零件图，可以在图样上按比例直接量取尺寸。尺寸大小必须根据不同情况分别处理。

- ☑ 装配图上已注出的尺寸，在有关的零件图上直接注出。对于配合尺寸，某些相对位置尺寸要注出偏差数值。
- ☑ 与标准件相连接或配合的有关尺寸，如螺纹的有关尺寸、销孔直径等，要从相应标准中查取。
- ☑ 某些零件在明细表中给定了尺寸，如弹簧尺寸、垫片厚度等，要按给定尺寸注写。
- ☑ 根据装配图所给的数据应进行计算的尺寸，如齿轮分度圆、齿顶圆直径尺寸等，要经过计算后注写。
- ☑ 相邻零件接触面的有关尺寸及连接件的有关定位尺寸要协调一致。
- ☑ 有标准规定的尺寸，如倒角、沉孔、螺纹退刀槽等，要从机械设计课程设计手册中查取。
- ☑ 其他尺寸均从装配图中直接量取标注，但要注意尺寸数字的圆整和取标准化数值。

（5）零件表面粗糙度的确定。

零件上各表面的粗糙度是根据其作用和要求确定的。一般接触面与配合面粗糙度数值应较小，自由表面的粗糙度数值一般较大，但是有密封、耐蚀、美观等要求的表面粗糙度数值应较小。

（6）关于零件图的技术要求。

技术要求在零件图中占有重要的地位，它会直接影响零件的加工质量。

10.2 实例——由减速器装配图拆画箱座零件图

箱座是变速箱的最基本零件，其主要作用是为其他所有功能零件提供支撑和固定作用，同时盛装润滑散热油液。在所有零件中，其结构最复杂，绘制也相对困难。下面讲解由装配图拆画箱座零件图的思路和方法，其绘制流程如图 10-1 所示。

图 10-1　箱座零件图绘制流程

10.2.1　由装配图主视图拆画箱座零件主视图

1. 从装配图主视图区分离出箱座主视图轮廓

从装配图主视图中分离出箱座的主视图轮廓，如图 10-2 所示。这是一幅不完整的图，根据此零件的作用及装配关系，可以补全所缺的轮廓线。

图 10-2　从装配图中分离出箱座的主视图

2. 补画轴承旁连接的螺栓通孔

单击"默认"选项卡"绘图"面板中的"直线"按钮╱，连接所缺的线段，并绘制完整的螺栓通孔。然后单击"默认"选项卡"绘图"面板中的"样条曲线拟合"按钮∿，在螺栓通孔旁边绘制曲线，构成剖切平面。最后单击"默认"选项卡"绘图"面板中的"图案填充"按钮▨，绘制剖面线，如图 10-3 所示。

图 10-3　绘制连接螺栓通孔

3. 补画油标尺安装孔轮廓线

单击"默认"选项卡"绘图"面板中的"直线"按钮╱，然后单击"默认"选项卡"修改"面板中的"偏移"按钮⊆，绘制孔径为 $\varnothing16$、安装沉孔为 $\varnothing20\times1$ 的油标尺安装孔，并进行编辑，局部效果如图 10-4 所示。

4. 绘制放油孔

单击"默认"选项卡"绘图"面板中的"直线"按钮╱，补画放油孔，并将补画的直线转换到合适的图层，局部效果如图 10-5 所示。

5. 补画其他图形

单击"默认"选项卡"绘图"面板中的"直线"按钮╱，补画主视图轮廓线，形成完整的箱体顶面，补画销孔以及和轴承端盖上的连接螺钉配合的螺纹孔，效果如图 10-6 所示。

图 10-4　绘制油标尺安装孔

图 10-5　绘制放油孔

图 10-6　补全主视图

6. 保存文件

将文件命名为"10.2 减速器装配图拆画箱座零件图"并保存。

10.2.2　由装配图俯视图拆画箱座零件俯视图

1. 从装配图俯视图区分离出箱座俯视图轮廓

从装配图俯视图中分离出箱座的俯视图轮廓，如图 10-7 所示。这也是一幅不完整的图，因此要根据此零件的作用及装配关系补全所缺的轮廓线。

图 10-7　从装配图中分离出箱座的俯视图

2. 补画轮廓线

单击"默认"选项卡"绘图"面板中的"直线"按钮╱，补全箱体顶面轮廓线、箱体底面轮廓线及中间膛轮廓线，如图 10-8 所示。

3．补画轴孔

单击"默认"选项卡"绘图"面板中的"直线"按钮／，然后单击"默认"选项卡"修改"面板中的"延伸"按钮→，补画轴孔，其中，左轴孔直径为 52，右轴孔直径为 68。接着单击"默认"选项卡"修改"面板中的"删除"按钮✐，删除多余的图形，效果如图 10-9 所示。

4．修改螺栓孔和销孔

单击"默认"选项卡"修改"面板中的"删除"按钮✐，删除图 10-9 中螺栓孔和销孔内的剖面线及多余线段。然后单击"默认"选项卡"修改"面板中的"复制"按钮❀，绘制图 10-9 中左下角的螺栓孔，最后补全左边的输油孔，效果如图 10-10 所示。

图 10-8　补画轮廓线　　　　图 10-9　补画轴孔　　　　图 10-10　箱座俯视图

10.2.3　由装配图左视图拆画箱座零件左视图

1．从装配图左视图区分离出箱座左视图轮廓

从装配图左视图中分离出箱座的左视图轮廓，如图 10-11 所示。

2．修剪箱座左视图轮廓

单击"默认"选项卡"绘图"面板中的"直线"按钮／，补全箱体顶面轮廓线。然后单击"默认"选项卡"修改"面板中的"修剪"按钮▓和"删除"按钮✐，修剪并删除图中多余的线段，如图 10-12 所示。

3．绘制剖面图

将图 10-12 中的竖直中心线右边部分进行剖切，单击"默认"选项卡"修改"面板中的"删除"按钮✐，删除多余的图形。然后单击"默认"选项卡"绘图"面板中的"直线"按钮／，绘制剖切后的轮廓线。最后单击"默认"选项卡"绘图"面板中的"图案填充"按钮▨，绘制剖面线，如图 10-13 所示。

图 10-11　从装配图中分离出箱座的左视图　　图 10-12　补画并修剪图形　　图 10-13　绘制剖面线

4．标注减速器箱座

（1）主视图无公差尺寸标注。

单击"默认"选项卡"注释"面板中的"标注样式"按钮▨，打开"标注样式管理器"对话框，创建一个名为"箱座标注样式（不带公差）"的样式，对其中选项进行相应设置，并将该样式设置为当前所使用的标注样式。然后单击"注释"选项卡"标注"面板中的"线性"按钮▭、"半径"按钮⟋、

"直径"按钮⊘和"角度"按钮△，对主视图进行尺寸标注，结果如图 10-14 所示。

（2）主视图带公差尺寸标注。

❶ 单击"默认"选项卡"注释"面板中的"标注样式"按钮，打开"标注样式管理器"对话框，创建一个名为"副本箱座标注样式（带公差）"的样式。在"新建标注样式"对话框中设置"公差"选项卡，并把"副本箱座标注样式（带公差）"的样式设置为当前使用的标注样式。

❷ 单击"注释"选项卡"标注"面板中的"线性"按钮，对主视图中带公差的尺寸进行标注。使用如同前面章节所述的带公差尺寸标注的方法，进行公差编辑、修改，结果如图 10-15 所示。

（3）标注俯视图。

将"箱座标注样式（不带公差）"样式设置为当前标注样式，单击"注释"选项卡"标注"面板中的"线性"按钮和"半径"按钮，对俯视图中的无公差尺寸进行标注，效果如图 10-16 所示。

（4）标注左视图。

将"箱座标注样式（不带公差）"样式设置为当前标注样式，单击"注释"选项卡"标注"面板中的"线性"按钮和"半径"按钮，对左视图中的无公差尺寸进行标注，效果如图 10-17 所示。

图 10-14　标注主视图无公差尺寸

图 10-15　标注主视图带公差尺寸

图 10-16　标注俯视图

图 10-17　标注左视图

（5）标注技术要求。

❶ 设置文字标注格式。单击"默认"选项卡"注释"面板中的"文字样式"按钮，❶在打开的

"文字样式"对话框中单击"新建"按钮，❷新建样式名为"技术要求"的文字样式，如图 10-18 所示，❸单击"置为当前"按钮，将其设置为当前使用的文字样式。

❷　文字标注。单击"默认"选项卡"注释"面板中的"多行文字"按钮A，标注技术要求，如图 10-19 所示。

图 10-18　"文字样式"对话框

图 10-19　标注技术要求

（6）标注表面结构符号。

单击"默认"选项卡"块"面板中"插入"下拉菜单中的"最近使用的块"选项，打开"块"选项板，将表面结构符号插入图中的合适位置。然后单击"默认"选项卡"注释"面板中的"多行文字"按钮A，标注表面结构符号。

（7）标注公差。

❶　基准符号。单击"默认"选项卡"绘图"面板中的"矩形"按钮□、"图案填充"按钮▨、"直线"按钮╱和"注释"面板中的"多行文字"按钮A，绘制基准符号。

❷　标注几何公差。单击"注释"选项卡"标注"面板中的"公差"按钮⊞，完成形位公差的标注，各视图效果如图 10-20～图 10-22 所示。

图 10-20　主视图完成效果

（8）绘制图框与标题栏。

❶　单击"默认"选项卡"绘图"面板中的"矩形"按钮□，绘制长为 841、宽为 594 的矩形，并且将矩形分解，如图 10-23 所示。

图 10-21　俯视图完成效果

图 10-22　左视图完成效果

❷　单击"默认"选项卡"修改"面板中的"偏移"按钮 ⊏，将图 10-23 中的线段 ab 向右偏移 25，将 ac 向下偏移 10，将 bd 向上偏移 10，将 cd 向左偏移 10，完成图框的绘制。

❸　单击"默认"选项卡"块"面板中"插入"下拉菜单中的"最近使用的块"选项，打开"块"选项板，将标题栏插入图中的合适位置。然后单击"默认"选项卡"注释"面板中的"多行文字"按钮A，填写相应的内容，如图 10-24 所示。

图 10-23　绘制矩形

图 10-24　绘制图框与标题栏

❹　单击"默认"选项卡"修改"面板中的"移动"按钮 ✛，将所绘制的三视图及技术要求移动到图框中。至此，整幅图绘制完毕，最终效果如图 10-25 所示。

图 10-25　箱座零件图

10.3　实例——由减速器装配图拆画箱盖零件图

箱盖与箱体一起构成变速箱的基本结构，其主要作用是封闭整个变速箱，使里面的齿轮形成闭式传动，以避免外部的灰尘等污染物进入箱体内部，从而影响齿轮传动性能。下面讲解由装配图拆画箱盖零件图的思路和方法，其绘制流程如图 10-26 所示。

图 10-26　箱盖零件图绘制流程

10.3.1 由装配图主视图拆画箱盖零件主视图

1. 从装配图主视图区分离出箱盖主视图轮廓

从装配图主视图中分离出箱盖的主视图轮廓，如图 10-27 所示。这是一幅不完整的图，需要根据零件的作用及装配关系补全所缺的轮廓线。

2. 补画轴承旁、箱座与箱盖连接的螺栓通孔

单击"默认"选项卡"绘图"面板中的"直线"按钮╱，连接所缺的线段，并且绘制完整的螺栓通孔。然后单击"默认"选项卡"绘图"面板中的"样条曲线拟合"按钮ⵢ，在螺栓通孔旁边绘制曲线，构成剖切平面。最后单击"默认"选项卡"绘图"面板中的"图案填充"按钮▨，绘制剖面线，如图 10-28 所示。

图 10-27　从装配图中分离出箱盖的主视图　　　　　图 10-28　绘制螺栓通孔

3. 补画视孔盖部分

（1）单击"默认"选项卡"绘图"面板中的"直线"按钮╱，连接所缺的线段，并且绘制起盖螺钉的螺纹孔。

（2）单击"默认"选项卡"修改"面板中的"偏移"按钮▣，将箱盖外壁向内偏移 8，得到箱盖的内壁。

（3）单击"默认"选项卡"绘图"面板中的"样条曲线拟合"按钮ⵢ，重新绘制曲线，构成剖切平面。

（4）单击"默认"选项卡"绘图"面板中的"图案填充"按钮▨，绘制剖面线。

（5）将未剖切部分箱盖内壁转换到"点画线"图层，单击"默认"选项卡"修改"面板中的"修剪"按钮┾和"删除"按钮⬙，修剪并删除多余的线段，效果如图 10-29 所示。

4. 补画其他部分

（1）将"轮廓线"图层设置为当前图层，单击"默认"选项卡"绘图"面板中的"圆"按钮⊙，绘制与轴承端盖连接螺钉配合的螺纹孔，效果如图 10-30 所示。

图 10-29　绘制视孔盖　　　　　　　　　图 10-30　绘制螺纹孔

（2）单击"默认"选项卡"修改"面板中的"偏移"按钮▣，绘制销孔。然后单击"默认"选项卡"修改"面板中的"删除"按钮⬙，删除多余的线段。

（3）单击"默认"选项卡"修改"面板中的"偏移"按钮▣，对箱盖中间孔绘制倒角线，向上偏移 1.5，效果如图 10-31 所示。

（4）单击"默认"选项卡"绘图"面板中的"直线"按钮 ╱ 和"修改"面板中的"修剪"按钮 ╲，对右侧的吊钩轮廓进行修剪，效果如图 10-32 所示。

图 10-31　偏移倒角线　　　　　　　　　　　图 10-32　修剪吊钩

10.3.2　由装配图俯视图拆画箱盖零件俯视图

1. 从装配图俯视图区分离出箱盖俯视图轮廓

从装配图俯视图中分离出箱盖的俯视图轮廓，如图 10-33 所示。这也是一幅不完整的图，因此要根据此零件的作用及装配关系补全所缺的轮廓线。

2. 补画视孔盖部分

（1）单击"默认"选项卡"绘图"面板中的"直线"按钮 ╱，由主视图向俯视图引出定位线，如图 10-34 所示。

图 10-33　从装配图中分离出箱盖的俯视图

（2）单击"默认"选项卡"修改"面板中的"偏移"按钮 ⊆，将图 10-33 中的水平中心线分别向上、下偏移，偏移距离均为 31。

（3）单击"默认"选项卡"修改"面板中的"修剪"按钮 ╲，修剪偏移后的直线，然后单击"默认"选项卡"修改"面板中的"圆角"按钮 ⌐，对相应部分进行圆角处理，并将相应的线段转换到"轮廓线"图层，效果如图 10-35 所示。

3. 补画俯视图其他部分

（1）单击"默认"选项卡"修改"面板中的"删除"按钮 ╱，删除多余的线段。然后单击"默认"选项卡"修改"面板中的"偏移"按钮 ⊆，将水平中心线向上、下偏移，偏移距离分别为 5、41。最后单击"默认"选项卡"绘图"面板中的"直线"按钮 ╱，由主视图绘制定位线，效果如图 10-36 所示。

图 10-34　绘制定位线　　　　　图 10-35　绘制视孔盖　　　　　图 10-36　绘制定位线

（2）单击"默认"选项卡"修改"面板中的"修剪"按钮 ╲，修剪多余的直线。然后单击"默认"选项卡"修改"面板中的"圆角"按钮 ⌐，对相应部分进行圆角处理，圆角半径为 8。最后将相应的线段转换到"轮廓线"图层，效果如图 10-37 所示。

（3）单击"默认"选项卡"修改"面板中的"删除"按钮 ╱，删除多余的线段。然后单击"默认"

选项卡"绘图"面板中的"圆"按钮⊙，以垂直相交的直线的交点为圆心，根据主视图完成螺栓通孔的绘制。最后单击"默认"选项卡"修改"面板中的"复制"按钮，将螺栓通孔复制到其他位置，效果如图10-38所示。

（4）单击"默认"选项卡"绘图"面板中的"直线"按钮，补全箱体顶面轮廓线和中间膛轮廓线。然后单击"默认"选项卡"修改"面板中的"偏移"按钮，再单击"默认"选项卡"绘图"面板中的"圆弧"按钮，补画其他的图形，最终效果如图10-39所示。

图 10-37　修剪图形　　　　　　图 10-38　绘制螺栓通孔　　　　　图 10-39　箱盖俯视图

10.3.3　由装配图左视图拆画箱盖零件左视图

1. 从装配图左视图区分离出箱盖左视图轮廓

从装配图左视图中分离出箱盖的左视图轮廓，如图10-40所示。此图形并不完整，需要根据此零件的作用及装配关系补全所缺的轮廓线。

2. 绘制左视图左半部分剖视图

（1）将减速器沿着图10-26所示的L-L方向剖切。在绘制剖视图之前，单击"默认"选项卡"修改"面板中的"修剪"按钮和"删除"按钮，删除并修剪多余的线段，效果如图10-41所示。

图 10-40　从装配图中分离出箱盖的左视图

（2）单击"默认"选项卡"绘图"面板中的"直线"按钮，补全箱体顶面轮廓线，并由主视图绘制定位线，效果如图10-42所示。

图 10-41　修剪图形　　　　　　　　图 10-42　绘制轮廓线和定位线

（3）单击"默认"选项卡"修改"面板中的"偏移"按钮，将图10-42中的直线1向下偏移20，将直线2向左偏移2。然后单击"默认"选项卡"修改"面板中的"修剪"按钮，修剪多余的线段。最后将修剪后的定位线转换到"轮廓线"图层，效果如图10-43所示。

（4）单击"默认"选项卡"修改"面板中的"倒角"按钮，将偏移后的水平线段与俯视图右侧边进行倒角处理，倒角距离为2，效果如图10-44所示。

图 10-43　补充绘制图形　　　　　　　　　　　　图 10-44　图形倒角处理

（5）单击"默认"选项卡"绘图"面板中的"图案填充"按钮▨，❶打开"图案填充创建"选项卡，❷选择 ANSI31 为填充图案，❸设置填充图案比例为 1，如图 10-45 所示。对图中相应部分填充剖面线，然后补充绘制图中的其他部分，效果如图 10-46 所示。

图 10-45　"图案填充创建"选项卡

3．标注减速器箱盖

1）标注主视图

（1）主视图无公差尺寸标注。

单击"默认"选项卡"注释"面板中的"标注样式"按钮⤙，❶打开"标注样式管理器"对话框，如图 10-47 所示。❷单击"新建"按钮，❸在打开的"创建新标注样式"对话框中❹创建一个名为"箱盖标注样式（不带公差）"的样式，如图 10-48 所示。

❺单击"继续"按钮，打开"新建标注样式：箱盖标注样式（不带公差）"对话框，在其各个选项卡中进行相应设置，❻如图 10-49～❿图 10-53 所示。最后把该样式设置为当前所使用的标注样式。

图 10-46　箱盖左视图　　　　　　　　　　　图 10-47　"标注样式管理器"对话框

图 10-48　创建"箱盖标注样式（不带公差）"样式

图 10-49　"线"选项卡设置

图 10-50　"符号和箭头"选项卡设置

图 10-51　"文字"选项卡设置

图 10-52　"调整"选项卡设置

图 10-53　"主单位"选项卡设置

单击"注释"选项卡"标注"面板中的"线性"按钮┠┤、"半径"按钮╱、"直径"按钮◎和"角度"按钮△，对主视图进行尺寸标注，结果如图 10-54 所示。

图 10-54　标注无公差尺寸

（2）主视图带公差尺寸标注。

单击"默认"选项卡"注释"面板中的"标注样式"按钮，打开"标注样式管理器"对话框。单击"新建"按钮，在打开的"创建新标注样式"对话框中创建一个名为"副本箱盖标注样式（带公差）"的样式。单击"继续"按钮，在打开的"新建标注样式：副本箱盖标注样式（带公差）"对话框中设置"公差"选项卡，并把"副本箱盖标注样式（带公差）"样式设置为当前使用的标注样式。

单击"注释"选项卡"标注"面板中的"线性"按钮，对主视图中的带公差尺寸进行标注。使用如同前面章节所述的带公差尺寸标注的方法，进行公差编辑、修改，结果如图 10-55 所示。

图 10-55　标注带公差尺寸

2）标注俯视图

将"箱盖标注样式（不带公差）"样式设置为当前标注样式，单击"注释"选项卡"标注"面板中的"线性"按钮和"半径"按钮，对俯视图无公差尺寸进行标注，效果如图 10-56 所示。

3）标注左视图

图 10-56　标注俯视图

将"箱盖标注样式（不带公差）"样式设置为当前标注样式，单击"注释"选项卡"标注"面板中的"线性"按钮和"半径"按钮，对左视图无公差尺寸进行标注，效果如图 10-57 所示。

4）标注技术要求

（1）单击"默认"选项卡"注释"面板中的"文字样式"按钮，打开"文字样式"对话框。单击"新建"按钮，在打开的"新建文字样式"对话框中输入样式名"技术要求"，然后单击"置为当前"按钮，将其设置为当前使用的文字样式。

（2）文字标注。单击"默认"选项卡"注释"面板中的"多行文字"按钮，标注技术要求，如图 10-58 所示。

图 10-57　标注左视图

图 10-58　标注技术要求

5）标注表面结构符号

单击"默认"选项卡"块"面板中"插入"下拉菜单中的"最近使用的块"选项，打开"块"选项板，将表面结构符号插入图中的合适位置。然后单击"默认"选项卡"注释"面板中的"多行文字"按钮A，标注表面结构符号。

6）标注形位公差

（1）绘制基准符号。单击"默认"选项卡"绘图"面板中的"矩形"按钮□、"图案填充"按钮▦、"直线"按钮╱和"注释"面板中的"多行文字"按钮A，绘制基准符号。

（2）标注形位公差。单击"注释"选项卡"标注"面板中的"公差"按钮⊞，完成形位公差的标注，各视图效果如图 10-59～图 10-61 所示。

图 10-59　主视图完成效果

图 10-60　俯视图完成效果

图 10-61　左视图完成效果

7）绘制图框与标题栏

（1）单击"默认"选项卡"绘图"面板中的"矩形"按钮，绘制长为 841、宽为 594 的矩形，并且将矩形分解，如图 10-62 所示。

（2）单击"默认"选项卡"修改"面板中的"偏移"按钮，将图 10-62 中的线段 ab 向右偏移 25，将 ac 向下偏移 10，将 bd 向上偏移 10，将 cd 向左偏移 10，完成图框的绘制。单击"默认"选项卡"块"面板中"插入"下拉菜单中的"最近使用的块"选项，打开"块"选项板，将标题栏插入图中的合适位置。然后单击"默认"选项卡"注释"面板中的"多行文字"按钮A，填写相应的内容，如图 10-63 所示。

图 10-62　绘制矩形

图 10-63　绘制图框与标题栏

（3）单击"默认"选项卡"修改"面板中的"移动"按钮，将所绘制的三视图和技术要求移动到图框中。至此，整幅图绘制完毕，最终效果如图 10-64 所示。

图 10-64　箱盖零件图

10.4 实践与操作

通过前面的学习，读者对本章知识已经有了大体的了解，本节将通过两个实践操作练习帮助读者进一步掌握本章的知识要点。

10.4.1 绘制齿轮泵前盖

1．目的要求

轮盘类零件是机械制图中比较常见的零件，一般有沿周围分布的孔、槽等结构，常用主视图和其他视图结合起来表示这些结构的分布情况或形状。此类零件主要加工面是在车床上加工的，因此其主视图也按加工位置将轴线水平放置，如图 10-65 所示。

2．操作提示

（1）利用"直线"和"圆"命令绘制齿轮泵前盖主视图。
（2）利用"直线""倒角""偏移""修剪"命令绘制剖视图。
（3）利用"图案填充"命令填充图形。
（4）进行尺寸和文字标注。

10.4.2 绘制齿轮泵后盖

1．目的要求

齿轮泵后盖结构不完全对称，在绘制时只能部分运用"镜像"命令，如图 10-66 所示。

2．操作提示

（1）利用"直线"和"圆"命令绘制齿轮泵后盖主视图。
（2）利用"直线""倒角""偏移""修剪"命令绘制剖视图。
（3）利用"图案填充"命令填充图形。
（4）进行尺寸和文字标注。

图 10-65 齿轮泵前盖

图 10-66 齿轮泵后盖